世纪英才高等职业教育课改系列规划教材（机电类）

电工电子应用技术

倪　勇　夏敏磊　主　编

杨悦梅　王　燕　吴子云　副主编

人民邮电出版社

北　京

图书在版编目（ＣＩＰ）数据

电工电子应用技术 / 倪勇，夏敏磊主编. -- 北京：
人民邮电出版社，2011.9
世纪英才高等职业教育课改系列规划教材. 机电类
ISBN 978-7-115-25846-5

Ⅰ．①电… Ⅱ．①倪… ②夏… Ⅲ．①电工技术－高
等职业教育－教材②电子技术－高等职业教育－教材
Ⅳ．①TM②TN

中国版本图书馆CIP数据核字(2011)第115661号

内 容 提 要

本书以电工电子应用技术为主线，遵循必需够用的原则，分别介绍了直流电路、交流电路、变压器与电动机、模拟电子电路和数字电子电路等知识。本书突出理论知识的应用背景，启发学生的思维；每章内容后均安排了"本章习题"，便于引导学生掌握所学知识，满足了高职学生自主学习的需求。

本书可作为高职高专非电类专业的基础课教材，也可作为工程技术人员的自学用书。

世纪英才高等职业教育课改系列规划教材（机电类）

电工电子应用技术

◆ 主　　编　倪　勇　夏敏磊

　　副 主 编　杨悦梅　王　燕　吴子云

　　责任编辑　丁金炎

◆ 人民邮电出版社出版发行　　北京市崇文区夕照寺街 14 号
　　邮编　100061　电子邮件　315@ptpress.com.cn
　　网址　http://www.ptpress.com.cn
　　三河市潮河印业有限公司印刷

◆ 开本：787×1092　1/16
　　印张：16.5
　　字数：411 千字　　　　　　2011 年 9 月第 1 版
　　印数：1 – 3 000 册　　　　2011 年 9 月河北第 1 次印刷

ISBN 978-7-115-25846-5
定价：33.00 元

读者服务热线：(010)67132746　印装质量热线：(010)67129223
反盗版热线：(010)67171154
广告经营许可证：京崇工商广字第 0021 号

电工电子技术是机械、数控等非电类专业的重要专业基础课。本书以非电类专业对电类知识的需求为主线，以电工电子技术应用环境为依托，以能力培养为本位，编者力求编写一本有助于提高高职学生学习兴趣，有利于学生自学的教材。

本书的编写以知识必需够用为度，突出理论的应用背景，启发学生的思维。本书的主要特色如下。

（1）关注知识的相关性和应用环境。以"小提示"的形式，指出了各种电路在工业系统中的地位和应用，使学生不再一味地进行电路分析、计算，而是让其了解所学知识究竟与专业的哪一领域相关联，为什么要学习这些知识。

（2）突出重点概念。书中对需要掌握的概念用"**加粗**"的形式标注出来，使学生抓住学习重点，分清主次。

（3）鼓励思考。书中加入了"小知识"、"思考题"等内容，以激发学生的学习兴趣，鼓励学生思考。

（4）灵活应用。书中以"同一问题多面理解"的方式来启发学生的思维，让学生真正做到"活学活用"。

本书共分为 5 章，理论教学参考学时为 50 学时，实践环节需另配教材，可针对学校实验设备配置情况选择合适的实践项目。推荐进行以下实践项目。

① 基尔霍夫定律、叠加定理、戴维南定理的验证。

② 交流电路电量测量、RL 串联电路的测量和功率因数的改善。

③ 电动机控制电路的测试。

④ 直流稳压电源、单管放大电路动静态参数的测量以及集成运放同相比例放大电路和同相加法器的调试。

⑤ 门电路逻辑功能、译码显示电路、R-S 触发器电路、555 定时器等的调试。

本书由倪勇、夏敏磊任主编，杨悦梅、王燕、吴子云任副主编，魏翠琴、冯钟参与了本书的编写。参编老师分工如下：第 1 章由夏敏磊、吴子云编写，第 2 章由倪勇、吴子云编写，第 3 章由杨悦梅、王燕编写，第 4 章由王燕、魏翠琴编写，第 5 章由夏敏磊、冯钟编写。本书在编写过程中，得到了王小海教授和陈梓城教授的指导和帮助，在此表示感谢。

另附教学建议学时表，具体学时由任课教师根据具体情况适当调整。

章　节	课　程　内　容	学时分配
第 1 章	直流电路	10
第 2 章	交流电路	10
第 3 章	变压器与电动机	6
第 4 章	模拟电子电路	12

章 节	课 程 内 容	学时分配
第 5 章	数字电子电路	12
课时总计		50

由于编者水平有限，编写时间仓促，疏漏之处在所难免，敬请读者批评指正。

编 者

Contents 目 录

第1章 直流电路

➲ 教学目标

（1）了解电路的组成和作用以及电路与电路图的关系。

（2）了解分析电路时常用的物理量及其计量单位。

（3）理解电流、电压参考方向的意义和理想电路元件（电压源、电流源、电阻、电容和电感）的特性。

（4）了解电源的 3 种工作状态，理解电功率和额定值的定义。

（5）掌握并能熟练应用电阻串并联特性。

（6）理解并能熟练应用基尔霍夫定律。

（7）理解较复杂电路的分析方法，如支路电流法、节点电压法。

（8）理解叠加定理、戴维南定理和最大功率传输定理。

1.1 电路与电路图

为什么先介绍电路的概念？

电路是个涉及面很广的概念，大到生产流水线，小到随处可见的电子产品，都可以用电路来描述其工作原理。

图 1.1.1 所示为机加工车间里最常见的车床。车床是典型的机电控制一体化的设备，旋转的车刀可以加工出不同形状的工件，车刀的类型和工件的工艺要求，都是机械专业要处理的问题，而如何使车刀旋转起来，就是电气专业的问题了。可以把从电源供电到最终的加工环节表示为图 1.1.2 所示的工作示意图。在生产场合，需要更专业的规范，从电源开始，到电机运行为止，是电气控制的范畴，应该用电气原理图表示，而工件形状的要求，则由工件尺寸图来描述。但是从这个例子可以看到，车刀加工时，电机的旋转速度将直接影响加工的效果，在实际工作中，需要根据工艺要求相应调整电机的工作状态，因此，了解电路的工作情况是必要的。

图 1.1.1 车床

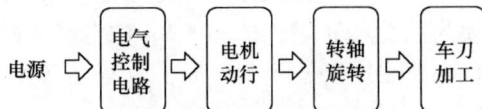

电源 ⇨ 电气控制电路 ⇨ 电机动行 ⇨ 转轴旋转 ⇨ 车刀加工
图 1.1.2 车床工作示意图

1

图 1.1.3 所示为生活中常见的一些电器产品，可以看到，虽然它们的外形不同，但如果功能近似，其电路原理图也类似，其中三挡调速的家用电风扇和台灯的电路图分别如图 1.1.4 (a)、图 1.1.4 (b) 所示。

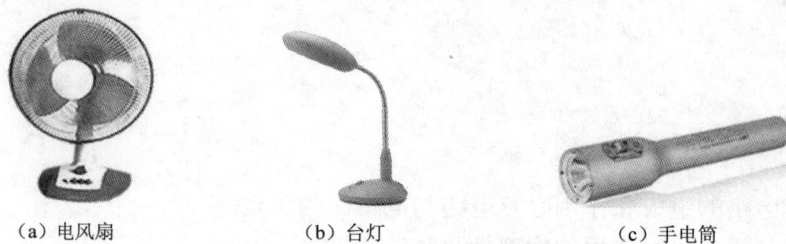

（a）电风扇　　　（b）台灯　　　（c）手电筒

图 1.1.3　产品外形

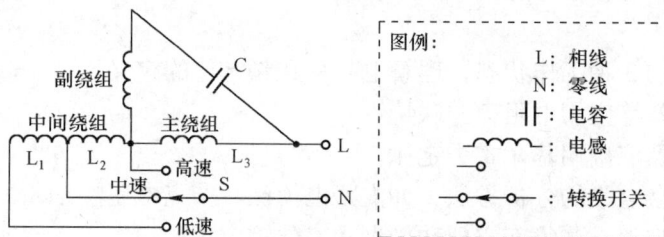

图例：
L：相线
N：零线
$\dashv\vdash$：电容
：电感
：转换开关

（a）三挡调速家用电风扇电路图

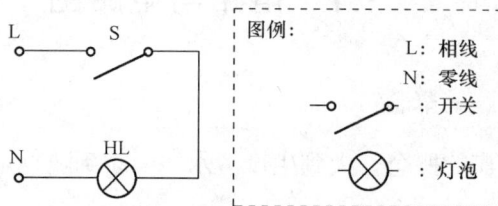

图例：
L：相线
N：零线
：开关
：灯泡

（b）台灯电路图

图 1.1.4　电路图

什么是"电路图"？

电路图是人们为了研究和工程的需要，用约定的符号绘制的一种表示电路结构的图形。平常说的电气原理图、电子电路图都属于电路图。因为电路图直接体现了电路的结构和工作原理，所以一般用在设计、分析电路中。通过识别图纸上所画的各种电路元件符号，以及分析它们之间的连接方式，就可以了解电路的实际工作情况。但电路图中各元件的位置并未反映其在实际产品中的位置。

在分析设备时，不可能总是把它拆开来了解其工作原理，因此学会识图是非常必要的。

在对电风扇和台灯的使用中可以知道，两者的运行需要电源，同时还要闭合开关，电风扇通过绕组工作带动电机旋转，把电能转换为风能，台灯则直接利用灯泡灯丝的电热效应把电能转换为热能和光能。把图 1.1.4 中电路各部分的功能来做一个划分，如图 1.1.5 所示，可以看到，电路由电源、开关、负载和导线等组成。

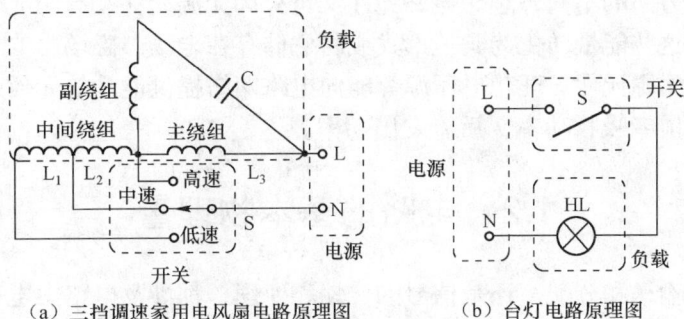

（a）三挡调速家用电风扇电路原理图　　　（b）台灯电路原理图

图 1.1.5　电路功能划分示意图

概念：电路

由若干电气设备或器件按一定方式连接起来并构成电流的通路称为电路。

电路的种类繁多，形式、结构也各不相同，在电力系统、自动控制、计算机技术等领域中，人们广泛使用电路来完成各种各样的工作。

概念：电路的组成

一个完整的电路由电源、负载、控制和保护装置及连接导线等4部分组成。

这个描述跟前面的分析似乎有一点差异。什么是"控制和保护装置"？"控制"是指对负载工作状态的操作，开关应该是"控制装置"；那么"保护装置"又在哪里？实际上，它在台灯插座的前端。还有一些设备（如空气开关），不仅起到对电源的通断控制作用，还具有过载、短路等保护功能。下面来看一下电路各组成部分的功能。

（1）电源：电源是向电路提供电能的设备，如发电机、干电池及蓄电池等。

（2）负载：负载是指各种用电设备，其作用是将电能转换为其他形式的能量，如电灯、电动机及电炉分别将电能转换成光能、机械能和热能。

（3）控制和保护装置：控制和保护装置的作用是对电路进行有效的控制和必要的保护。

（4）导线：导线的作用是构成闭合电路以传导电流，输送电能。

想想看，图1.1.3所示的产品设备是不是都具有电路的基本要素？

任何一个电子产品或生产设备，都可以视为不同功能的电路，这些电路将电能转换成其他形式的能（光能、热能等）。例如：收音机将电台发射的无线电波接收后转换成电信号，并经处理（选择、放大、检波等），再由喇叭还原为声音；电风扇把电能转换成风能；电炉把电能转换为热能等。

概念：电路的作用

电路的作用主要有两个方面：一是进行能量的转换、传递和分配；二是对电信号进行处理和传递。

实际上，电路器件在工作时的电磁性质是比较复杂的，绝大多数器件具备多种电磁效应，这给分析问题带来了困难。为使问题得以简化，以便于探讨电路的普遍规律，在分析和研究具体电路时，对电路器件一般取其起主要作用的部分，并用一个理想元件来替代，从而获得可供分析的电路。

所谓理想元件是指理论上具有某种确定的电磁性质的假想元件。电路中常用的理想电路元件有电阻、电感、电容、理想电压源和理想电流源。

根据能量传输方向的不同，理想电路元件又可分为无源元件和有源元件。无源元件是吸收电源能量，并将这些能量转化为其他形式或将它储存在电场、磁场中的元件，电阻、电感和电容就是常见的无源元件。理想电压源等能向电路网络提供能量的元件就称为有源元件。从功率角度考虑，前者吸收功率，后者发出功率。

1.2 电路的基本物理量

无论是能量的输送和分配，还是信号的传输和处理，都涉及电路中电荷的运动和消耗。电气设备运行过程中，既无法透视到线路中电荷的流动情况，也无法通过肉眼看到导线端电压的变化，要想获得电路工作的信息，就需要了解电路中的各基本物理量。

1.2.1 电流

在电路中，带电粒子在外力作用下有规则的定向运动就形成了电流。

概念：电流强度

电流的强弱通常用电流强度来表示，它是指单位时间内流过导体截面积的电荷量。

设在 dt 时间内通过导体某一横截面的电量为 dq，则通过该截面的电流强度为

$$i = \frac{dq}{dt} \tag{1.2.1}$$

电流是电流强度的简称，它的 SI 单位是安培（A，简称安）；电荷量的 SI 单位为库仑（C，简称库）；时间的 SI 单位为秒（s）。由式（1.2.1）可知，1C=1A·s。

当电流很小时，常用单位毫安（mA）或微安（μA）来计量；当电流很大时，常用单位千安（kA）或兆安（MA）来计量。它们之间的换算关系为

$$1kA = 10^3A, \quad 1MA = 10^6A, \quad 1A = 10^3mA, \quad 1mA = 10^3\mu A$$

SI——国际标准单位制。

国际标准单位制（SI）共有 7 个基本标准单位，分别是长度单位（米）、质量单位（千克）、时间单位（秒）、电流单位（安培）、热力学温度单位（开尔文）、物质的量（摩尔）和发光强度单位（坎德拉）。

国际单位制导出单位是国际单位制的一部分，从 7 个国际单位制基本单位导出，包括法拉、伏特、赫兹、亨利、弧度、焦耳、库仑、欧姆、摄氏温度、西门子和瓦特等电路分析中常用的单位。

在电路分析过程中明确各物理量的单位对于分析计算非常重要，因此需要关注各物理量的定义和单位。

当 $\frac{dq}{dt}$ 为常数时，这种电流称为恒定电流，简称直流电流，用大写字母 I 表示，其大小和方向都不随时间变化，如图 1.2.1（a）所示；大小和方向同时随时间作周期性变化的电流，称为交流电流，如图 1.2.1（b）所示；仅大小随时间变化的电流称为脉动电流，如图 1.2.1（c）所示。通常用小写字母 i 表示大小随时间变化的电流。

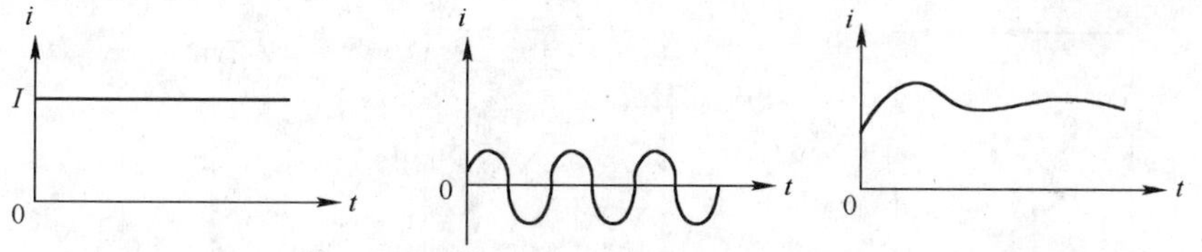

图 1.2.1　各种形式的电流波形示意图

1.2.2　电动势、电位和电压

概念：电动势

电动势是一个表示电源特征的物理量。**电动势是电源将其他形式的能转化为电能的本领，在数值上，等于非静电力将单位正电荷从电源的负极通过电源内部移送到正极时所做的功。**它能够克服导体电阻对电流的阻力，使电荷在闭合的导体回路中流动。电动势常用符号 E（也可用 ε）表示，其 SI 单位是伏特（V）。

电动势的方向规定为：从电源的负极经过电源内部指向电源的正极，即与电源两端电压的方向相反。

概念：电位

电位即电势，是衡量电荷在电路中某点所具有能量的物理量。**在数值上，电路中某点的电位，等于正电荷在该点所具有的能量与电荷所带电荷量的比。**电位是相对的，电路中某点电位的大小，与参考点（即零电位点）的选择有关，就像"地球上某点的高度与起点选择有关"一样。电位常用的符号为 U 或 φ，其 SI 单位也是伏特（V）。

在实际工作中，常将电路的公共点、设备的金属外壳、大地等作为电位的参考点。参考点本身的电位为零，并用符号"⏃"、"⏚"、"⏊"或"⊥"表示，实际使用时可任选一种符号，但碰到不同类型的接地电路（如数字地和模拟地）时，应选用不同的符号以示区别。

概念：电压

当电流流过电路时，将在电路的每一小段中产生一定的电压降落，用来表示电荷流过该小段释放（或该小段电路吸收）的电能的大小，电压降落简称电压。因此，电压的方向规定为：从高电位指向低电位的方向。电路中，两点之间的电压等于两点的电位之差。因此，电压还可被称为"电位差"。

电压的 SI 单位和电动势一样，都是伏特（V）。计量较大的电压时用千伏（kV）表示，计量较小的电压时可用毫伏（mV）或微伏(μV)表示。其换算关系为

$$1\text{kV} = 10^3\text{V}，\ 1\text{V} = 10^3\text{mV}=10^6\mu\text{V}$$

如果电压的大小及方向都不随时间变化，则称之为稳恒电压或恒定电压，又称为直流电压，用大写字母 U 表示。如果电压的大小及方向随时间变化，则称为变动电压。对电路分析来说，最为重要的变动电压是正弦交流电压（简称交流电压），其大小及方向均随时间按正弦规律作周期性变化。交流电压的瞬时值要用小写字母 u 或 $u(t)$表示。

下面来看看电动势、电位和电压这三者究竟是什么关系。

【例 1.2.1】 在如图 1.2.2（a）所示电路中，有一 6V 的直流电源和两个阻值相等的电阻，电阻端电压均为 3V，即 $U_S = 6\text{V}$ 、$U_1 = 3\text{V}$ 、$U_2 = 3\text{V}$ 。图中已标出 a、b、c 三点，试分别以 b、c 为参考点，求其他两点的电位。

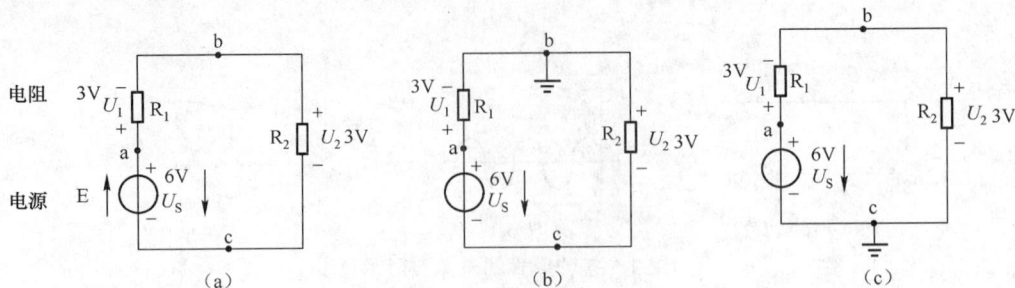

图 1.2.2　例 1.2.1 图

解：设 a、b、c 点各点电位分别为 U_a、U_b、U_c。

(1) 以 b 点为参考点。

先以 b 点为参考点画图，如图 1.2.2 (b) 所示，则 $U_b = 0$。根据电位与电压的关系描述可知

$$\because \begin{cases} U_1 = U_a - U_b \\ U_2 = U_b - U_c \\ U_S = U_a - U_c \end{cases} \tag{1.2.2}$$

$$\therefore U_a = U_1 = 3V$$

$$\therefore U_c = -U_2 = -3V$$

(2) 以 c 点为参考点。

以 c 点为参考点画图，如图 1.2.2 (c) 所示，则 $U_c = 0$。由式 (1.2.2) 可知

$$\begin{cases} U_a = U_S = 6V \\ U_b = U_2 = 3V \end{cases}$$

从这个例子可以看出，电源与电阻形成闭合回路后，电动势与电源电压大小相等，方向相反。而电源在回路中形成的电流在两个电阻上必然产生了电压降，电源大小不改变、电阻大小不变，电阻上的电压降也就不会变化，但随着参考点定义的不同，各节点上的电位将随着参考点的改变而改变。

1.2.3　电压与电流的关联参考方向

理论上的分析与实际总是有很大的差别，当面对工作中的电气设备和电子电路时，根本无法用肉眼判别导线中的电流方向或设备端子的电压降。但为了更好地了解现场，就必须具备一定的分析能力，在绘制电路原理图的基础上，根据诸多定理分析电路的工作参数。在分析和计算电路时，可任意选定某一方向作为电压和电流的参考方向（或称正方向），参考方向不一定与实际方向一致。

电流的参考方向一般用实线箭头表示，既可以画在线上，如图 1.2.3 (a) 所示；也可以画在线外，如图 1.2.3 (b) 所示；还可以用双下标表示，如图 1.2.3 (c) 所示。其中，I_{ab} 表示电流的参考方向是由 a 点指向 b 点，一般多用前两种表示方法。

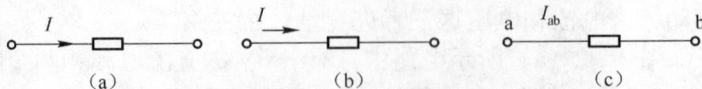

图 1.2.3　电流参考方向的标注法

当电流的实际方向与参考方向一致时，电流为正值；反之，当电流的实际方向与参考方向相反时，电流为负值，如图1.2.4所示。因此，在选定电流参考方向之后，电流之值才有正负之分。

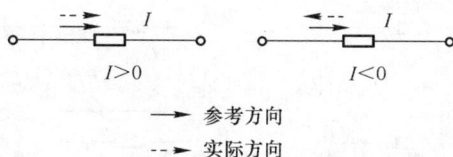

$$I > 0 \qquad I < 0$$

⟶ 参考方向
-- ➔ 实际方向

图 1.2.4 电流参考方向与实际方向的关系

电压的参考方向既可以用实线箭头表示，如图 1.2.5（a）所示；也可以用正（+）、负（−）极性表示，如图 1.2.5（b）所示，正极性指向负极性的方向就是电压的参考方向；还可以用双下标表示，如图 1.2.5（c）所示，其中，U_{ab} 表示 a、b 两点间的电压参考方向由 a 指向 b。当电压的参考方向与实际方向相同时，电压为正值；当电压的参考方向与实际方向相反时，电压为负值。

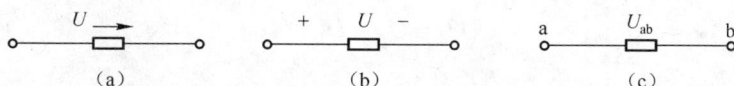

（a） （b） （c）

图 1.2.5 电压参考方向的标注

概念：关联参考方向

假定电压与电流具有相同的参考方向，称为关联参考方向。如图 1.2.6 所示，电流通过电阻，在电阻两端形成了同向的电压降，电流 I 与电压 U 的参考方向关联。

需要注意的是，进行任何电路分析之前，在各元件上标注自定义的电流、电压参考方向，再根据定理进行求解，将会极大地减少麻烦。

在如图1.2.7所示电路中，电源 U_S、R_1、R_2 都标注了电压和电流参考方向，试问哪个元件的电压和电流是关联参考方向？哪个元件的电压和电流是非关联参考方向？

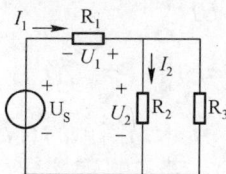

图 1.2.6 电流、电压参考方向关联示意图

图 1.2.7 关联参考方向分析

【例 1.2.2】在如图 1.2.8（a）所示的电路中，已知各元件的电压为 $U_1 = 10V$、$U_2 = 5V$、$U_3 = 8V$、$U_4 = -23V$，参考方向如图 1.2.8（b）所示。若选 B 点为参考点，试求电路中 A、C、D 各点的电位。

解：选 B 点为参考点，A、C、D 各点的电位就是其对参考点的压降，画出电压参考方向如图 1.2.8（b）所示，则 $U_B = 0$。

根据参考方向的定义 $\because U_B = 0$，$U_{AB} = U_A - U_B$

$$\therefore U_A = U_{AB} = -U_1 = -10V$$

$$\because U_{CB} = U_C - U_B$$

7

$$\therefore U_{\mathrm{C}} = U_{\mathrm{CB}} = U_2 = 5\mathrm{V}$$

$$\therefore U_{\mathrm{DB}} = U_{\mathrm{D}} - U_{\mathrm{B}} = U_{\mathrm{D}} - U_{\mathrm{C}} + U_{\mathrm{C}} - U_{\mathrm{B}} = U_{\mathrm{DC}} + U_{\mathrm{CB}}$$

$$\therefore U_{\mathrm{D}} = U_{\mathrm{DB}} = U_3 + U_2 = 8 + 5 = 13(\mathrm{V})$$

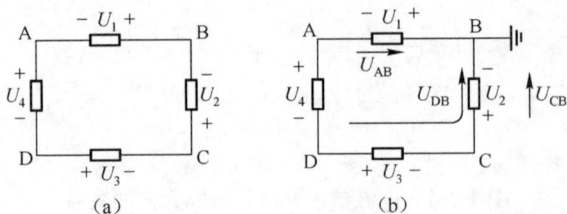

图 1.2.8　例 1.2.2 图

当然，利用电位与电压降的关系，还可以列出式（1.2.3），同样可解出各点的电位值。

$$\begin{cases} U_1 = U_{\mathrm{B}} - U_{\mathrm{A}} \\ U_2 = U_{\mathrm{C}} - U_{\mathrm{B}} \\ U_3 = U_{\mathrm{D}} - U_{\mathrm{C}} \\ U_4 = U_{\mathrm{A}} - U_{\mathrm{D}} \end{cases} \tag{1.2.3}$$

1.2.4　电功率

概念：电功率

电流在单位时间内做的功称为电功率，简称功率，用 P（或 P）表示，即

$$p = \frac{\mathrm{d}W}{\mathrm{d}t} = \frac{\mathrm{d}W}{\mathrm{d}q}\frac{\mathrm{d}q}{\mathrm{d}t} = ui \tag{1.2.4}$$

功率的 SI 单位是瓦特（W），此外还有 kW、MW、mW 等。

在电路中，有的元件从电路吸收电能，有的元件向电路发出（提供）电能。若计算出的功率为正值，表示该元件吸收功率；若功率为负值，表示该元件发出功率。可以理解为，电路中的电源大多是提供电能的，而电阻是吸收电能的。

在直流电路中，电压、电流参考方向关联的情况下，$P = UI$，在非关联参考方向下，功率表达式为 $P = -UI$。

　如何理解 $P=UI$ 和 $P=-UI$?

图 1.2.9（a）所示为简单的直流电源向负载电阻供电的闭合回路，电源电压为 6V，负载电阻阻值为 $10\mathrm{k}\Omega$，若忽略连接导线的等效电阻（工作中的导线等效电阻应远小于负载阻值，但如果导线连接不紧，将直接影响电路中的信号传输，甚至有可能造成信号完全中断），回路中的电流由电源 U_{S} 在电阻上作用产生，实际电流方向应与参考方向一致，则 $I_1 = 0.6\mathrm{mA}$。若改变了电流的参考方向，如图 1.2.9（b）所示，电源与电阻的接线方式并没有发生变化，参考方向的改变只是理论上的，则 $I_2 = -I_1 = -0.6\mathrm{mA}$。

下面分别来求（a）、（b）两图中电源的功率和电阻的功率。

图 1.2.9（a）：电源的电压和电流参考方向非关联，负载电阻的电压和电流参考方向关联，因此有

电源功率：$P_{\mathrm{S}} = -UI = -U_{\mathrm{S}}I_1 = -6 \times (0.6 \times 10^{-3}) = -3.6 \times 10^{-3}(\mathrm{W})$

电阻功率：$P_{\mathrm{R}} = UI = U_{\mathrm{R}}I_1 = 6 \times (0.6 \times 10^{-3}) = 3.6 \times 10^{-3}(\mathrm{W})$

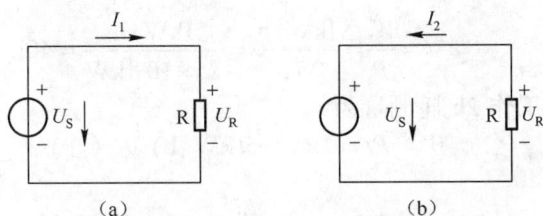

图 1.2.9 功率的计算示意图

图 1.2.9 (b)：电源的电压和电流参考方向关联，负载电阻的电压和电流参考方向非关联，因此有

电源功率：$P_S = UI = U_S I_2 = 6 \times (-0.6 \times 10^{-3}) = -3.6 \times 10^{-3}(W)$

电阻功率：$P_R = -UI = -U_R I_2 = -6 \times (-0.6 \times 10^{-3}) = 3.6 \times 10^{-3}(W)$

可以看到，两个公式得到的结论是一样的，即电源发出功率，负载电阻吸收功率。

功率的定义可推广到任何一段（部分）电路，而不局限在一个元件内。

【例 1.2.3】在如图 1.2.10 所示电路中，已知 $U_S = 12V$、$U_1 = -6V$、$I_1 = 3A$、$U_2 = 6V$、$I_2 = -I_3 = 1.5A$，各电流、电压的参考方向已在图中标出。求各元件的功率并说明该元件是发出功率还是吸收功率。

解：分析图 1.2.10 所示各电流、电压参考方向，其中电源 U_S、电阻 R_1 和 R_3 参考方向非关联，电阻 R_2 参考方向关联，则

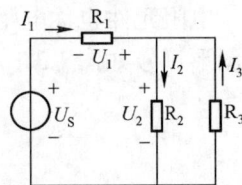

图 1.2.10 例 1.2.3 图

$P_{US} = -UI = -I_1 \cdot U_S = -3 \times 12 = -36(W) < 0$，电源 U_S 发出功率

$P_{R1} = -UI = -I_1 \cdot U_1 = -3 \times (-6) = 18(W) > 0$，电阻 R_1 吸收功率

$P_{R2} = UI = I_2 \cdot U_2 = 1.5 \times 6 = 9(W) > 0$，电阻 R_2 吸收功率

$P_{R3} = -UI = -I_3 \cdot U_2 = -(-1.5) \times 6 = 9(W) > 0$，电阻 R_1 吸收功率

$\sum P = P_{US} + P_{R1} + P_{R2} + P_{R3} = -36 + 18 + 9 + 9 = 0(W)$，说明电路的功率平衡。

1.2.5 电能

电能是表示电流做功的物理量，即电以各种形式做功的能力，有时也叫电功。

概念：电能

电能是指在一定的时间内电路元件或设备吸收或发出的电能量，用 W 表示，即

$$W = Pt = UIt \tag{1.2.5}$$

电能的 SI 单位是焦耳（J），式（1.2.5）中"t"的单位是秒（s）。由于设备的工作时间很难用"秒"来计量，因此，在生活中通常用千瓦小时（$kW \cdot h$）来表示电能的大小，也叫做度（电），两者的关系是

$$1 \text{ 度(电)} = 1 kW \cdot h = 3.6 \times 10^6 J \tag{1.2.6}$$

1 度（电）的物理意义是功率为 1000W 的供能或耗能元件，在 1h 的时间内所发出或消耗的电能量。

【例 1.2.4】1 度电可供 25W 的灯泡使用多少时间？一台 3kW 的热水器工作 2h 耗电多少度？

解：1 度电可供 25W 的灯泡使用的时间为

$$t = \frac{W}{P} = \frac{1\text{kW} \cdot \text{h}}{25\text{W}} = \frac{1\text{kW} \cdot \text{h}}{25 \times 10^{-3}\text{kW}} = 40\text{h}$$

一台 3kW 的热水器工作 2h 耗电量为

$$W = Pt = 3 \times 2 = 6(\text{kW} \cdot \text{h}) = 6 \ (\text{度})$$

1.3 电阻、电感、电容元件

电阻、电容、电感是 3 种常用的无源电路元件，它们具有不同的物理特性。当只考虑它们的主要物理性质时，电阻、电容、电感又是 3 种单一参数的理想化电路元件。在电路中，就负载而言，虽然种类繁多，作用、特性也各不相同，但其电路模型大多可以用电阻、电感、电容及其组合表达。

1.3.1 电阻元件

电阻元件也称电阻，其电路符号常用 R 表示，它是反映电能消耗的电路参数。常用电阻的图形符号如图 1.3.1 所示。

| 固定电阻 | 压敏电阻 | 可调电阻 | 抽头固定电阻 | 电位器 |

图 1.3.1 电阻的图形符号

电阻两端电压与电流的关系称为伏安特性。如果电阻的伏安特性曲线在 U-I 平面上是一条通过坐标原点的直线，那么这种电阻称为线性电阻；否则，该电阻称为非线性电阻。

概念：欧姆定律

在同一电路中，导体的电流跟导体两端的电压成正比，跟导体的电阻阻值成反比，即

$$U = RI \tag{1.3.1}$$

电阻的 SI 单位是欧姆（Ω，简称欧），常用的单位还有 $\text{k}\Omega$、$\text{M}\Omega$，它们的换算关系如下

$$1\text{M}\Omega = 10^3\text{k}\Omega，\quad 1\text{k}\Omega = 10^3\Omega$$

电阻元件是从实际电阻器抽象出来的理想化模型，是代表电路中消耗电能的理想二端元件。如电灯泡、电炉、电烙铁等实际电阻器，当忽略其电感等作用时，可将它们抽象为仅具有消耗电能的电阻元件。

电阻的特性也可以用另一个参数 G 来表示，称为电导，其 SI 单位为西门子（S）。电阻与电导的关系为

$$G = \frac{1}{R} \tag{1.3.2}$$

实验证明，在一定的温度下，导体的电阻 R 跟它的长度 L 成正比，跟它的横截面积 S 成反比，还跟导体的材料有关系，即

$$R = \frac{\rho L}{S} \tag{1.3.3}$$

式中，ρ 为电阻率（某种材料制成的长 1m、横截面积为 1mm^2 的导线，在温度 20℃ 时的电阻值，叫做这种材料的电阻率），电阻率的 SI 单位是 $\Omega \cdot \text{m}$，常用单位是 $\Omega \cdot \text{mm}^2/\text{m}$。

金属导体的电阻随温度的升高而增大。在一般工作温度范围内，可用式（1.3.4）来表示

$$R_2 = R_1 [1 + \alpha_1(T_2 - T_1)] \tag{1.3.4}$$

式中：R_1 是温度为 T_1 时导体的电阻；R_2 是温度为 T_2 时导体的电阻；α_1 是温度以 T_1 为基准时的导体电阻的温度系数。每种金属在一定温度下都有一定的温度系数。

电阻上的瞬时功率为

$$p = UI = I^2R = \frac{U^2}{R} \tag{1.3.5}$$

由上式可知，电阻上的瞬时功率 P 总是大于或等于 0，所以电阻在一段时间内吸收的电能也总是大于或等于 0。电阻吸收的能量全部转化为热能或其他形式的能量消耗掉，这是一个不可逆的能量转换过程，因此电阻是一个耗能元件。

当电流通过电阻时，电流作功而消耗电能，产生了热量，这种现象叫做电流的热效应。实践证明，电流通过导体所产生的热量和电流的平方、导体本身的电阻值以及电流通过的时间成正比，即

$$Q = I^2Rt \tag{1.3.6}$$

Q 是电流在电阻上产生的热量，其 SI 单位是焦耳（J，简称焦）。式中各量均为 SI 单位。

电流的热效应应用很广，利用它可以制成电炉、电烙铁等电热器件。电灯就是利用电流的热效应使灯丝达到高温而发光的。但是，电流的热效应也有不利的一面，大电流通过导线而导线不够粗时，就会产生大量的热，破坏导线的绝缘性能，导致线路短路，引发火灾。因此，为了安全运行，各种电气设备都有一定的电流限额、电压限额和功率限额，它们分别称为这些设备的额定电流、额定电压和额定功率。在使用时，不能超过这些额定值，否则设备会损坏。

各种各样的电阻。

电阻可分为固定电阻、可变电阻和敏感电阻 3 大类，图 1.3.2 所示为一些较常见的电阻外形。

（a）金属膜电阻和贴片电阻　　（b）旋钮电位器和 3296 系列可调电阻　　（c）压敏电阻和热敏电阻
图 1.3.2　常见电阻外形

不同的电阻有不同的规格标识方法，图 1.3.2（a）所示的金属膜电阻采用的是五环色标法。

电阻色环标注法常用的有三环、四环、五环色标法。色标含义如表 1.3.1 所示。

表 1.3.1　　　　　　　　　　　　电阻色环色标含义

颜色	黑	棕	红	橙	黄	绿	蓝	紫	灰	白	金	银	无色
数值	0	1	2	3	4	5	6	7	8	9	-	-	-
倍率	10^0	10^1	10^2	10^3	10^4	10^5	10^6	10^7	10^8	10^9	10^{-1}	10^{-2}	-
误差 (%)	-	±1	±2			±0.5	±0.25	±0.1		+0.5~ −20	±5	±10	±20

三环或四环色标的前二环表示电阻值的前二位数值，第三环为倍率乘数，以Ω为单位，三环色标标称值的误差为20%，四环色标的第四环表示误差。如图 1.3.3 所示，把电阻按图中所示的样子放置到四条色环中，有三条相互之间的距离比较近，而第四环距离稍微远一点。第一环的红色代表 2，第二环的紫色代表 7，第三环的棕色代表 1，即 10^1，第四环金色代表阻值误差为 ±5%，因此，这是一个阻值为 $27×10^1=270Ω$、阻值误差为 ±5%的电阻。

图 1.3.3　四环色标法

五环电阻的前三位代表数值，第四环才是倍率乘数，第五环是误差，阻值分析方法同四环色标法。

试分析如图1.3.4所示的两只电阻阻值和阻值误差。

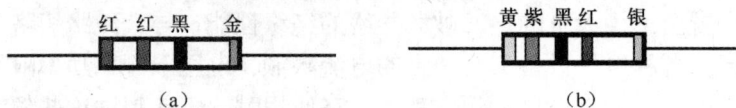
（a）　　　　　　　　　　　　　　　（b）
图 1.3.4　电阻色标法

贴片电阻上的印字绝大部分标识其阻值大小，常见的印字标注方法为 "$XXXY = XXX×10^Y$"，即图 1.3.2 中的贴片电阻阻值为 $133×10^3 = 133kΩ$。

3296 系列可调电阻常用的标注方法为 "$XYZ = XY×10^Z$"，即 "504" 表示该可调电阻的最大阻值为 "$50×10^4 = 500kΩ$"。

选择电阻时，不仅要考虑阻值，同时还要关注功率大小是否符合电路需求，常用电阻功率为 $\frac{1}{8}$W，若电路对功率的需求较高，可选择 $\frac{1}{4}$W、$\frac{1}{2}$W 或 1W，对特殊电阻还要关注其相关技术指标。

1.3.2　电感元件

实际电感元件通常由线圈构成，电感元件简称为电感。由物理学可知，当导线中有电流通过时，在它的周围就建立起磁场。工程中一般利用各种线圈建立磁场，储存磁能。图 1.3.5（a）为实际电感线圈的示意图。如果忽略导线中电阻消耗能量等次要因素，就可以用电感元件作为实际线圈的模型，如图 1.3.5（b）所示。

当电流 i 通过线圈时，在每匝线圈中将产生磁通 Φ，若线圈匝数为 N，则与线圈交叉的磁链 Ψ 等于线圈匝数与每匝线圈所产生的磁通的乘积，即 $\Psi = N\Phi$。将单位电流所能产生的

磁链定义为电感元件的自感系数。电感元件的自感系数简称电感，用字母L来表示，即

$$L = \frac{\Psi}{i} \tag{1.3.7}$$

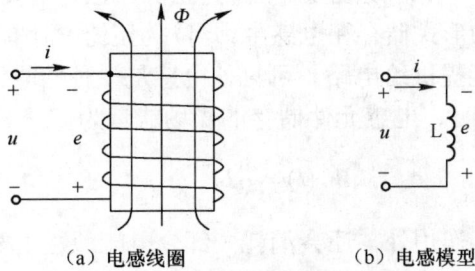

（a）电感线圈   （b）电感模型

图1.3.5 电感线圈及其电路模型

若磁通的单位为韦[伯]（Wb），电流的单位为安[培]（A），则电感的SI单位为亨[利]（H）。电感较小时，常用毫亨（mH）或微亨（μH）表示，$1\text{H} = 10^3 \text{mH} = 10^6 \mu\text{H}$。

线圈的自感系数。

线圈的自感系数跟线圈的形状、长短、匝数等因素有关系。线圈的横截面积越大，线圈越长，匝数越密，它的自感系数就越大。另外，有铁芯的线圈的自感系数比没有铁芯时大得多，如图1.3.6所示。

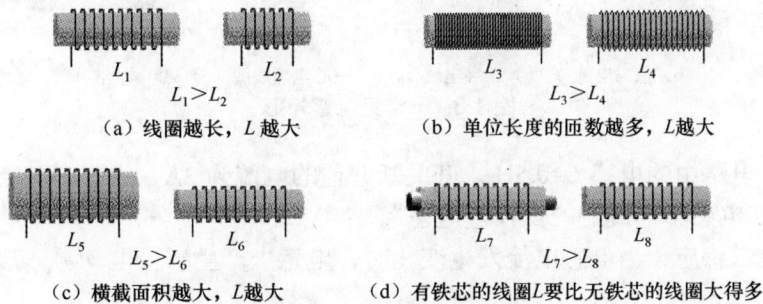

（a）线圈越长，L越大   （b）单位长度的匝数越多，L越大

（c）横截面积越大，L越大   （d）有铁芯的线圈L要比无铁芯的线圈大得多

图1.3.6 线圈的自感系数

当通过电感元件的电流发生变化时，磁链也相应发生变化，此时，电感线圈内将产生感应电动势e。法拉第发现：感应电动势e的大小正比于磁通的变化率。楞次发现：感应电动势e的方向总是力图阻碍原来磁通的变化。通常规定感应电动势e的参考方向与磁通的参考方向符合右手螺旋定则。在此规定下，便可得到电感线圈两端的电压和自感电动势的关系

$$u = -e = \frac{\mathrm{d}\Psi}{\mathrm{d}t} = L\frac{\mathrm{d}i}{\mathrm{d}t} \tag{1.3.8}$$

从式（1.3.8）很清楚地看出，当电感元件中的电流发生变化时，元件两端才有电压，电流变化越快，电压越高；电流变化越慢，电压越低；当电流不变化（即直流）时，则电压为零，这时电感元件相当于短路，因此电感是一种动态元件。

从式（1.3.8）还可以看到，**电感元件中的电流不能突变，这是电感元件的一个重要性质。**如果电流发生突变，则要产生无穷大的电压，对实际电感器来说，这是不可能的。

13

下面介绍电感的储能情况，在 t 时刻电感的瞬时功率 p 为

$$p(t) = u(t)i(t) = Li(t)\frac{\mathrm{d}i(t)}{\mathrm{d}t} \qquad (1.3.9)$$

式（1.3.9）表明，$P \geqslant 0$ 不总是成立，当 i 为正值，且有增大趋势时，$P > 0$，表明电感吸收能量，电能以磁场能的形式储存在电感中；当 i 为正值，且有减少趋势时，$P < 0$，表明电感将储存在其中的磁场能提供给电路。可见，电感是一种储能元件。

当流过电感的电流为 i 时，电感元件储存的磁场能量为

$$W_L(t) = \frac{1}{2}Li^2(t) \qquad (1.3.10)$$

实际的电感除了有储能作用外，还会消耗一部分电能，这主要是构成电感的线圈导线总存在一些电阻的缘故。由于电感消耗的功率与流过电感的电流直接相关，因此，常用电感与电阻的串联电路模型来表示实际的电感。

各种各样的电感。

图 1.3.7 所示为工业中应用的常见电感外形。

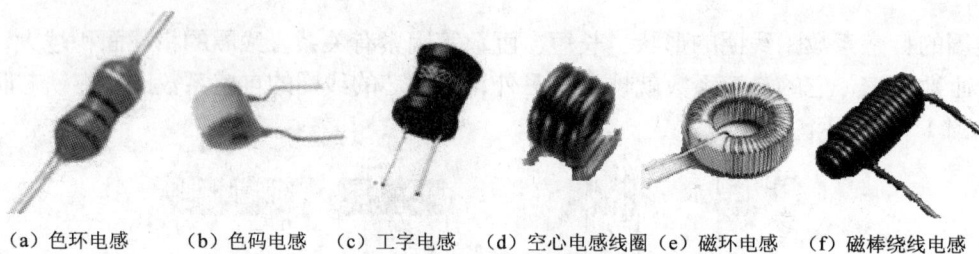

（a）色环电感　（b）色码电感　（c）工字电感　（d）空心电感线圈（e）磁环电感　（f）磁棒绕线电感
图 1.3.7　常见电感外形

【例 1.3.1】电路中的电感 L=0.5H，开关断开前的电流为 2A，求当开关断开时（所需时间仅为 0.01s）在电感中形成的"操作过电压"。

解： 根据电磁感应，当电感电流发生变化时，电感上产生感应电动势，形成电压，其大小为

$$u = L\frac{\mathrm{d}i}{\mathrm{d}t} = L\frac{\Delta i}{\Delta t} = 0.5 \times \frac{2}{0.01} = 100(\mathrm{V})$$

1.3.3　电容元件

在实际工作中，存在着各种各样的电容，它们的应用极为广泛，如收音机中的调谐电路、计算机中的动态存储器等。电容就其构成来说，都是由两块金属极板间隔以不同的介质（如云母、瓷介质、绝缘纸、聚酯膜、电解质等）组成的。当在极板上加电压后，两块极板上将分别聚集等量的正、负电荷，并在介质中建立起电场，从而具有电场能量。将电源移去后，电荷可继续聚集在极板上，电场继续存在。所以说电容元件是一种能够储存电荷或以电场形式储存能量的器件。

如果忽略电容在实际工作时的漏电和磁场影响等次要因素，就可以用储存电场能量的理想电容元件作为实际电容的模型。常见电容的图形符号如图 1.3.8 所示。

电容是表示电容器容纳电荷的本领的物理量。我们把电容器的两极板间的电势差增加 1V

所需的电量，叫做电容器的电容，且

$$C = \frac{Q}{U} \tag{1.3.11}$$

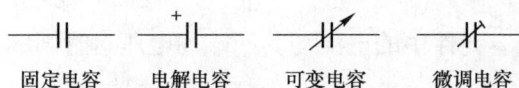

固定电容　电解电容　可变电容　微调电容

图 1.3.8　常见电容的图形符号

式中，Q 是电容器两极板上的电荷量，其 SI 单位为库[仑]（C），电压是两极板间的电压，单位为伏[特]（V），C 的单位为法[拉]（F）。由于法[拉]的单位太大，通常采用微法（μF）或皮法（pF）表示，$1F = 10^6 \mu F = 10^{12} pF$。

各种各样的电容。

电容器一般可以分为没有极性的普通电容器和有极性的电解电容器。普通电容器又分为固定电容器、半可调电容器（微调电容器）和可变电容器。

固定电容器指一经制成后，其电容量不能再改变的电容器，一般按电介质来分类，有纸介电容器、涤纶电容器、聚苯乙烯电容器、聚丙烯电容器、聚四氟乙烯电容器、聚酰亚胺薄膜电容器、聚碳酸酯薄膜电容器、复合薄膜电容器、漆膜电容器、叠片形金属化聚碳酸酯电容器（CBB 电容）、云母电容器、瓷介电容器和玻璃釉电容器等。图 1.3.9 所示为部分常见的电容器外形。

电容器的型号命名很不统一，因此，在使用前应查找资料弄清电容器的容量，同时，还要根据实际要求确定电容器的额定工作电压。一般情况下，电路的工作电压应为电容器额定电压的 10%～20%；当有脉动电压时，工作电压应为脉动的最高电压。当应用于交流时，额定电压随频率的增加而要相应增大。当温度环境比较高时，额定电压还要选用更大的。必要时，还要考虑电容器的容量误差、绝缘电阻、损耗和频率特性。

常见的电容器标称容量的表示法是用三位数字表示容量，前两位为有效数值，第三位是10 的幂。当有小数时，用 R 或 P 表示。普通电容器的单位是 pF，电解电容器的单位是μF。如图 1.3.9（c）所示，电容的标称值为 224，即表示容量为 $22 \times 10^4 pF = 0.22\mu F$。

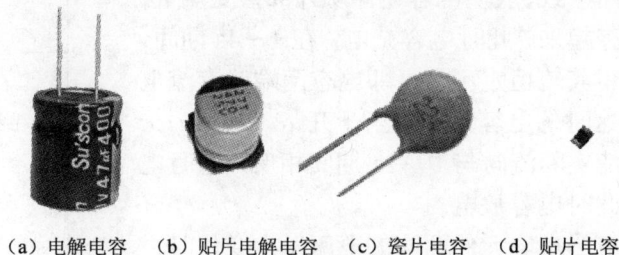

（a）电解电容　（b）贴片电解电容　（c）瓷片电容　（d）贴片电容

（e）钽电容（f）独石电容　　（g）涤纶电容　　（h）CBB 电容　（i）可调电容

图 1.3.9　常见电容外形

当电容元件两端的电压发生变化时，所储存的电荷也相应的变化，这时将有电荷在电路中流动而形成电流。当电容电压和电流为关联参考方向时，由电流的基本定义式得

$$i = \frac{\mathrm{d}q}{\mathrm{d}t} = C\frac{\mathrm{d}u}{\mathrm{d}t} \tag{1.3.12}$$

上式（1.3.12）表明电容元件中的电流与其两端间电压对时间的变化率成正比，因此电容也是一个动态元件。

【例 1.3.2】图 1.3.10（a）中电容的电流和电压为关联参考方向，电压 u 的波形如图 1.3.10（b）所示，试求电容元件端电流 i 的波形，已知 $C=470\mu\mathrm{F}$。

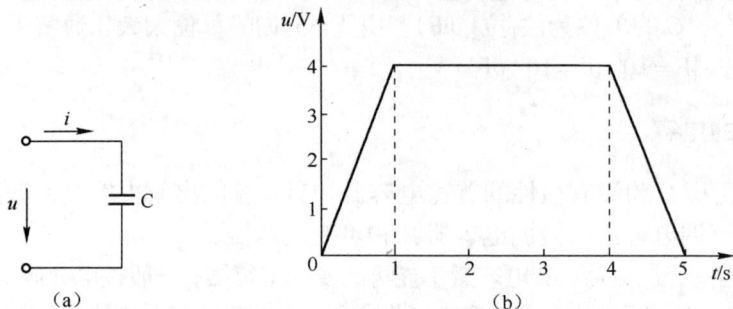

图 1.3.10　例 1.3.2 图

解： $0 < t < 1\mathrm{s}$ 时，$u = 4t\mathrm{V}$，由式（1.3.12）得

$$i = C\frac{\mathrm{d}u}{\mathrm{d}t} = 470\times10^{-6}\times\frac{\mathrm{d}(4t)}{\mathrm{d}t} = 470\times10^{-6}\times4 = 1.88\times10^{-3}(\mathrm{A})$$

$1\mathrm{s} < t < 4\mathrm{s}$ 时，$u = 4\mathrm{V}$，所以

$$i=0$$

$4\mathrm{s} < t < 5\mathrm{s}$ 时，$u = (-4t + 20)\mathrm{V}$，因此

$$i = C\frac{\mathrm{d}u}{\mathrm{d}t} = 470\times10^{-6}\times\frac{\mathrm{d}(-4t + 20)}{\mathrm{d}t} = 470\times10^{-6}\times(-4) = -1.88\times10^{-3}(\mathrm{A})$$

电流 i 的波形如图 1.3.11 所示，在 0～1s 期间，电压上升，电流与电压的实际方向一致，表明电容元件从外部接受能量，并转化为电场能量储存起来，此时电容充电；在 1～4s 期间，电容元件虽有电压，但其值恒定不变（即电容两端为直流电压）时，电流为零，这时的电容元件相当于开路；在 4～5s 期间，电压下降，电流实际流向与 0～1s 期间相反，这时电容向外部释放储能，此时电容放电。

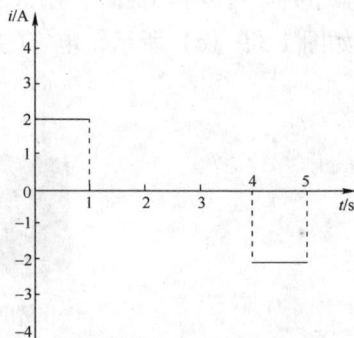

图 1.3.11　例 1.3.2 解图

由上例可知，只有当电容元件两端的电压发生变化时，才有电流通过；电压变化越快，电流越大；当电容元件两端电压不变化时电流为零，所以电容元件有隔断直流（简称隔直）的作用。

下面介绍电容的储能情况，在 t 时电容的瞬时功率为

$$p(t) = u(t)i(t) = Cu(t)\frac{\mathrm{d}u(t)}{\mathrm{d}t} \tag{1.3.13}$$

式（1.3.13）表明，$p \geq 0$ 不总是成立，当 $u(t)$ 为正值，且有增大趋势时，$p(t) > 0$，表

明电容吸收能量，电能以电场能的形式储存在电容中；当 $u(t)$ 为正值，且有减少趋势时，$p(t)$ <0，表明电容将储存在其中的电场能提供给电路。由此可见，电容与电感一样，也是一种储能元件。

当电容两端的电压为 u 时，它所储存的电场能（量）为

$$W_c(t) = \frac{1}{2} Cu^2(t) \tag{1.3.14}$$

实际的电容除了有储能作用外，还会消耗一部分电能。这主要是因为介质不可能是理想的，其中多少存在一些漏电流。由于电容消耗的功率与所加电压直接相关，因此，可用电容与电阻的并联电路模型来表示实际的电容。

每个电容所能承受的电压是有限度的。电压过高，介质就会被击穿，从而丧失电容的功能。因此，使用电容时，加在它两端的电压不能高于它的额定工作电压。

电容除了可以作为实际电容的模型外，还可以表示在许多场合广泛存在的电容效应。例如，在两根架空输电线之间以及每一根输电线与地之间都有分布电容，后面要学的晶体管和场效应晶体管的电极之间也存在着杂散电容（或称寄生电容）。但这些电容的容量很小，是否要在电路模型中考虑这些电容，必须视电路的工作条件及具体需要而定。一般来说，当电路的工作频率很高时，则不能忽略这些小电容。

RC 电路的时间常数。

电路中经常会看到电源侧并联了 RC 串联支路，如图 1.3.12（a）所示，电容初始储能为零，若在 $t=0$ 时，开关闭合，电源将经 R 给 C 充电。充电速度与 R、C 的乘积有关，用 τ 表示，$\tau = RC$，它表示了电容充电的快慢程度，是 RC 充电电路的时间常数。工程上认为当 $t=5\tau$ 时，电容充电过程基本结束，电容端电压随时间变化波形如图 1.3.12（b）所示。

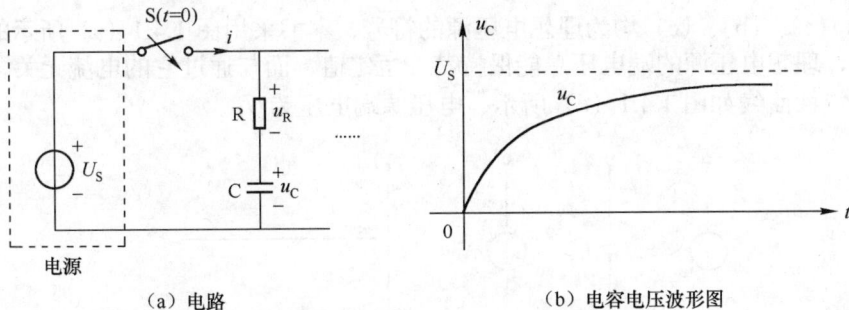

(a) 电路   (b) 电容电压波形图

图 1.3.12　RC 电路的时间常数

工程中常把 RC 串联支路并联在电源或需要保护的负载两侧，起过电压保护的作用。

元件都不是"理想的"。

一般利用理想元件的组合来代替电路中各种具体的、特性各异的元件，这不仅有助于我们应用自己对理想元件的理解去领会真实元件的作用，同时可以让我们对缺陷的影响进行建模分析。但是，任何电路与实际电路之间都存在着误差，这是因为 R、L、C 无处不在，在一个基本元件里，总包含着其余两个基本元件。

电阻是 3 个基本元件中最稳定、可预测性最好的器件，但碳膜电阻自身也存在着很小的

电感和电容，在处理射频和高时钟速度的问题时就要考虑其影响了。

几乎不存在理想的电容，理想电容不应该发热，但实际上每个电容都发热。可以得出结论：在电容中都包含了某种形式的电阻性成分。电容在额定电压时才具有额定电容值，若给电容加上过高的电压，将导致其电容值明显偏离所期待的数值。

由于大多数电感是由金属线构成的线圈，电阻自然是电感的主要误差源，它会引起发热和功率损耗。因此，在设计阶段就应该尽量使电感中的电流最小化，从而减小电阻的影响。同时，电感线圈的金属线之间会存在一定的电容效应，但它们实际上很小，如果要制作极高频的电路，电容效应就变得很重要了。

元件都不是理想的。我们在工程分析和故障排除过程中仍然需要根据元件的主要特性进行分析，因此，真正需要做的事情就是养成查看参数表的习惯。元器件设计制造工程师花费了大量的力气来描述器件的不足，并将它们放在了参数表中供我们使用。

1.4 电　　源

电源是提供能量或信息的元件或装置。根据电源是以电压还是电流的形式向电路或负载提供能量或信号，可以将它分为电压源和电流源。这里先讨论直流电路所需的电源。

1.4.1 电压源

概念：理想电压源

把输出电压总保持为某一定值或某一给定时间函数的电源称为理想电压源。这是实际电源的理想化。如果一个电源的内阻远小于负载电阻，即 $R_0 << R_L$ 时，则内阻压降 $R_0 I << U$，于是 $U \approx U_s$，基本上恒定，可以认为该电源是理想电压源。通常用的稳压电源即可认为是一个理想电压源。

图 1.4.1（a）、（b）、（c）均为理想电压源的符号，本书采用图 1.4.1（a）所示的符号。在直流电路中，理想电压源的端电压总能保持某一恒定值，而与通过它的电流无关，简称恒压源，其伏安特性曲线如图 1.4.1（d）所示，电压源端电压为 U_s。

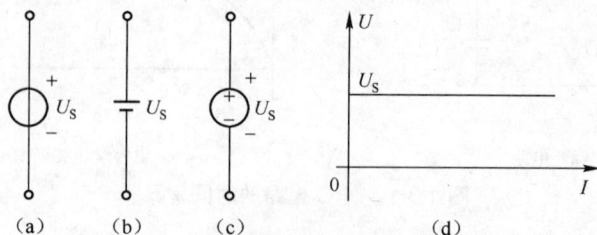

图 1.4.1　理想电压源符号及其伏安特性

概念：理想电压源特性

（1）理想电压源的端电压为某一常数或某给定的时间函数，与流过它的电流无关。

（2）流过理想电压源的电流由其端电压和负载共同决定，即对负载电阻 R 而言，流过电阻的电流 $I = U_s / R$。

概念：实际电压源

任何一个电源（如发电机、电池或各种信号源），在其内部总存在一定的电阻，称之为内阻。以电池为例，当电池两端接上负载，有电流通过时，内阻就会有能量损耗，电流越大，损耗越大，输出端电压就越低。因此实际电压源模型往往用一个理想电压源 U_s 和电阻 R_0 串联来等效，其电路模型如图 1.4.2 所示，实际电压源的特性曲线如图 1.4.3 所示。

根据图 1.4.2 所示的电路，可得

$$U = U_s - R_0 I \tag{1.4.1}$$

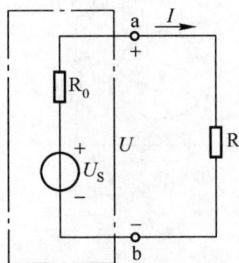

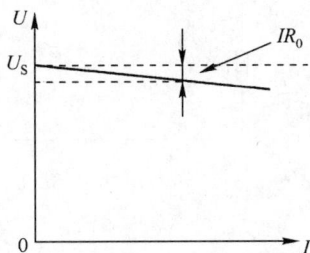

图 1.4.2　电压源模型　　　　　图 1.4.3　电压源的特性曲线

从电压源的特性曲线（伏安特性）来看，内阻 R_0 越小，则特性曲线越平。

由图 1.4.2 和式（1.4.1）可知

$$U = \frac{U_s}{1 + R_0 / R}$$

负载越大，端电压越低，即电源的端电压随负载电流的增加而降低。

当实际电压源开路时，电流 $I = 0$，其端电压就等于理想电压源的电压，即 $U = U_s$；当实际电压源短路时，其端电压 $U = 0$，而实际电压源的内阻一般较小，短路电流将会很大，严重时会烧坏电源，因此实际电压源工作时禁止短路。

基尔霍夫电压定律。

式（1.4.1）怎么来的？这要从基尔霍夫定律说起。基尔霍夫定律分为电流定律和电压定律，它们分别反映了电路中电流、电压所遵循的约束关系，式（1.4.1）的问题与电压定律有关。

基尔霍夫电压定律也称基尔霍夫第二定律，简称 KVL 定律。它描述了一个回路中各支路电压之间的约束关系。定律内容：在任一时刻，对于电路中的任一回路，按一定方向沿着回路绕行一周，回路中所有支路或元件电压的代数和为 0。其数学表达式为

$$\sum U = 0 \tag{1.4.2}$$

在写回路电压方程式时，应当先假设回路的绕向（方向任意），并标出各支路或元件上电流、电压的参考方向。依次将各元件的电压进行代数相加，当回路内某个电压的参考方向与回路的绕向一致时取正号，相反时取负号。

支路：在电路中，两节点间的无分支电路称为支路。如图 1.4.4（a）所示，有 ACB、ADB、AB 3 条支路，其中 ACB 和 ADB 是由两个电路元件串联构成的支路，AB 是由单个电路元件构成的支路。注意：AC、CB 不应该视为不同的支路。

回路：由若干支路组成的任一闭合电路，称为回路。在图 1.4.4（a）中，ADBCA、ABCA、ABDA 都是回路。

假设 ADBCA 回路和 ABDA 回路绕向如图 1.4.4 所示，由基尔霍夫电压定律可知，ADBCA

回路的 KVL 方程式为 $U_{S2} - I_2R_2 + I_1R_1 - U_{S1} = 0$ ，ABDA 回路的 KVL 方程式为 $-U_{S2} + I_3R_3 + I_2R_2 = 0$ 。

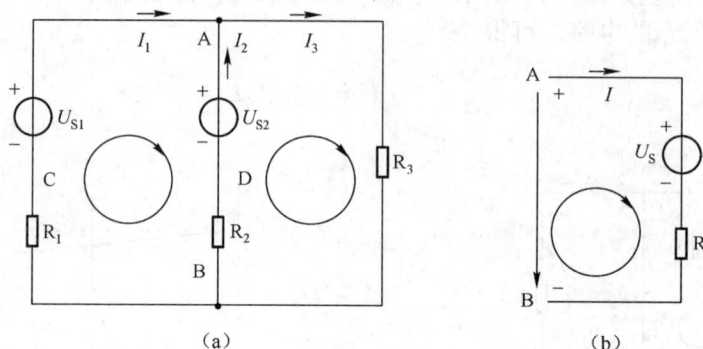

图 1.4.4

基尔霍夫电压定律可应用于任何一个闭合回路，也适用于"假想回路"。"假想回路"是指具有断点的非闭合电路。图 1.4.4（b）所示电路为某电路的部分电路，也称"含源支路"，对 A、B 两点所在中间部分列写 KVL 方程时，假想其左侧有一支路，该支路端电压用 U_{AB} 表示，按图示绕行方向，则该回路的 KVL 方程为 $U_S + IR - U_{AB} = 0$ 。

1.4.2　电流源

概念：理想电流源

把输出电流总保持为某一定值或某一给定时间函数的电源称为理想电流源。例如光电池输出的电流只与照度有关，与它的两端电压无关。当照度一定时，电流基本为常数，可以把它看作理想电流源。

图 1.4.5 为理想电流源的符号和伏安特性，本书采用图 1.4.5（a）所示的符号。电流 I 为常数 I_S ，称为恒流源。其伏安特性曲线如图 1.4.5（c）所示。

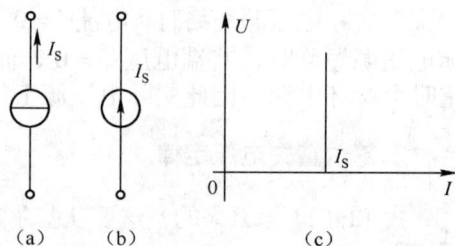

图 1.4.5　理想电流源符号及其伏安特性

概念：理想电流源特性

（1）理想电流源向外电路输出的电流为某一常数或给定时间的函数，与它两端的电压无关。

（2）理想电流源两端的电压是由其电流及负载共同决定的。

概念：实际电流源

实际电源除用理想电压源 U_S 和内阻 R_0 串联的电路模型来表示外，还可以用另一种电路模型来表示，即电流源模型。将式（1.4.1）两端除以 R_0 ，可得

$$\frac{U}{R_0} = \frac{U_s}{R_0} - I = I_S - I$$

即

$$I = I_S - \frac{U}{R_0} \tag{1.4.3}$$

式中，I_S 是电源的短路电流，I 是负载电流，其电路如图 1.4.6 所示，即实际电流源可用

一个理想电流源和一个内阻并联的电路模型来代替，其伏安特性如图 1.4.7 所示。

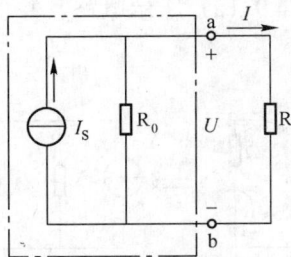

图 1.4.6 电流源模型

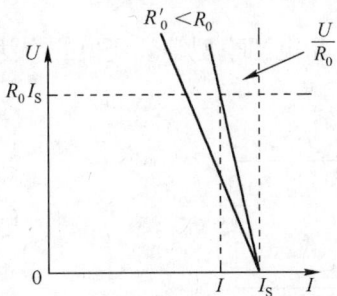

图 1.4.7 电流源的外特性曲线

当实际电流源开路时，输出电流 I_S 全部通过内阻，在这种情况下，内部损耗较大，因此，实际电流源不能工作在开路状态。

1.4.3 电源的等效变换

一个实际电源既可以用电压源模型来等效代替，也可以用电流源模型来等效代替。两种电源模型反映的是同一个实际电源的特性，只是表现形式不同而已。在对含有两种电源模型的电路进行分析计算时，有时需要将电压源等效变换成电流源，而有时又需要将电流源等效变换成电压源。电压源与电流源如何等效?

如图 1.4.8 所示的两种电源模型中有以下关系

电压源模型：$I = \dfrac{U_S}{R_0} - \dfrac{U}{R_0}$

电流源模型：$I = I_S - \dfrac{U}{R_0^{'}}$

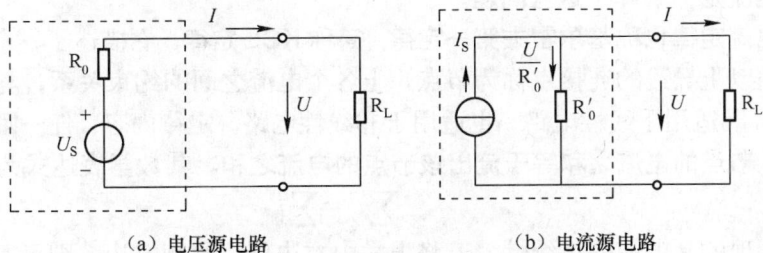

（a）电压源电路　　　　　　　　（b）电流源电路

图 1.4.8 两种电源模型的等效变换

由此可见，要想两种模型的表达式能代表同一个实际电源，只要满足以下条件即可

$$R_0^{'} = R_0, \quad I_S = \frac{U_S}{R_0} \tag{1.4.4}$$

在进行电源模型的等效变换时，应注意以下几个问题。

（1）等效变换是对外电路而言的，电源内部是不等效的。

（2）理想电压源与理想电流源之间不能进行等效变换，因为两者的伏安特性不同。

（3）等效变换时对外电路的电压和电流的大小与方向都不变。电流源的流出端应与电压源的正极性相对应。

（4）实际上凡是理想电压源与电阻串联的电路都可以用理想电流源与电阻并联的电路等效互换。

【例 1.4.1】用电源模型等效变换的方法化简图 1.4.9（a）所示电路，并求 10Ω电阻支路的电流 I。

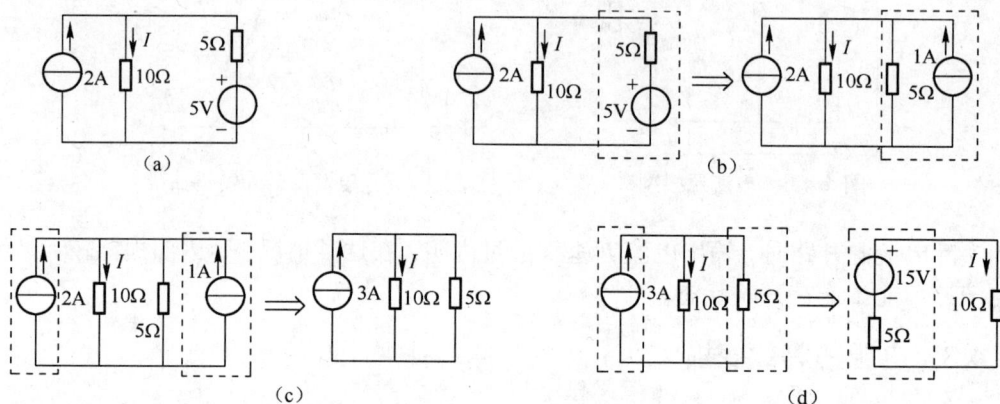

图 1.4.9　例 1.4.1 图

解：利用电源的等效变换，将图 1.4.9（a）的电路经过（b）、（c）、（d）的变换过程，得到化简后的电路，可求得电流

$$I = \frac{15}{5+10} = 1(A)$$

基尔霍夫电流定律。

为什么由式（1.4.3）可画出图 1.4.6 所示电路？图 1.4.9（c）电路电流源变换的依据是什么？基尔霍夫电流定律解释了这些问题。

基尔霍夫电流定律也称基尔霍夫第一定律，简称 KCL 定律。它描述了一个节点（在电路中，3 条或 3 条以上导线的连接点称为节点）上各个电流之间的约束关系，与元件的性质无关。因此，**KCL 既适用于线性电路，也适用于非线性电路。**定律内容：**任一瞬时，对电路中任一节点，流入节点的电流之和等于流出该节点的电流之和。**其数学表达式为

$$\sum i_入 = \sum i_出 \tag{1.4.5}$$

电流定律体现的是电流的连续性。若将上式中右边部分移到左边，则可写成

$$\sum i_入 - \sum i_出 = 0$$

即

$$\sum i = 0 \tag{1.4.6}$$

这就是说，如果规定流入节点的电流为正，流出节点的电流为负，那么，对电路中的任一节点而言，电流的代数和为零。式（1.4.5）和式（1.4.6）是同一定律的两种表达形式。

运用 KCL 定律时，首先应标定每一条支路电流的参考方向。根据各支路电流的参考方向，确定电流变量的正、负号，按上述规定流入为正，流出为负。

基尔霍夫电流定律不仅适用于电路中任一节点，也适用于电路中任一假想的封闭面。这个封闭面称为广义节点。图 1.4.10 所示电路是一个三角形连接的电路，从图中可看出各支路

电流参考方向，由式（1.4.5）可知，A、B、C 3 个节点的电流为

节点 A：$I_A = I_{AB} - I_{CA}$

节点 B：$I_B = I_{BC} - I_{AB}$

节点 C：$I_C = I_{CA} - I_{BC}$

将上述 3 个方程相加，即得到广义节点（圆圈围拢的封闭面）的电流方程

$$I_A + I_B + I_C = 0 \tag{1.4.7}$$

式（1.4.7）表明，通过封闭面的电流代数和确实等于 0，即 KCL 适用于广义节点。

在对电路中的所有节点列写 KCL 方程时，每一支路无一例外地与两个节点相连，且每个支路电流必然从其中一个节点流入，从另一节点流出，因此，在所有 KCL 方程中，每个支路电流必然出现两次，一次为正，一次为负（指每项前面的"＋"或"－"）。若把所有 n 个节点电流方程相加，必然得出等号两边为零的结果。也就是说，这 n 个方程不是相互独立的，可以证明：对于具有 n 个节点的电路，在任意 $(n-1)$ 个节点上可以得出 $(n-1)$ 个独立的 KCL 方程，相应的 $(n-1)$ 个节点称为独立节点。

【例 1.4.2】电路如图 1.4.11 所示，试求电流表的读数。

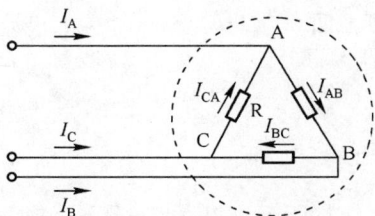

图 1.4.10 三角形连接的电路　　　　图 1.4.11 例 1.4.2 图

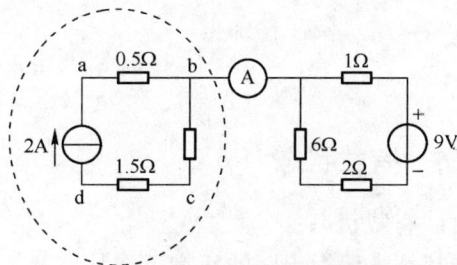

解：可以设想用一个假想封闭面来包围电路的左边部分，这时进出广义节点的支路只有一条，即电流表支路。根据基尔霍夫电流定律可知，流过电流表的电流为 0，即电流表的读数为 0。

【例 1.4.3】某电路如图 1.4.12（a）所示，试根据基尔霍夫定律列出图中各支路电流和各电压之间的关系。

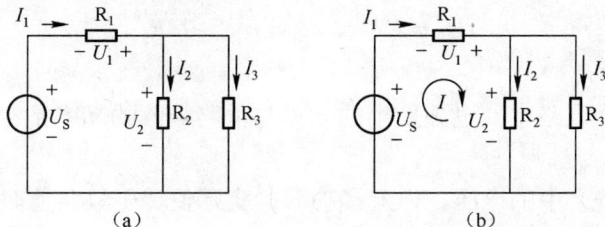

（a）　　　　（b）

图 1.4.12

解：仔细观察电路，电路中有两个独立节点，因此可以列出一个节点电流方程

$I_1 - I_2 - I_3 = 0$ 或 $I_1 = I_2 + I_3$（流入电流总和等于流出电流总和）

因为 R_2 和 R_3 端电压相等，所以在图中绘制了回路参考方向，如图 1.4.12（b）所示，根据基尔霍夫电压定律列出 3 个电压的关系

$$-U_S - U_1 + U_2 = 0$$

1.5   电路的工作状态

由于电源所带负载的情况不同，电路存在不同的状态。这些不同的状态，在电路中表现为电压、电流、功率等电参数的值不同。若其中有的状态是异常的，就应尽量避免。因此，了解电路所处状态的条件和特点，对合理用电和安全用电是非常重要的。

电路可能出现 3 种工作状态，即有载状态、开路状态和短路状态，如图 1.5.1 所示。现分别讨论电路处于 3 种状态时的电流、电压和功率。

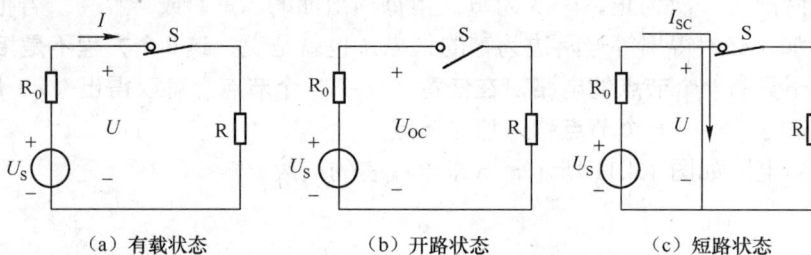

(a) 有载状态   (b) 开路状态   (c) 短路状态

图 1.5.1   电路工作状态示意图

1.5.1   有载状态

概念：有载状态

有载状态一般指电路的正常工作状态。如图 1.5.1 (a) 所示，开关 S 闭合，电源与负载接通，电路中有正常大小的电流通过。

图 1.5.1 (a) 电路中的电流为

$$I = \frac{U_S}{R_0 + R}$$

电源端电压为

$$U = U_S - IR_0 = IR$$

电源电压可表示为 $U_S = U + IR_0$，式两边乘以电流 I，可得

$$IU_S = IU + I^2 R_0 = I^2 R + I^2 R_0$$

即 $P_S = I^2 R + I^2 R_0$

由此可见，在一个电路中，电源发出的功率与电路吸收的功率是平衡的。

概念：满载状态

当电路（电气设备）中的电压、电流和功率的实际值等于额定值时，电路（电气设备）的工作状态称为额定状态，即满载状态。在额定状态下工作时，可以充分利用设备的容量。当实际值大于额定值时，称为过载，这将导致事故的发生；当实际值小于额定值时，称为轻载或欠载，这时设备得不到充分利用、不够经济或不能正常工作，有时也会导致设备的损坏。

额定值。

额定值是根据用户需要和制造厂生产技术的规范，并考虑到安全、经济、维修和使用方

便等因素，由用户和制造厂双方协商决定的。对于社会上大量需要的产品，还需考虑到长期的社会效益，额定值一般由双方公认的权威机构批准公布，在中国则由国家技术监督局标准司或有关的部委以标准的形式发布。

各种产品额定值的内容因使用情况不同而各异。电工产品的主要额定值一般包括电压、电流、功率、电流种类、工作制、绝缘等级、环境温度、温升和冷却方式等。此外，还包括重量、体积（外形尺寸）、绝缘电阻和耐电压强度等。对于交流设备，有频率、相数、功率因数和波形等要求；对于电动机有转矩、轴中心高和底脚螺孔尺寸等要求；对于开关设备还有断流能力等要求。

在这些额定值中，有些是必须保证完全符合标准的，如相数；有些是必须基本符合标准的，如电压、频率（其允许偏差在标准中均有规定）；有些是不得超过的，如电流、功率、转矩。另外，还有一些特殊的要求，如直流串励电动机不许空载、直流电动机励磁电流不许小于某一数值。仪用电流互感器二次侧不许开路等。这些要求在各类电工产品标准中均有详细规定。

电路的额定值用带下标"N"的文字符号表示，如额定电压为U_N，额定电流为I_N。根据额定值的定义，电源电压与额定电压、额定电流的关系是

$$U_S = U_N + I_N R_0 \tag{1.5.1}$$

1.5.2 开路状态

概念：开路状态

开路状态也称断路，是指电路因某处断开而无电流流通的状态。在图 1.5.1（b）所示电路中，开关 S 断开，电路处于开路状态，由于电路没有接上负载，因此也称空载状态。这时，电路中没有电流，此时电源的端电压称为开路电压，用U_{OC}表示，它等于电源电压U_S，即

$$U_{OC} = U_S \tag{1.5.2}$$

1.5.3 短路状态

概念：短路状态

短路状态是指电路中某部分被导线直接连通的状态，如图 1.5.1（c）所示。短路时的电流称为短路电流I_{SC}，电流不再经过被短路的部分，而经导线直接流通，回路电阻减小，因此，短路时电路中的电流通常较大，尤其是电源被短路时，所形成的大电流会造成电气事故。

$$I_{SC} = \frac{U_S}{R_0} \tag{1.5.3}$$

电源短路是一种严重事故，应该防止其发生。产生短路的原因通常是电气设备的绝缘损坏、接线错误等。为了避免或减小电源短路带来的损失，通常在电路中接入熔断器或自动空气断路器，一旦短路故障发生就可以迅速切断电路的电源。

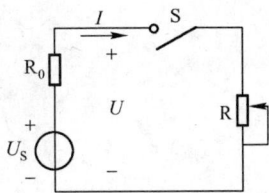

图 1.5.2 例 1.5.1 图

【例 1.5.1】如图 1.5.2 所示，电源额定功率$P_N = 22\text{kW}$、额定电压$U_N = 220\text{V}$、内阻$R_0 = 0.2\Omega$，R为可调节的负载电阻。求：

（1）电源的额定电流I_N。

（2）电源的开路电压U_{OC}。

（3）电源在额定工作情况下的负载电阻R_N。

（4）负载发生短路时的短路电流 I_{SC} 。

解：（1）电源的额定电流为

$$I_N = \frac{P_N}{U_N} = \frac{22000}{220} = 100(\text{A})$$

（2）电源的开路电压为

$$U_{OC} = U_S = U_N + I_N R_0 = 220 + 100 \times 0.2 = 240(\text{V})$$

（3）电源在额定工作情况下的负载电阻为

$$R_N = \frac{U_N}{I_N} = \frac{220}{100} = 2.2(\Omega)$$

（4）负载发生短路时的短路电流为

$$I_{SC} = \frac{U_S}{R_0} = \frac{240}{0.2} = 1200(\text{A})$$

电路工作的现实问题。

设备的有载和开路状态，往往在合上开关或插上插头的瞬间发生转换，电源有载后，端电压将下降，此时需要关注的是负载功率的大小，负载不能无限制增大，负载功率太大，过载电流将使电源开关跳闸，这时，需要考虑调整电源接入点，或重新设计选择电源进线和进线控制设备。

如果设备供电不正常，可以利用万用表从负载开始顺着电源来路检查电压情况。一台设备如不带后备电源，按下开关不能工作，首要应考虑电源是否连接正常。

短路属于非常严重的事故，因此工作时要注意：端子上露铜线过长、将导线放在地上随处乱扔任人踩踏、螺丝松动都有可能发生事故。也就是说，我们应该有关注细节的习惯，不能马虎大意。

1.6 电 阻 连 接

1.6.1 电阻串联电路

概念：串联

从中文意义上看，"串"就是一个一个顺次连接在一起。如图1.6.1所示，R_1 和 R_2 即为串联连接，可以看到，图中只有唯一的回路而无其他支路，因此，回路中任一点的电流均相等。

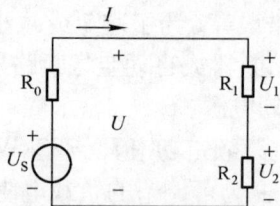

图1.6.1 电阻串联示意图

下面利用欧姆定律和基尔霍夫定律，分析一下该电路中电流量和各电压量的关系。

$$\because U_1 = R_1 I , \quad U_2 = R_2 I$$

$$\therefore U_S = R_0 I + R_1 I + R_2 I$$

$$U_1 / R_1 = U_2 / R_2 \tag{1.6.1}$$

$$\text{又} \because U = U_S - R_0 I$$

$$\therefore U = R_1 I + R_2 I = (R_1 + R_2) I \tag{1.6.2}$$

$$\therefore \frac{U}{R_1 + R_2} = \frac{U_1}{R_1} = \frac{U_2}{R_2} \tag{1.6.3}$$

$$\because P_1 = I^2 R_1 , \quad P_2 = I^2 R_2$$

$$\therefore P_1 : P_2 = R_1 : R_2 \tag{1.6.4}$$

由此可见，串联电路有以下结论：

（1）串联电路中的电流处处相等，各电阻端电压之比等于各电阻值之比。

（2）电阻串联网络的等效电阻等于各电阻之和，在端口电压一定时，串联电阻越多，电流则越小，因此串联电阻有"限流"作用。

（3）电阻串联网络的每个电阻的电压与端口电压的比等于该电阻与等效电阻的比，这个比值称为"分压比"，串联电阻有"分压"作用。

（4）串联的每个电阻的功率也与它们的电阻成正比。

串联电路的应用。

工业现场常利用电阻串联的方式获得分压或限流效果，图 1.6.2 所示是串联电路的几种典型应用。

（a）指示灯　　　　　（b）表计　　　　（c）可串电阻启动的电机

图 1.6.2　串联电路的典型应用

【例 1.6.1】如图 1.6.3（a）所示，表头的满刻度偏转电流为 $50\mu A$，内阻 $R_g = 2k\Omega$，若制作量程为 100V 的直流电压表，应如何设计电路？

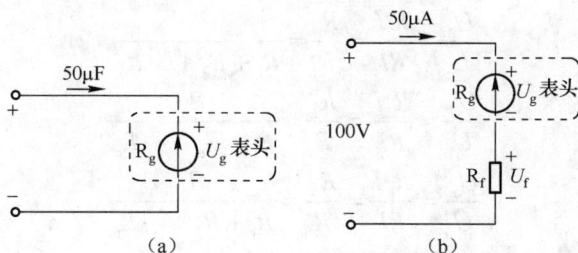

图 1.6.3　例 1.6.1 图

解：首先应求表头的最大耐压，利用欧姆定律得

$$U_g = IR_g = 50 \times 10^{-6} \cdot 2 \times 10^3 = 0.1(\text{V})$$

表头电压远小于直流电压表的量程，因此应给表头串联附加电阻 R_f 以获得较大的耐压，如图 1.6.3（b）所示。

根据式（1.6.2）得

$$U = (R_g + R_f)I$$

$$\therefore R_f = \frac{U}{I} - R_g = \frac{100}{50 \times 10^{-6}} - 2 \times 10^3 = 1998 \times 10^3 (\Omega)$$

给表头串联一个 1998kΩ 的附加电阻，即可制成量程为 100V 的直流电压表。

$$P_f = I^2 R_f = (50 \times 10^{-6})^2 \cdot 1998 \times 10^3 (\text{W}) < \frac{1}{8}\text{W}$$，选用符合阻值要求、高精度、1/8W 的电阻即可。（注意：选择电阻，不能只关注阻值，功率参数也是非常重要的选择项）

串联网络的拓展。

如果电路由数量较多的电阻串联组成二端网络，如图 1.6.4（a）所示，其等效二端网络如图 1.6.4（b）所示，可以得到下列结论。

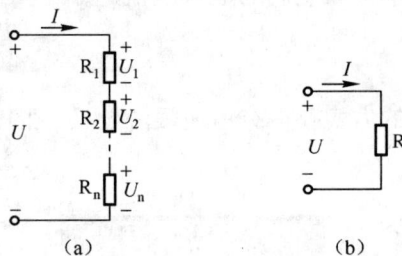

图 1.6.4　电阻的串联电路

端电压：$U = R_1 I + R_2 I + \cdots R_n I = (R_1 + R_2 + \cdots R_n)I$

等效电阻：$R = R_1 + R_2 + \cdots R_n$

$$U_1 : U_2 : \cdots U_n = R_1 : R_2 : \cdots R_n$$

$$P_1 : P_2 : \cdots P_n = R_1 : R_2 : \cdots R_n$$

各电阻的电压与端电压 U 的关系

$$\frac{U_1}{U} = \frac{R_1 I}{RI} = \frac{R_1}{R} = \frac{R_1}{R_1 + R_2 + \cdots R_n}$$

$$\frac{U_2}{U} = \frac{R_2 I}{RI} = \frac{R_2}{R} = \frac{R_2}{R_1 + R_2 + \cdots R_n}$$

$$\frac{U_n}{U} = \frac{R_n I}{RI} = \frac{R_n}{R} = \frac{R_n}{R_1 + R_2 + \cdots R_n}$$

万用表的直流电压挡如何扩挡？

万用表的直流电压挡挡位较多，表头的满刻度偏转电流为 50μA，内阻 $R_g = 2\text{k}\Omega$，若想

设计一块拥有"200mV、2V、20V、200V"四挡的直流电压表，如图 1.6.5 所示，应如何计算 R_1、R_2、R_3、R_4 的阻值？

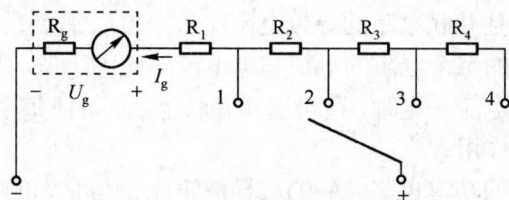

图 1.6.5 四挡直流电压表电路图

1.6.2 电阻并联电路

概念：并联

如果把两个电阻的两端分别连接在一起，如图 1.6.6 所示，电阻 R_1 和 R_2 的连接关系就是"并联"。

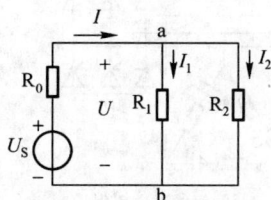

图 1.6.6 电阻并联示意图

把图中的两个节点标识为 a、b，并标出电阻 R_1 和 R_2 的支路电流参考方向，同样根据欧姆定律和基尔霍夫定律，可得

$$\because U = R_1 I_1 = R_2 I_2 , \quad I = I_1 + I_2$$

$$\therefore I = I_1 + I_2 = \frac{U}{R_1} + \frac{U}{R_2} = \left(\frac{1}{R_1} + \frac{1}{R_2}\right)U \tag{1.6.5}$$

$$\therefore 等效电阻 \ R = \frac{R_1 R_2}{R_1 + R_2} \tag{1.6.6}$$

$$\therefore 等效电导 \ G = G_1 + G_2 \tag{1.6.7}$$

$$\therefore \frac{I_1}{I} = \frac{G_1}{G} \tag{1.6.8}$$

$$I_1 : I_2 = \frac{1}{R_1} : \frac{1}{R_2} = G_1 : G_2 \tag{1.6.9}$$

$$\because P_1 = \frac{U^2}{R_1} , \quad P_2 = \frac{U^2}{R_2}$$

$$\therefore P_1 : P_2 = \frac{1}{R_1} : \frac{1}{R_2} = G_1 : G_2 \tag{1.6.10}$$

由此可见，并联电路有以下结论：

(1) 并联电路各支路端电压相等，网络电流等于各支路电流的总和。

(2) 电阻并联网络的等效电阻的倒数等于各电阻倒数之和；电阻的并联网络的等效电导等于各电阻的电导之和；且并联电阻的等效电阻比每个电阻都小。

(3) 电阻的并联网络的每个电阻的电流与端电流的比等于该电导与等效电导的比，这个比值称为"分流比"。在端电流一定时，适当选择并联电阻，可使每个电阻得到所需要的电流，因此并联电阻有"分流"作用。

(4) 并联的每个电阻的功率也与它们的电导成正比，与它们的电阻成反比。

并联电路的应用。

工业现场常把电阻电容串联电路并联在电源输入端或负载两端分流实现过电压保护，多挡位的电流表更是充分利用电阻并联的方式实现了挡位的扩展，图 1.6.7 所示是并联电路的几种典型应用。

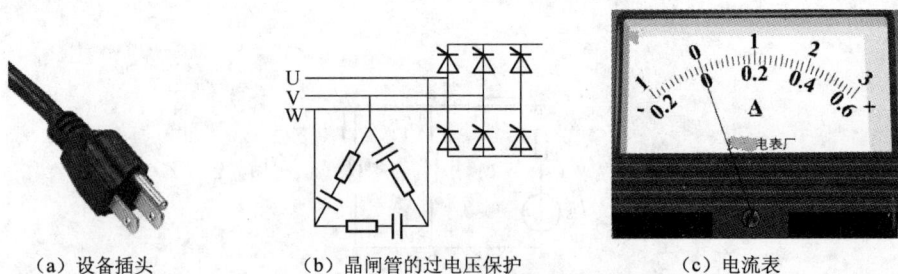

(a) 设备插头   (b) 晶闸管的过电压保护   (c) 电流表

图 1.6.7 并联电路的典型应用

【例 1.6.2】如图 1.6.8 (a) 所示，表头的满刻度偏转电流为 $50\mu A$，内阻 $R_g = 2k\Omega$，若制作量程为 50mA 的直流电流表，应如何设计电路？

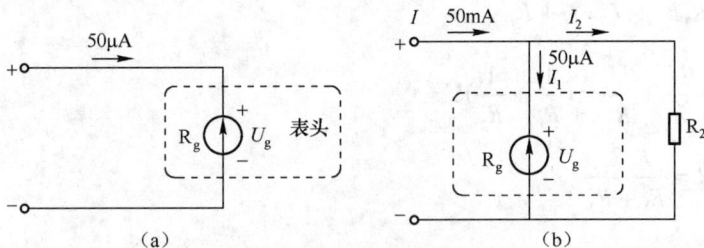

图 1.6.8 例 1.6.2 图

解：表头的满偏电流仅有 $50\mu A$，要想获得 50mA 的电流，必然要在表头上并联分流电阻，如图 1.6.8 (b) 所示，图中已标出了各电流的参考方向。

根据基尔霍夫电流定律得

$$I_2 = I - I_1 = 50 \times 10^{-3} - 50 \times 10^{-6} = 49.95 \times 10^{-3} (A)$$

并联电路端电压相等，因此

$$U_g = I_1 R_g = 50 \times 10^{-6} \times 2 \times 10^3 = 0.1 (V)$$

$$R_2 = \frac{U_g}{I_2} = \frac{0.1}{49.95 \times 10^{-3}} \approx 2.002 (\Omega)$$

并联网络的拓展。

如果多条支路并联组成二端网络，如图 1.6.9（a）所示，其等效二端网络如图 1.6.9（b）所示，同样可以得到下列结论。

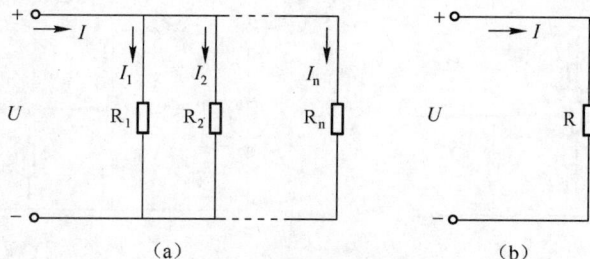

图 1.6.9　电阻的关联电路

端电流：
$$I = I_1 + I_2 + \cdots I_n = \frac{U}{R_1} + \frac{U}{R_2} + \cdots \frac{U}{R_n} = \left(\frac{1}{R_1} + \frac{1}{R_2} + \cdots \frac{1}{R_n}\right)U$$

等效电阻：
$$\frac{1}{R} = \frac{1}{R_1} + \frac{1}{R_2} + \cdots \frac{1}{R_n}$$

等效电抗：
$$G = G_1 + G_2 + \cdots G_n$$

$$I_1 : I_2 : \cdots I_n = \frac{1}{R_1} : \frac{1}{R_2} : \cdots \frac{1}{R_n} = G_1 : G_2 : \cdots G_n$$

$$P_1 : P_2 : \cdots P_n = \frac{1}{R_1} : \frac{1}{R_2} : \cdots \frac{1}{R_n} = G_1 : G_2 : \cdots G_n$$

各电阻的电流与端电流 I 的关系为

$$\frac{I_1}{I} = \frac{G_1 U}{G U} = \frac{G_1}{G} = \frac{G_1}{G_1 + G_2 + \cdots G_n}$$

$$\frac{I_2}{I} = \frac{G_2 U}{G U} = \frac{G_2}{G} = \frac{G_2}{G_1 + G_2 + \cdots G_n}$$

$$\frac{I_n}{I} = \frac{G_n U}{G U} = \frac{G_n}{G} = \frac{G_n}{G_1 + G_2 + \cdots G_n}$$

万用表的直流电流挡如何扩挡？

表头的满刻度偏转电流为 $50\mu A$，内阻 $R_g = 2k\Omega$，若想设计一拥有"$200\mu A$、$2mA$、$20mA$、$200mA$"四挡的直流电压表，如图 1.6.10 所示，应如何计算 R_1、R_2、R_3、R_4 的阻值？

【例 1.6.3】图 1.6.11 所示是一个常用的利用滑线变阻器组成的简单分压器电路。将电阻分压器的固定端 a、b 接到直流电压源上。将固定端 b 与活动端 c 接到负载上。利用分压器滑动触头 c 的滑动可在负载电阻上输出 $0 \sim U_S$ 的可变电压。已知直流理想电压源电压 $U_S = 9V$，负载电阻 $R_L = 800\Omega$，滑

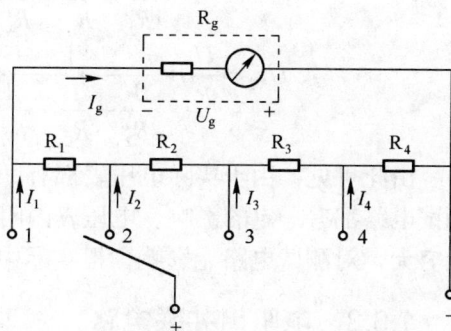

图 1.6.10　四挡直流电流表电路图

线变阻器的总电阻 $R=1000\Omega$ ，滑动触头 c 使 $R_1=200\Omega$ 、 $R_2=800\Omega$ 。

（1）求输出电压 U_2 及滑线变阻器两段电阻中的电流 I_1 、 I_2 。

（2）若用内阻为 $R_{V1}=1200\Omega$ 的电压表去测量此电压，求电压表的读数。

（3）若用内阻为 $R_{V2}=3600\Omega$ 的电压表再测量此电压，求这时电压表的读数。

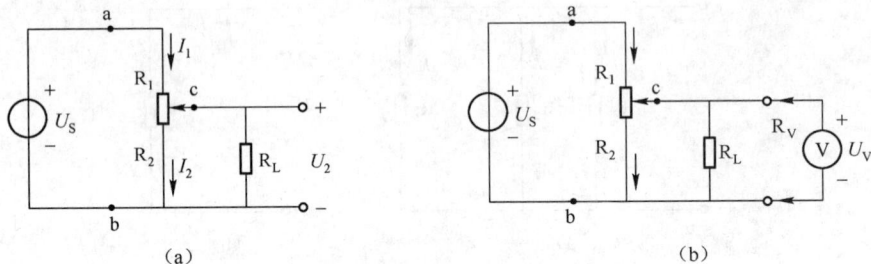

图 1.6.11　例 1.6.3 图

解：（1）在图 1.6.11（a）中，电阻 R_2 与 R_L 并联后再与 R_1 串联。

$$R_i = R_1 + \frac{R_2 R_L}{R_2 + R_L} = 200 + \frac{800 \times 800}{800 + 800} = 600 \;(\Omega)$$

$$I_1 = \frac{U_S}{R_i} = \frac{9}{600} = 0.015 \;(A)$$

$$I_2 = \frac{R_L}{R_2 + R_L} I_1 = \frac{800}{800 + 800} \times 0.015 = 0.0075 \;(A)$$

$$U_2 = R_2 I_2 = 800 \times 0.0075 = 6 \;(V)$$

（2）在图 1.6.11（b）中，电阻 R_2 、 R_L 与电压表内阻 R_{V1} 并联后再与 R_1 串联。

$$R_{i1} = R_1 + \frac{1}{\dfrac{1}{R_2} + \dfrac{1}{R_L} + \dfrac{1}{R_{V1}}} = 200 + \frac{1}{\dfrac{1}{800} + \dfrac{1}{800} + \dfrac{1}{1200}} = 500 \;(\Omega)$$

$$U_{V1} = \frac{U_S}{R_{i1}} \times \frac{1}{\dfrac{1}{R_2} + \dfrac{1}{R_L} + \dfrac{1}{R_{V1}}} = \frac{9}{500} \times \frac{1}{\dfrac{1}{800} + \dfrac{1}{800} + \dfrac{1}{1200}} = 5.4 \;(V)$$

（3）在图 1.6.11（b）中，电阻 R_2 、 R_L 与电压表内阻 R_{V2} 并联后再与 R_1 串联。

$$R_{i2} = R_1 + \frac{1}{\dfrac{1}{R_2} + \dfrac{1}{R_L} + \dfrac{1}{R_{V2}}} = 200 + \frac{1}{\dfrac{1}{800} + \dfrac{1}{800} + \dfrac{1}{3600}} = 560 \;(\Omega)$$

$$U_{V2} = \frac{U_S}{R_{i2}} \times \frac{1}{\dfrac{1}{R_2} + \dfrac{1}{R_L} + \dfrac{1}{R_{V2}}} = \frac{9}{560} \times \frac{1}{\dfrac{1}{800} + \dfrac{1}{800} + \dfrac{1}{3600}} \approx 5.79 \;(V)$$

由此可见，由于实际电压表都有一定的内阻，将电压表并联在电路中测量电压时，对被测试电路都有一定的影响。电压表内阻越大，对测试电路的影响越小。理想电压表的内阻为无穷大，对测试电路无影响，但实际中并不存在。

1.6.3 电阻串并联电路

电路中常常既有电阻的串联又有电阻的并联，计算该电路的等效电路时，应视情况不同进行分析。

（1）对于不同端口，其电阻的连接关系不同，所以等效电阻的计算也不同。例如图 1.6.12 所示电路，设 R_1、R_2、R_3、R_4、R_5、R_6 均已知，若求 a、b 两端的等效电阻 R_{ab}，则先求 R_1 与 R'（R_5、R_6 并联后与 R_4 串联再与 R_3 并联，然后与 R_2 串联）并联，即

$$R_{ab} = R_1 \mathbin{/\mkern-5mu/} R' = R_1 \mathbin{/\mkern-5mu/} [(R_5 \mathbin{/\mkern-5mu/} R_6 + R_4) \mathbin{/\mkern-5mu/} R_3 + R_2]$$

若求 a、d 两端等效电阻则

$$R_{ad} = (R_1 + R_2) \mathbin{/\mkern-5mu/} R_3 \mathbin{/\mkern-5mu/} (R_5 \mathbin{/\mkern-5mu/} R_6 + R_4)$$

（2）电阻串并联关系一时不易看出时，如图 1.6.13（a）所示，可假想在其端口处外加一个电源，并通过分析电流流通情况，做出其容易看出串并联关系的等效电路，如图 1.6.13（b）所示。

$$R_{ab} = [(R_5 \mathbin{/\mkern-5mu/} R_6 + R_4) \mathbin{/\mkern-5mu/} R_3 + R_2] \mathbin{/\mkern-5mu/} R_1$$

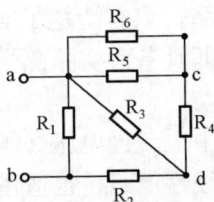

图 1.6.12　电阻串并联直接等效　　　图 1.6.13　电阻串并联假想等效

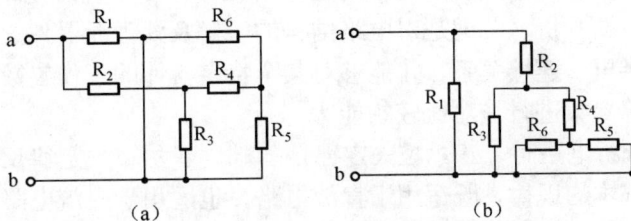

（3）在不改变电阻连接关系的前提下，可将电路中无阻导线缩为一点，并且尽量避免相互交叉。如图 1.6.14（a）所示电路可变为图 1.6.14（b）所示电路。这时电阻的串并联关系很清楚。

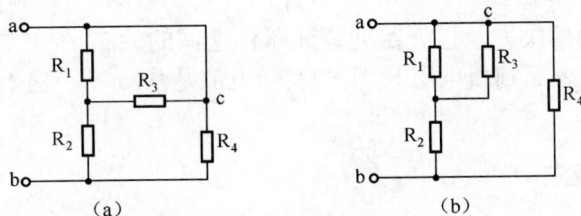

图 1.6.14　电阻串关联导线变换

【例 1.6.4】试求图 1.6.15 所示两电路的等效电阻。

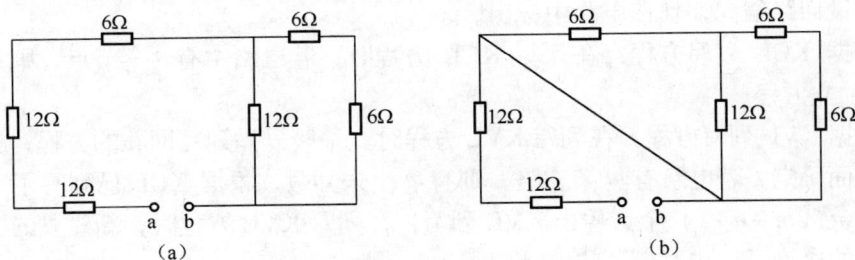

图 1.6.15　例 1.6.4 图

解： 图 1.6.15（a）为串并联混联的电路，其等效电阻为

$$R_{ab} = (6+6)//12 + 6 + 12 + 12 = \frac{12 \times 12}{12 + 12} + 30 = 36(\Omega)$$

仔细观察，图 1.6.15（b）仅比图 1.6.15（a）图多了一根导线，而正因为这根导线的存在，图 1.6.15（b）导线右侧的电阻都被短接了，因此，其等效电阻为

$$R_{ab} = 12 + 12 = 24(\Omega)$$

1.7 复杂直流电路分析

在生产现场，很少能碰到连接复杂直流电路的工作任务，大多是工作过程中直流电路发生故障损坏等现象，这个时候，只要更换相同或类似的元器件即可，而更复杂的问题往往留待专业工程师解决。那为什么还要研究分析复杂直流电路的方法呢？

电路分析，关键是对电路结构的了解及处理元器件之间的连接关系，只有清楚了电路元件的供电、连接关系，才能够对某个特定器件的工作参数进行分析，即具备对实际测量参数和计算参数进行核对比较的能力。

分析电路时，基尔霍夫定律是基础，基尔霍夫定律反映的是电路中电流、电压必须遵循的最基本的规律，既适用于直流电路，也适用于交流电路；既适用于线性电路，也适用于非线性电路；既适用于稳态电路，也适用于动态电路。利用基尔霍夫定律对复杂电路进行分析与求解的具体方法很多，下面通过一个较复杂电路的分析来了解常见的几种分析方法。

较复杂直流电路如图 1.7.1 所示，图中除常见的电阻外，还包含了一个电压源和一个电流源，其中 $R_1 = R_4 = 1\Omega$、$R_2 = 2\Omega$、$R_3 = 3\Omega$、$I_s = 8A$、$U_s = 10V$。可以发现，只靠在电阻串并联中了解的解决方法已无法处理元器件之间的关系，比如，根本无法从表面判断电阻 R_3 上的实际电流是从 a 流向 b 还是从 b 流向 a。

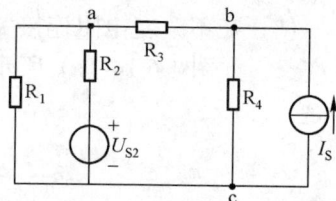

图 1.7.1 较复杂直流电路

1.7.1 支路电流法

支路电流法是以支路电流为未知数，根据 KCL、KVL 建立方程并联立求解，其解题步骤如下。

（1）假设各支路电流，并在电路中标出方向。

（2）假设回路绕向，且在电路中标出。

（3）根据 KCL 列写方程：在列写 KCL 方程时，若电路中有 n 个节点，则只能列写出 $(n-1)$ 个独立方程。

（4）根据 KVL 列写方程：在列写 KVL 方程时，一般只需列写网孔的方程，其方程的个数可从两方面确定。若电路有 m 条支路，则有 m 个未知数，根据 KCL 已列写了 $(n-1)$ 个方程，则其余 $(m-n+1)$ 个方程由 KVL 列写；在列写 KVL 方程时，新建立的方程中必须包含"新"的电路元件或"新"的电量。

（5）解方程组，求出所求电量。

什么是"网孔"？

回路内部不含有支路的回路称为网孔，比如图 1.4.4 中只有 ADBCA 和 ABDA 两个网孔，而回路 ABCA 就不能称为网孔了。试问图 1.7.1 中的电路有几个网孔？

按解题步骤在图 1.7.1 中标出支路电流和回路绕向，如图 1.7.2 所示。

可以看出，这个电路的支路数 $b=5$。由于电流源 I_S 所在的支路电流等于电流源 I_S 的电流值，为已知量，因此标注了其他四条支路。其电流设为 I_1、I_2、I_3、I_4 4 个未知量，自然需要 4 个方程才能解出答案，图中节点数 $n=3$，选择其中的 a、b 节点列出电流方程如下

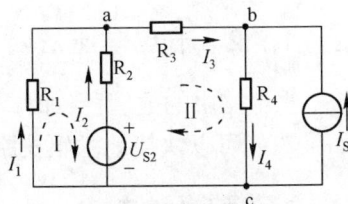

图 1.7.2　支路电流法解题

对节点 a：$I_1 + I_2 - I_3 = 0$

对节点 b：$I_3 - I_4 + I_S = 0$

试试看，把节点 c 的电流方程列出来，与前两个方程放在一起，看看会出现什么情况？

从图 1.7.2 可以看到，对电流源所在的网孔而言，电流源端电压是未知的，列方程反而增加了待求量，因此选择其中的 I、II 两个网孔列方程比较简单。列方程时，与图中标注的假设回路方向相同的电压值为正，与假设回路方向相反的电压值为负，根据基尔霍夫电压定律列方程如下

对回路 I：$I_1 R_1 - I_2 R_2 + U_{S2} = 0$

对回路 II：$I_2 R_2 + I_3 R_3 + I_4 R_4 - U_{S2} = 0$

把电路参数带入联立方程组得

$$\begin{cases} I_1 = -4\text{A} \\ I_2 = 3\text{A} \\ I_3 = -1\text{A} \\ I_4 = 7\text{A} \end{cases}$$

【例 1.7.1】 在图 1.7.3 所示的电路中，$U_{S1}=130\text{V}$、$U_{S2}=117\text{V}$、$R_1=1\text{k}\Omega$、$R_2=600\Omega$、$R=24\text{k}\Omega$，试用支路法求各支路电流。

解： 标注出电路的节点、支路电流参考方向和回路电流参考方向，如图 1.7.4 所示，很明显，这个电路的支路数 $b=3$、节点数 $n=2$、网孔数 $l=2$，设各支路电流分别为 I_1、I_2、I。列出一个节点的 KCL 方程和两个网孔的 KVL 方程。

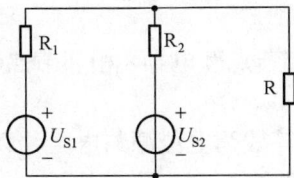

图 1.7.3　例 1.7.1 图

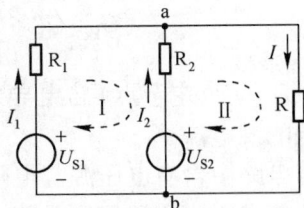

图 1.7.4　支路法求解示意图

对节点 a：流入电流总和等于流出电流总和，即 $I_1 + I_2 = I$

对回路 I ： $I_1R_1 - I_2R_2 + U_{S2} - U_{S1} = 0$

对回路 II ： $I_2R_2 + IR - U_{S2} = 0$

把电路参数带入联立方程组得 $I_1 = 10\text{mA}$ ， $I_2 = -5\text{mA}$ ， $I = 5\text{mA}$

1.7.2 节点电压法

当电路中的电压已知时，同样可以获得元件电流，这是学习欧姆定律时已经理解的概念。如果我们可以快捷地求出支路电压，支路电流的求解问题就迎刃而解了。

节点电压的概念。

求支路电压，怎么用的是节点电压法？支路电压和节点电压有什么关系？

一旦电路固定下来，每条支路的电压也就不会改变了，而电位是一个相对量，选择不同的参考点，各节点电位的数值也不同。以图 1.7.1 为例，首先在电路中选择一个合适的节点作为参考节点，令其电位为零，在电路图上用"⊥"标记，这里选 c 点，如图 1.7.5 所示，那么，其他节点与参考节点之间的电压，就称为该节点的电压，节点电压实际上也就是该点的电位，简称节点电位。而支路电压则由支路两端的节点电压决定，如 R_3 支路中，$U_{ab} = U_a - U_b$，支路电流 $I_3 = U_{ab} / R_3$，在求得了 a、b 节点的电压后，各支路电流的求解方法也显而易见了。

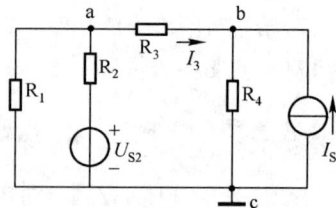

图 1.7.5 以 c 点为参考点的电路示意图

想想看，如果把 b 节点作为参考零电位点，会有问题吗？

实际上，如把 b 节点作参考点，除了列方程时看起来别扭一点，其他计算原则应该是一致的。

节点电压法的求解步骤如下。

（1）指定参考节点，其余节点对参考节点之间的电压就是节点电压，通常以参考节点为各节点电压的负极性端。

（2）按节点电压方程的一般形式列出节点电压方程，注意自电导总是正的，自电导是指与某一节点相连接的各个支路（电源不作用时）的电导之和。互电导是指两相邻节点间的各个支路（电源不作用时）的电导之和，互电导总为负值。若两节点间没有电导支路，则相应的互电导为零。由节点电压产生的电流写在方程式的左边，而由电源产生的电流写在方程式的右边，并注意流入各节点的电流取正号，否则取负号。

对于第 k 个节点，其节点电压方程的一般形式为

$$G_{kk} \cdot U_k + \sum_{j \neq k} G_{kj}U_j = \sum I_{SK} = \sum \frac{U_{Si}}{R_i} + \sum I_s \tag{1.7.1}$$

即：所编节点（主节点）自电导×主节点电压+$\sum$ 相邻节点互电导×相邻节点电压=$\sum$ 流入主节点的源电流。

（3）若电路中含有电压源与电阻的串联组合，应将其等效为电流源与电阻并联的组合。

（4）从节点电压方程解出各节点电压，进而求出各支路电压和支路电流。

现在碰到了很多问题，如自电导和互电导如何确定？等式如何列出？同样以图 1.7.1 所示电路为例进行分析。这个电路中有 3 个节点，很明显，把 c 点作为参考零点之后，只剩下两

个待求节点，需要列两个节点电压方程。

对节点 a 来说，与它相连的支路共 3 条，如图 1.7.6 所示，在电压源 U_{S2} 不作用的情况下，有 3 项自电导，而除参考零点外，a 点与 b 点间存在电导支路，因此仅有一项互电导；而在电压源 U_{S2} 作用下产生的电流应为流向节点方向。根据式（1.7.1）列出节点 a 的电压方程

$$(G_1 + G_2 + G_3) \cdot U_a - G_3 U_b = \frac{U_{S2}}{R_2}$$

同理，对节点 b 而言，自电导、互电导及电源作用情况如图 1.7.7 所示。

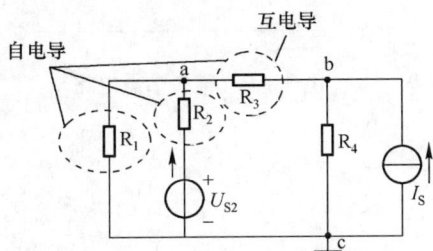

图 1.7.6　节点 a 分析示意图

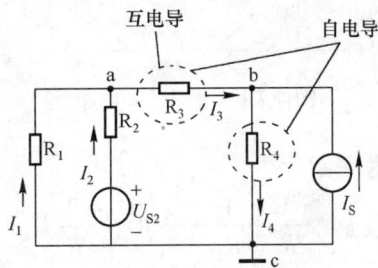

图 1.7.7　节点 b 分析示意图

根据式（1.7.1）列出节点 b 的电压方程 $(G_3 + G_4) \cdot U_b - G_3 U_a = I_S$

将电路参数代入两式解方程得 $U_a = 4\text{V}$，$U_b = 7\text{V}$

根据图 1.7.7 中所示各支路电流的参考方向，可列出支路电流的求解方程

$$\begin{cases} I_1 = (0 - U_a) / R_1 = -4\text{A} \\ I_2 = (U_{S2} - U_a) / R_2 = 3\text{A} \\ I_3 = (U_a - U_b) / R_3 = -1\text{A} \\ I_4 = U_b / R_4 = 7\text{A} \end{cases}$$

可以看到，其结果与用支路电流法求解结果完全一样。在计算上，因电路中节点个数与支路个数相比明显要少，联立方程同样少了很多，而在节点电压的基础上求解，支流电流就简单多了。

【例 1.7.2】试求如图 1.7.8 所示电路的各支路电流。

解：图 1.7.8 中已标明了各节点编号、参考点和待求支路参考方向，因此首先求节点 a、b 的电压，根据式（1.7.1）列节点电压方程

节点 a：$(G_1 + G_2) \cdot U_a - G_2 U_b = I_{S1}$

节点 b：$(G_2 + G_3) \cdot U_b - G_2 U_a = I_{S2}$

把电路参数带入解联立方程得 $U_1 = 6\text{V}$，$U_2 = 12\text{V}$

根据支路电流与节点电压的关系可得

$$\begin{cases} I_1 = \dfrac{U_a}{R_1} = 6\text{A} \\ I_2 = \dfrac{U_a - U_b}{R_2} = -3\text{A} \\ I_3 = \dfrac{U_b}{R_3} = 4\text{A} \end{cases}$$

如果选 c 点做参考点，试问图1.7.9所示电路的节点电压方程应该怎么列？

图 1.7.8　例 1.7.2 电路

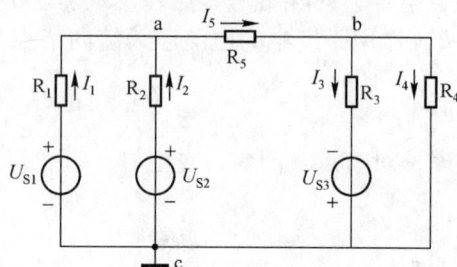

图 1.7.9　某多节点电路

参考答案

节点 a：$(\dfrac{1}{R_1}+\dfrac{1}{R_2}+\dfrac{1}{R_5})U_a-\dfrac{1}{R_5}U_b=\dfrac{U_{S1}}{R_1}+\dfrac{U_{S2}}{R_1}$

节点 b：$-\dfrac{1}{R_5}U_a+(\dfrac{1}{R_3}+\dfrac{1}{R_4}+\dfrac{1}{R_5})U_b=-\dfrac{U_{S3}}{R_3}$

对只有两个节点的电路，由于互电导为 0，则节点电压为

$$U=\dfrac{\sum\dfrac{U_{si}}{R_i}+\sum I_s}{\sum\dfrac{1}{R_k}}\qquad(1.7.2)$$

式（1.7.2）常称为弥尔曼定理，是节点电压法的一个特例，当电路的支路数多，而节点只有两个时，将显示它的优越性。

【例 1.7.3】用节点电压法求图 1.7.10（a）所示电路各支路电流。

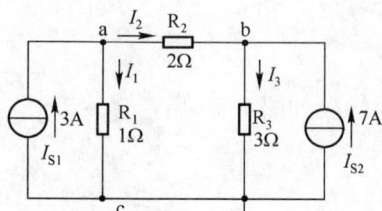

（a）

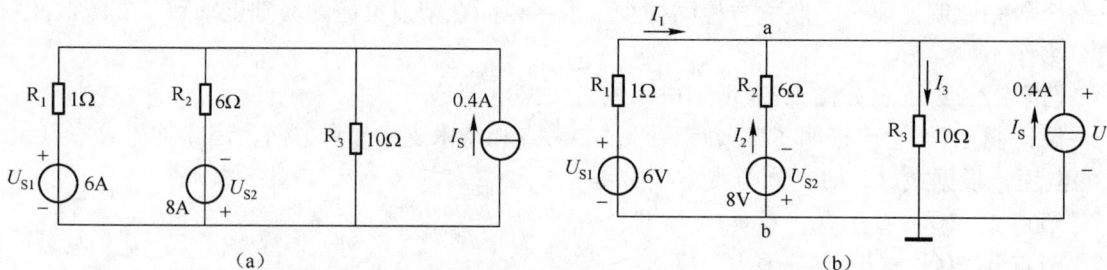

（b）

图 1.7.10　例 1.7.3 图

解：在图中标明节点名称，如图 1.7.10（b）所示，确定 b 点为参考零点，明确了各支路电流的参考方向，根据式（1.7.2）可列出节点电压方程

$$U=\dfrac{\dfrac{U_{S1}}{R_1}-\dfrac{U_{S2}}{R_2}+I_s}{\dfrac{1}{R_1}+\dfrac{1}{R_2}+\dfrac{1}{R_3}}=\dfrac{\dfrac{6}{1}-\dfrac{8}{6}+0.4}{\dfrac{1}{1}+\dfrac{1}{6}+\dfrac{1}{10}}=4(\text{V})$$

求出 U 后，即可用欧姆定律求各支路电流

$$I_1 = \frac{U_{S1} - U}{R_1} = \frac{6-4}{1} = 2 \text{（A）}$$

$$I_2 = \frac{-U_{S2} - U}{R_2} = \frac{-8-4}{6} = -2 \text{（A）}$$

$$I_3 = \frac{U}{R_3} = \frac{4}{10} = 0.4 \text{（A）}$$

1.7.3 叠加定理

叠加定理是反映线性电路基本性质的重要定理，只适用于线性电路。

线性电路就是由线性元件组成的电路。或者说，描述该电路特性的方程是线性的，则该电路就是线性电路。

只要是具有多个独立电源的线性电路，就可以用叠加定理求解。

概念：叠加定理

叠加定理可表述为：在线性电路中，如果含有多个独立电源共同作用时，在电路的任一支路中产生的电流（或电压）等于各个电源分别单独作用时在该支路所产生的电流（或电压）的代数和。

利用叠加定理解题的步骤如下。

（1）把原电路分解为各个独立电源分别单独作用的电路模型，并标出各电流、电压的参考方向。

（2）分别计算各个独立电源单独作用时产生的支路电流或支路电压。

（3）求多个独立电源共同作用原电路的待求量。

在应用叠加定理时，需注意以下几点。

（1）叠加定理只适用于线性电路，非线性电路不适用。

（2）某独立电源单独作用时，其余各独立电源均应去掉，也就是令其余电源的值为零，即将理想电压源短路，理想电流源开路。

（3）各独立源单独作用时必须有确定值，且受控源（不能单独作用）必须保留在电路中，叠加时要注意各支路电流、电压的参考方向（极性），以原电路中电流（或电压）的参考方向为准。若某个独立电源单独作用时所产生的电流（或电压）的参考方向与原电路中电流（或电压）的参考方向一致，则该量取正号，否则取负号。

（4）叠加时电路的连接形式，以及电路中所有电阻及受控源都不能变动。

（5）不能用叠加定理计算功率。

图 1.7.1 电路中各有一电流源、电压源，因此依据上述注意事项得到独立源单独作用的电路如图 1.7.11 所示。

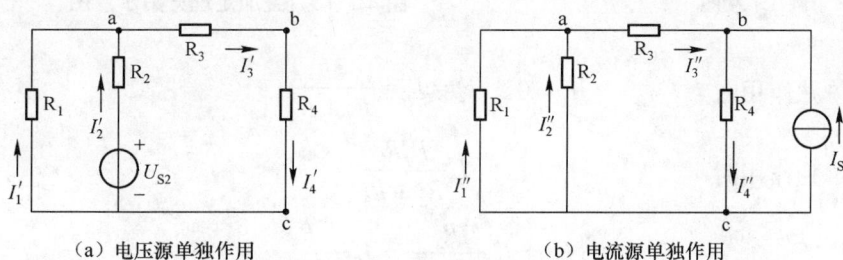

（a）电压源单独作用   （b）电流源单独作用

图 1.7.11 叠加定理求解示意图

根据图 1.7.11（a）所示电路求解电压源单独作用时各支路电流

$$I_2' = \frac{U_{S2}}{R_2 + R_1 // (R_3 + R_4)} = \frac{25}{7}\text{A}$$

$$I_1' = -\frac{U_{S2} - I_2'R_2}{R_1} = -\frac{20}{7}\text{A}$$

$$I_3' = I_4' = \frac{U_{S2} - I_2'R_2}{R_3 + R_4} = \frac{5}{7}\text{A}$$

根据图 1.7.11（b）所示电路求解电流源单独作用时各支路电流

$$\because -I_3'' + I_4'' = I_S \text{ 且 } -I_3''(R_1 // R_2 + R_3) = I_4''R_4$$

$$\therefore I_3'' = -\frac{12}{7}\text{A}, \quad I_4'' = \frac{44}{7}\text{A}$$

$$\therefore I_1'' = -\frac{8}{7}\text{A}, \quad I_2'' = -\frac{4}{7}\text{A}$$

根据叠加定理的思路，可知

$$I_1 = I_1' + I_1'' = -\frac{20}{7} - \frac{8}{7} = -4\text{A}$$

$$I_2 = I_2' + I_2'' = \frac{25}{7} - \frac{4}{7} = 3\text{A}$$

$$I_3 = I_3' + I_3'' = \frac{5}{7} - \frac{12}{7} = -1\text{A}$$

$$I_4 = I_4' + I_4'' = \frac{5}{7} + \frac{44}{7} = 7\text{A}$$

当应用了叠加定理后，只要利用串并联电路参数的分析方法即可获得各支路的参数，但是计算过程中容易出现正负符号的错误，因此需要细心地分析。

【例 1.7.4】电路结构和参数如图 1.7.12 所示，试求 R_3 支路的电流。

解：根据叠加定理的分解原则，把图 1.7.12 分解成如图 1.7.13 所示的电路图。

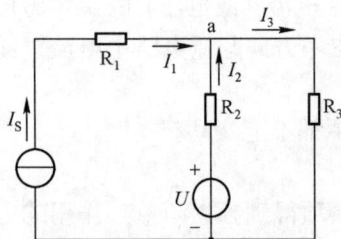

图 1.7.12　例 1.7.4 图

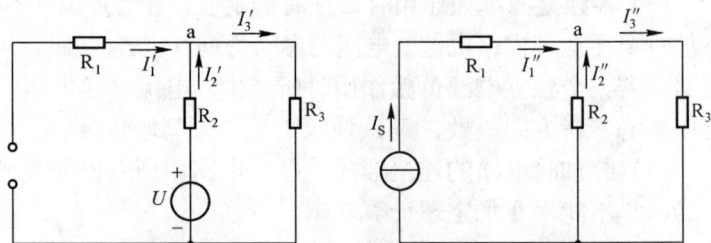

（a）电压源作用　　　（b）电流源作用

图 1.7.13　叠加定理分解示意图

电压源单独作用时 $\qquad I_1' = 0, \quad I_2' = I_3' = \dfrac{U}{R_2 + R_3}$

电流源单独作用时 $\qquad I_1'' = I_S, \quad I_1''\dfrac{R_2 R_3}{R_2 + R_3} = I_3''R_3$

$$\therefore I_3'' = I_1''\frac{R_2}{R_2 + R_3} = I_S\frac{R_2}{R_2 + R_3}$$

$$\therefore I_3 = I_3{}' + I_3{}'' = \frac{U}{R_2 + R_3} + \frac{R_2 I_S}{R_2 + R_3}$$

下面用弥尔曼定理验证一下，列出 a 点的节点电压方程

$$U_a = \frac{\dfrac{U}{R_2} + I_S}{\dfrac{1}{R_2} + \dfrac{1}{R_3}}$$

得

$$I_3 = \frac{U_a}{R_3}$$

解上述联立方程组，可得

$$I_3 = \frac{U}{R_2 + R_3} + \frac{R_2 I_S}{R_2 + R_3}$$

由此可见，两个独立电源 U 和 I_S 同时作用于电路时所产生的电流之和 I_3 等于每个独立电源分别单独作用时所产生的电流的代数和。

【例 1.7.5】用叠加定理求图 1.7.14（a）所示电路中的电流 I。

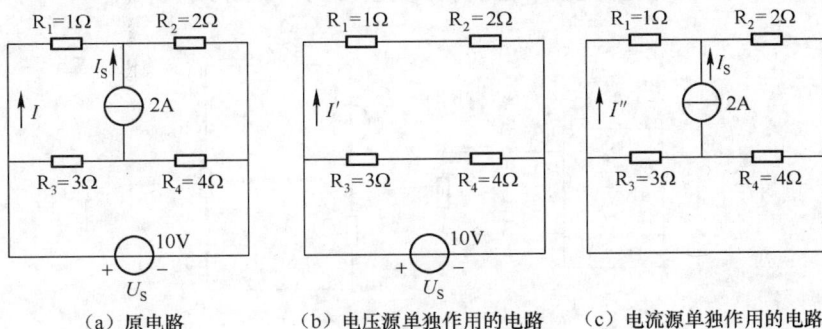

（a）原电路　　　（b）电压源单独作用的电路　　（c）电流源单独作用的电路

图 1.7.14　例 1.7.5 图

解：（1）当 10V 电压源单独作用时，电路如图 1.7.14（b）所示

$$I' = \frac{U_S}{R_1 + R_2} = \frac{10}{1 + 2} = \frac{10}{3} \text{A}$$

（2）当 2A 理想电流源单独作用时，电路如图 1.7.14（c）所示

$$I'' = -\frac{I_S}{R_1 + R_2} R_2 = -\frac{4}{3} \text{A}$$

（3）当两电源共同作用时，则有

$$I = I' + I'' = 2 \text{A}$$

1.7.4　戴维南定理

一个单相照明电路，要提供电能给日光灯、风扇、电视机和电脑等许多家用电器，如图 1.7.15（a）所示。对其中任一电器来说，都接在电源的两个接线端子上。如要计算通过其中一盏日光灯的电流等参数，对日光灯而言，接日光灯的两个端子 a、b 的左边可以看作是日光灯的电源，此时电路中的其他电器设备均为该电源的一部分，如图 1.7.15（b）所示，显然电路变得简单多了。这种变换就是戴维南定理。

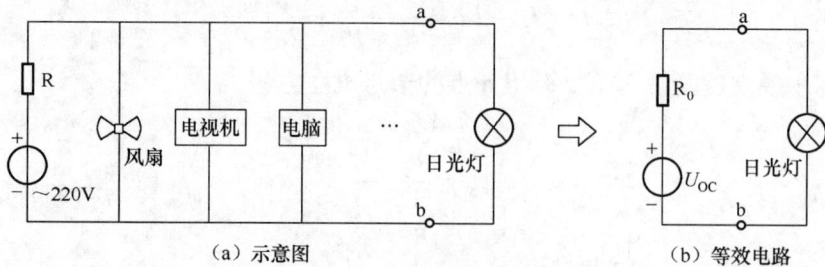

（a）示意图　　　　　　　　　　　　（b）等效电路

图 1.7.15　照明电路

概念：戴维南定理

戴维南定理可表述为：任何一个线性有源二端网络对外电路的作用都可以用一个理想电压源 U_S 和等效内阻 R_0 的串联组合等效代替，如图 1.7.16 所示。这个等效电压源的电压等于有源二端网络的开路电压 U_{OC}，内阻 R_0 为有源二端网络中所有独立电源不作用时的无源二端网络的入端电阻。独立电源不作用是指理想电流源开路、理想电压源用短路线代替。开路电压 U_{OC} 的极性与 U_S 的极性一致。二端网络用戴维南等效电路置换后，端口以外的电路（即外电路）中的电压、电流均保持不变，这种等效变换称为对外等效。

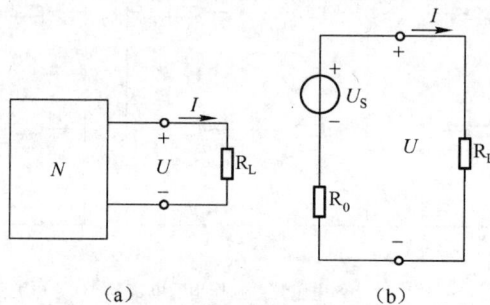

（a）　　　　　　　　　　　　　（b）

图 1.7.16　戴维南定理的图解表示

根据戴维南定理可对一个有源二端网络进行化简，简化的关键在于正确理解和求出有源二端网络的开路电压和等效电阻。其步骤如下。

（1）把电路分为待求支路和有源二端网络两部分。

（2）把待求支路移去，求有源二端网络的开路电压 U_{OC}。

（3）将有源二端网络内的所有独立电源置零（理想电流源开路、理想电压源短路），得到一个无源二端网络，并求出网络两端的等效电阻 R。

（4）画出有源二端网络的等效电路，等效电路中的 $U_S = U_{OC}$、$R_0 = R$，然后在等效电路两端接入待求支路，进行参数的计算。需要注意的是，U_S 与 U_{OC} 的极性必须一致。

【例 1.7.6】 试用戴维南定理求图 1.7.17 电路中的电流 I。

解： （1）先将待求支路移去，电路余下部分可看成一个有源二端网络，如图 1.7.18（a）所示。

（2）求有源二端网络的开路电压 U_{OC}，其电路如图 1.7.18（b）所示。

对图 1.7.18（b）可用支路电流法或节点电压法求解。若用节点电压法可列方程

$$(\frac{1}{3\times10^3}+\frac{1}{1\times10^3})U_{n1}=\frac{12}{3\times10^3}-2\times10^{-3}$$

求得 $U_{n1} = 1.5\text{V}$

于是开路电压 $U_{oc} = U_{n1} - 2.25 \times 2 = -3(\text{V})$

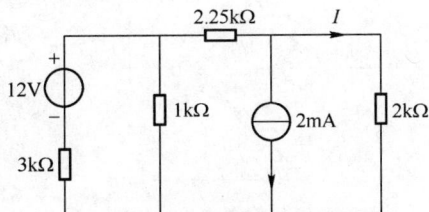

图 1.7.17 例 1.7.6 图

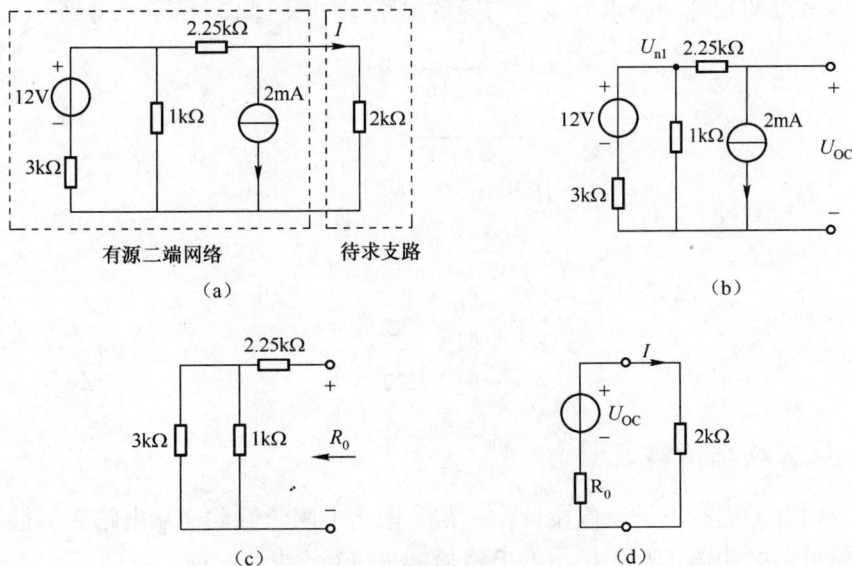

（a）有源二端网络　待求支路

（b）

（c）

（d）

图 1.7.18 例 1.7.6 解图

（3）求等效电阻 R_0。将有源二端网络内部所有独立电源置零，得到图 1.7.18（c）所示电路。明显可以看出

$$R_0 = 2.25 + \frac{3 \times 1}{3 + 1} = 3(\text{k}\Omega)$$

（4）对应的戴维南等效电路如图 1.7.18（d）所示。可求得

$$I = \frac{U_{oc}}{R_0 + 2} = \frac{-3}{3 + 2} = -0.6(\text{mA})$$

【例 1.7.7】 在图 1.7.19（a）电路中，已知 $R_1 = 20\Omega$、$R_2 = 30\Omega$、$R_3 = 30\Omega$、$R_4 = 20\Omega$、$U = 10\text{V}$，求当 $R_5 = 16\Omega$ 时的电流 I_5。

解：（1）移去 R_5 支路，得到一个有源二端网络，如图 1.7.19（b）所示，求得

$$U_{OC} = U_{AD} + U_{DB} = \frac{U \times R_2}{R_1 + R_2} - \frac{U \times R_4}{R_3 + R_4} = \frac{10 \times 30}{20 + 30} - \frac{10 \times 20}{30 + 20} = 6 - 4 = 2（\text{V}）$$

（2）将如图 1.7.19（b）中所有电源置零，得到图 1.7.19（c）所示电路，求得等效电阻为

$$R_0 = R_1 // R_2 + R_3 // R_4 = 20 // 30 + 30 // 20 = 24(\Omega)$$

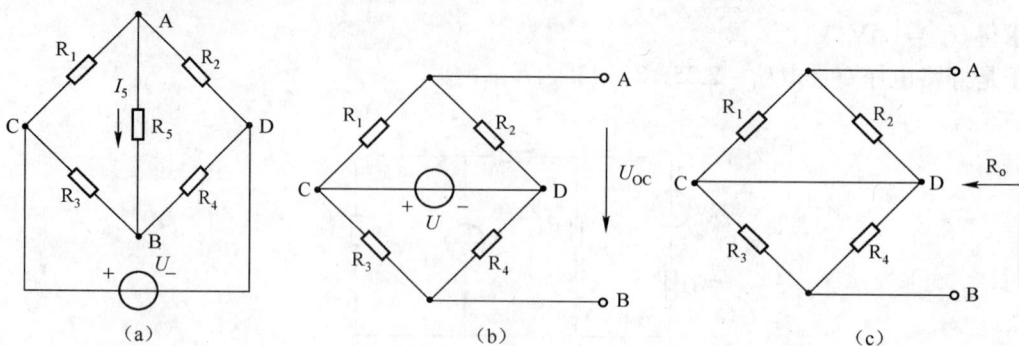

图 1.7.19　例 1.7.7 图

（3）根据戴维南定理画出求电流 I_5 的等效电路，如图 1.7.20 所示，得到

$$I_5 = \frac{2}{24+16} = 0.05(\text{A})$$

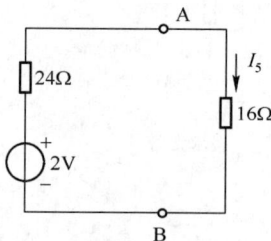

图 1.7.20

1.7.5　最大功率传输定理

在电子或信息工程的电子设备设计中，常常遇到电阻负载如何从电路获得最大功率的问题，这类问题可归纳为图 1.7.21 所示的电路模型来进行分析。

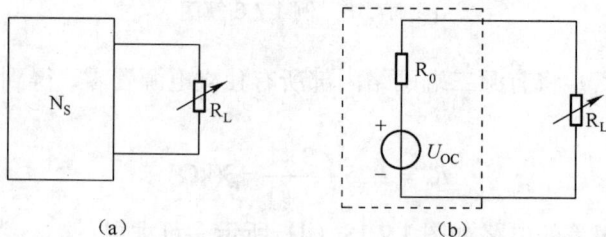

图 1.7.21　最大功率传输电路模型

在图 1.7.21（a）所示电路中，对 R_L 而言，N_S 为有源二端网络。根据戴维南定理，可用一个理想电压源 U_{OC} 和内阻 R_0 来替代，如图 1.7.21（b）所示。图中负载 R_L 吸收的功率为

$$P = I^2 R_L = \frac{R_L}{(R_0+R_L)^2} U_{OC}^2 = \frac{R_L}{(R_0-R_L)^2+4R_L R_0} U_{OC}^2 = \frac{U_S^2}{4R_0 + \frac{(R_0-R_L)^2}{R_L}} \qquad (1.7.3)$$

分析式（1.7.3）可知，要使负载 R_L 得到的功率最大，则应具备以下条件

$$R_L = R_0 \qquad (1.7.4)$$

此时负载获得的最大功率为

$$P = I^2 R_L = \frac{U_{OC}^2}{4R_0} \tag{1.7.5}$$

当负载电阻 R_L 等于电源（信号源）的内阻时，负载上获得最大功率，此即为最大功率传输定理。电路的这种工作状态称为负载与网络的匹配。例如，要求扩音机（电源）给扬声器（负载）提供最大不失真功率，这就要求扬声器的电阻等于扩音机的输出电阻，使负载与电源相互匹配。

通常把负载电阻获得的最大功率 P_{MAX} 与等效电压源发出的功率 P 之比称为功率传输效率 η，即

$$\eta = \frac{P_{max}}{P} \tag{1.7.6}$$

【例 1.7.8】 电路如图 1.7.22（a）所示，$R_1 = R_2 = 10\Omega$，$U_S = 20V$，已知负载电阻 R_L 可调，试问当 R_L 为何值时，负载 R_L 获得最大功率？负载获得的最大功率是多少？此时的功率传输效率是多少？

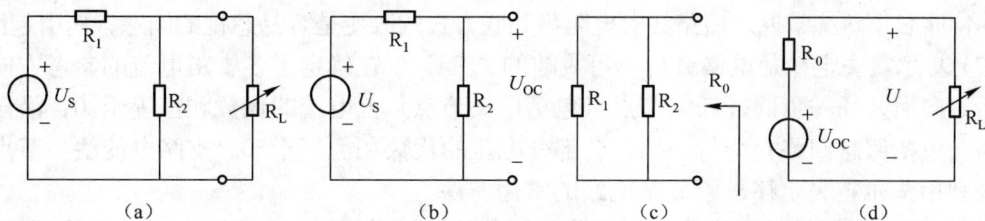

图 1.7.22 例 1.7.8 图

解：（1）求开路电压 U_{OC}。如图 1.7.22（b）所示，断开负载后，R_2 两端电压即为开路电压 U_{OC}

$$U_{OC} = \frac{R_2}{R_1 + R_2} U_S = \frac{10}{10 + 10} \times 20 = 10(V)$$

（2）求等效电阻 R_0。由图 1.7.22（c）可得

$$R_0 = \frac{R_1 R_2}{R_1 + R_2} = \frac{10 \times 10}{10 + 10} = 5(\Omega)$$

（3）求最大功率。根据 U_{OC} 和 R_0 作出等效电路，如图 1.7.22（d）所示。当 $R_L = R_0 = 5\Omega$ 时，负载获得最大功率，其值为

$$P_{Lmax} = \frac{U_{OC}^2}{4R_0} = \frac{10^2}{4 \times 5} = 5(W)$$

等效电压源输出功率

$$P = U_{OC} \cdot I = \frac{U_{OC}^2}{R_0 + R_L} = \frac{10^2}{5 + 5} = 10(W)$$

$$\eta = \frac{P_{max}}{P} = 50\%$$

本 章 小 结

（1）了解电路的作用、组成、状态是分析电路的基础，而分析电路的关键是建立电路模型，然后按照电路定律进行分析。电路模型是实际电路结构及功能的抽象化表示，是各种理

想化元件模型的组合。只要花工夫，建立电路模型不是一件很难的事情。

（2）电路物理量是对电路进行定量分析的基础。必须明确电流、电压、电位、电功率、电能的定义关系，并在电路计算中始终考虑量的单位，养成良好的习惯。

（3）选择电流、电压的参考方向是电路分析中不可缺少的步骤。应理解关联参考方向的意义。电路中存在电流，在元件上产生电压降，根据电流与电压的实际方向来判定元件为电源或负载，是电路分析的基本技能。

（4）理想电路元件各有不同的特性，电阻是耗能元件，电感和电容是储能元件，应熟悉电流电压关系式、功率表达式、储能表达式，可以用表格的形式把 3 种元件的关系式总结一下。

（5）电路的负载、开路、短路状态在实际工作中时常出现，对设备而言，稳定的工作电流是正常工作的必备条件，负载太大，电路中容易产生过流、过热；连接件（固定螺帽等）松脱，线路就开路了；短路或局部短路，都将产生电源无法承受的巨大电流。设备或元器件在电路中是否损坏，就在于其能否承受通过的电流。

（6）串并联电路是常见的连接方式。电阻串联、并联时在电流、电压、等效电阻等方面所具有的特性必须熟练掌握。短路线对电阻串并联方式的改变是容易忽视的问题，应引起注意。

（7）基尔霍夫定律是电路分析不可或缺的"工具"。在确定了各支路电流的参考方向和回路绕行方向后，任一瞬间，任一节点（包括广义节点）上电流的代数和恒等于 0；沿任一闭合回路（包括假想回路）绕行一周，各部分电压的代数和恒等于 0。支路电流法、节点电压法就是利用基尔霍夫定律求解复杂电路的常用方法。

（8）电阻、电源等效变换体现了电路的可等效性，而叠加定理又体现了电路的可叠加性。应用叠加定理时，应注意其适用的范围及电源不起作用时的处理办法。

（9）等效电源定理在分析复杂电路中某一支路的电压和电流时有重要意义，用该定理求解电路的关键是求出戴维南等效电路，而且要特别注意，这里讲的等效是对网络外部电路而言的，内部不等效。

（10）对于一个具有内阻 R_0 的电压源 U_{OC}，为使负载 R_L 获得最大功率，应满足匹配原则 $R_0 = R_L$。此时，负载上的最大功率为 $P_{max} = \dfrac{U_{OC}^2}{4R_L}$，但效率仅为 50%。

本 章 习 题

习题的主旨是辅助学生理解各种概念，帮助学生掌握电路的分析方法。公式是死的，思维是活的，只要弄清楚了变量关系，找到方法，一切问题就能迎刃而解！下面有很多小习题，不要等老师布置，自己尝试来解决吧。

一、填空题

1．当负载被短路时，负载上电压为_____，功率为_____。

2．某元件上电压和电流的参考方向为非关联方向，$I=-2A$，则实际电流方向与参考方向_____，$U=5V$，则 $p=$_____，该元件为_____型元器件（负载、电源）。

3．电路如题图 1.1 所示，设 $E=12V$，$I=2A$，$R=6\Omega$，则 $U_{ab}=$_____V。

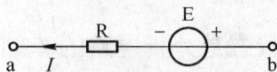

题图 1.1

4．直流电路如题图 1.2 所示，R_1 所消耗的功率为 2W，则 R_2 的阻值应为_____Ω。

5．电容元件是一种储能元件，可将电源提供的能量转化为_____能量储存起来。

6．串联电路中的_____处处相等，总电压等于各电阻上_____之和。

7．在如题图 1.3 所示电路中，当开关 S 闭合时，$U_{ac}=$_____V、$U_{bc}=$_____V，当开关 S 打开时，$U_{ac}=$_____V、$U_{bc}=$_____V。

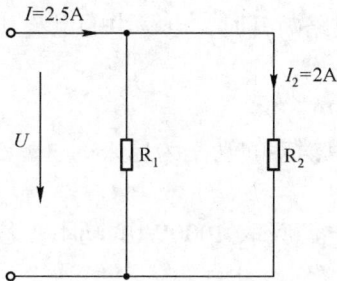

题图 1.2

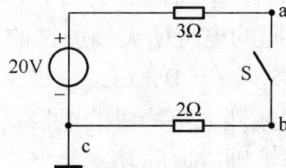

题图 1.3

8．一个有源二端网络，测得其开路电压为 4V，短路电流为 2A，则等效电压源为：$U_s=$_____V，$R_0=$_____Ω。

9．当参考点改变时，电路中各点的电位值将_____，任意两点间的电压值将_____。

10．电力系统中一般以大地为参考点，参考点的电位为_____电位。

11．测量电流时，电流表应与被测电流_____联。实际运用中，除了注意电流表的正确接线外，还应合理选择电流表的_____，以适应被测电流大小。

12．测量电压时，电压表应与被测电压_____联。实际应用中，除了注意电压表的正确接线外，还应合理选择电压表的_____，以适应被测电压大小。

13．两个电阻负载并连接于电源上，电阻较小的负载消耗的功率较_____；两个电阻负载串连接于电源上，电阻较小的负载消耗的功率较_____。（提示：公式 $P=I^2R$ 和 $P=U^2/R$ 应该用哪个？）

14．内阻为零的电压源称为_____，内阻为无穷大的电流源称为_____。

15．已知 $U_{AB}=10V$，若选 A 点为参考点，则 A 点的电位 $U_A=$_____V，B 点的电位 $U_B=$_____V。

16．如题图 1.4 所示含源二端网络接负载，当负载电阻阻值为_____时输出功率最大。

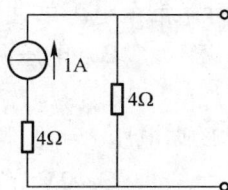

题图 1.4

17．用戴维南定理求等效电路的电阻时，对原网络内部电压源作_____处理，电流源作_____处理。

18．一个电源与负载相连，若电源的内阻比负载电阻大得多时，这个电源可近似地看作理想_____源。

二、选择题

1．下面哪一种说法是正确的（　　　）。

A．电流的实际方向规定从高电位指向低电位

B．电流的实际方向规定是正电荷移动的方向

C．电流的实际方向规定是负电荷移动的方向

2．电源电动势为3V，内电阻为0.3Ω，当外电路断开时，电路中的电流和电源端电压分别为（　　　）。

A．0A、3V　　　　B．3A、1V　　　　C．0A、0V

3．通过电阻的电流增大到原来的3倍时，电阻消耗的功率为原来的（　　　）倍。

A．3　　　　B．6　　　　C．9

4．一个由线性电阻构成的电器，从220V的电源吸取1000W的功率，若将此电器接到110V的电源上，则吸取的功率为（　　　）。

A．250W　　　　B．500W　　　　C．1000W　　　　D．2000W

5．设60W和100W的电灯在220V电压下工作时的电阻分别为R_1和R_2，则R_1和R_2的关系为（　　　）。

A．$R_1>R_2$　　　B．$R_1=R_2$　　　C．$R_1<R_2$　　　D．不能确定

6．额定功率为10W的3个电阻，$R_1=10\Omega$、$R_2=40\Omega$、$R_3=250\Omega$，串联于电路中，电路中允许通过的最大电流为（　　　）。

A．200mA　　　　B．0.5A　　　　C．33mA

7．3个阻值相同的电阻R，两个并联后与另一个串联，其总电阻等于（　　　）。

A．R　　　B．$(1/3)R$　　　C．$(1/2)R$　　　D．1.5R

8．理想电流源向外电路提供的（　　　）是一常数。

A．电压　　　B．电阻　　　C．电流　　　D．功率

9．额定电压均为220V的40W、60W和100W 3只灯泡串联在220V的电源上，它们的发热量由大到小排列为（　　　）。

A．100W、60W和40W　　　　B．40W、60W和100W

C．100W、40W和60W　　　　D．60W、100W和40W

10．如题图1.5所示电路，下面的表达式中正确的是（　　　）。

A．$U_1=-R_1U/(R_1+R_2)$　　　B．$U_2=R_2U/(R_1+R_2)$　　　C．$U_2=-R_2U/(R_1+R_2)$

11．在直流电路中应用叠加定理时，每个电源单独作用，其他电源应（　　　）。

A．电压源作短路处理　　　　B．电压源作开路处理

C．电流源作短路处理

12．在题图1.6所示电路中，A、B端电压$U=$（　　　）。

A．−2V　　　B．−1V　　　C．2V　　　D．3V

13．任何一个有源二端线性网络的戴维南等效电路是（　　　）。

A．一个理想电流源和一个电阻的并联电路

B．一个理想电流源和一个理想电压源的并联电路

C．一个理想电压源和一个理想电流源的串联电路

D．一个理想电压源和一个电阻的串联电路

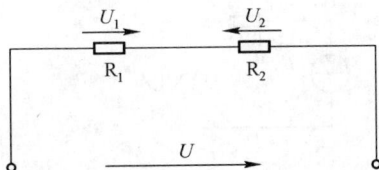

题图 1.5

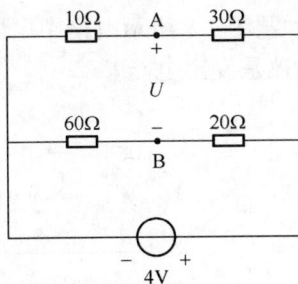

题图 1.6

三、判断题

1．电路中参考点改变，任意两点间的电压也随之改变。 （　）

2．一段有源支路，当其两端电压为零时，该支路电流必定为零。 （　）

3．电源在电路中总是提供能量的。 （　）

4．电路中任意两点之间的电压与参考点的选择有关。 （　）

5．如果选定电流的参考方向为从电压"＋"端指向"－"端，则称电流与电压的参考方向为关联参考方向。 （　）

6．在同一电路中，若两个电阻的端电压相等，则这两个电阻一定是并联。 （　）

7．戴维南定理不仅适用于直流电路，也适用于交流电路。 （　）

8．叠加定理对非线性电路同样适用。 （　）

9．电路中电流的方向是电子运动的方向。 （　）

10．几个不等值的电阻串联，每个电阻中通过的电流也不相等。 （　）

11．两个电阻相等的电阻并联，其等效电阻（即总电阻）比其中任何一个电阻的阻值都大。 （　）

12．并联电路的电压与某支路的电阻值成正比，所以说并联电路中各支路的电流相等。 （　）

13．电路中某一点的电位等于该点与参考点之间的电压。 （　）

14．在一个电路中，电源产生的功率和负载消耗功率以及内阻损耗的功率是平衡的。 （　）

15．在实际应用中，电压表的内阻越大，对被测电路的影响越小。 （　）

四、分析计算题

1．一只标识为"2.7kΩ、$\frac{1}{4}$W"的电阻，其两端允许的最高电压为多少？

2．参考零点已在如题图 1.7 所示的部分电路中标识出来，计算电路中 a、b、c 点的电位。

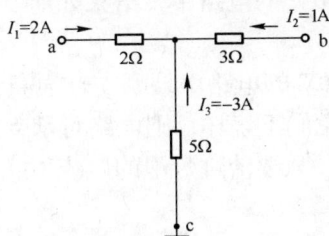

题图 1.7

3．求如题图 1.8 所示电路中电阻端电压、电流，并求电压源和电流源的功率，说明这些功率是吸收还是发出电能？

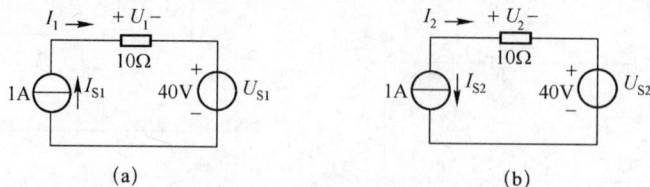

题图 1.8

4．在如题图 1.9 所示电路中，方框表示电源或电阻，各元件的电压和电流的参考方向如图所示。通过测量得知：$I_1 = 2A$、$I_2 = 1A$、$I_3 = 1A$、$U_1 = 4V$、$U_2 = -4V$、$U_3 = 7V$、$U_4 = -3V$。

（1）试标出各电流和电压的实际方向。

（2）试求每个元件的功率，并判断其是电源还是负载。（提示：电源发出功率，负载吸收功率）

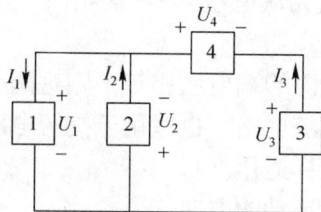

题图 1.9

5．台式电脑的功率（包括显示器在内）约为 300W，若每天开机运行 4h，一个月（按 30 天）耗电多少？

6．有 1 支额定电压为 36V/40W 的白炽灯泡，试问：

（1）其正常工作时的电流为多大？8h 工作耗电多少？

（2）若将其接入电压为 220V 的电路中，其结果如何？（提示：灯泡电阻不改变）

（3）若将其接入电压为 24V 的电路中，其实际消耗的功率为多少？

7．一支标注为"110V、8W"的指示灯接在 220V 的电源上，要串入多大阻值的电阻？应选多大功率的电阻？（提示：应关注指示灯的额定电流和串联电路的分压关系）

8．两支灯泡，一支的额定参数是"220V、40W"，另一支的额定参数是"110V、40W"，试问：

（1）哪支灯泡电阻大？

（2）若将它们串联接入到 220V 的电路中，结果如何？（提示：灯泡的阻值不同，将导致不同的分压）

（3）若将它们并连接入到 110V 的电路中，哪支灯泡亮？

（4）*[1]若将它们串联并保证它们不烧坏，则电路可承受的最高电压是多少？（提示：灯泡烧坏是高电压、大电流引起的，只要流过灯泡的电流不超过额定电流，灯泡就工作正常）

---

[1] 这样的题目可以努力想一想，其实解决起来并不难，量力而行吧！

(5) *常用电源的额定电压为 220V，要想让两个灯泡都工作在额定状态，应该如何连接？

9．如题图 1.10 电路所示，求 I_S 和 U_S 电源的功率。若 $R=0$，上述功率有何变化？

10．用等效电源法求如题图 1.11 所示电路中的电流 I，要求画出电源等效示意图。

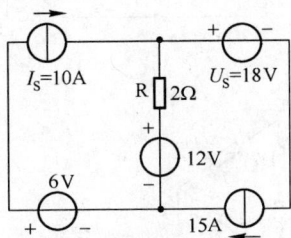

题图 1.10

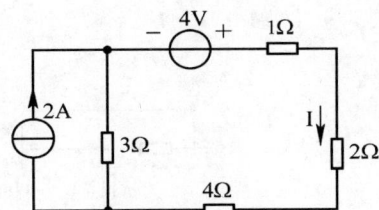

题图 1.11

11．电路如题图 1.12 所示，题图 1.12（b）是题图 1.12（a）的等效电路，试用电源等效变换方法求 U_S 及 R_0。

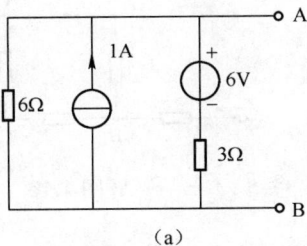

（a）

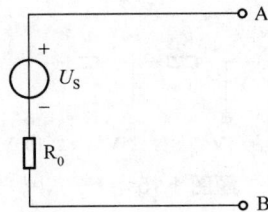

（b）

题图 1.12

12．求如题图 1.13 所示电路中的电压 U。

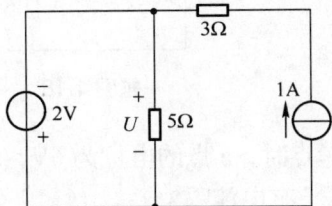

（a）

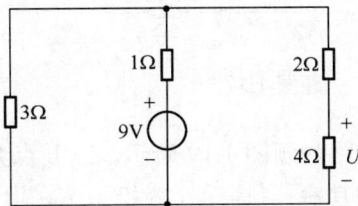

（b）

题图 1.13

13．求如题图 1.14 所示各电路的等效电阻 R_{ab}。（提示：注意图中特殊的短路线）

14．如题图 1.15 所示，欲将量程为 5V、内阻为 $10k\Omega$ 的电压表改装成 5V、25V、100V 多量程的电压表，求所需串联电阻 R_1、R_2 的阻值。

15．电路如题图 1.16 所示，已知 $I_1 = 0.01\text{A}$，$I_2 = 0.3\text{A}$，$I_5 = 9.61\text{A}$，求未知电流 I_3、I_4、I_6。

16．如题图 1.17 所示电路，用支路电流法求各支路电流。

17．如题图 1.18 所示电路，已知 $I = 0$，求电阻 R。

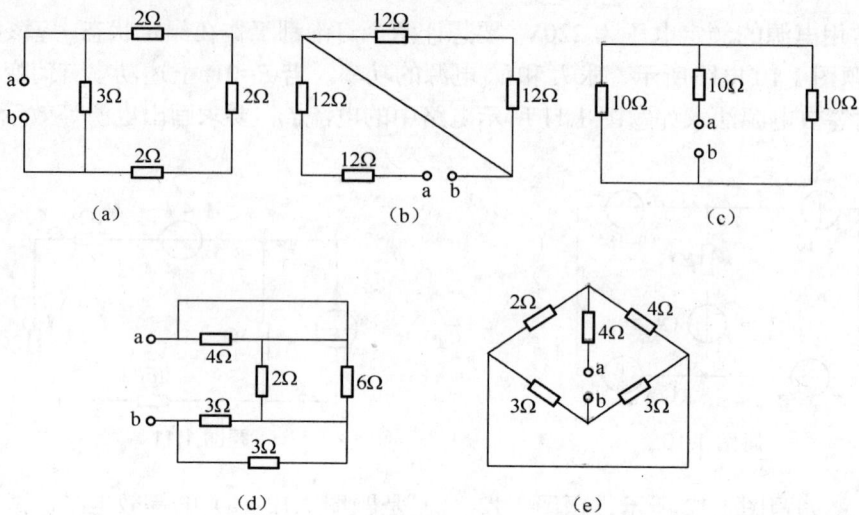

题图 1.14

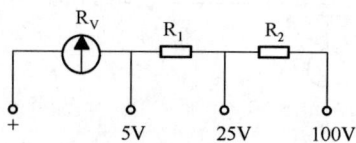

题图 1.15

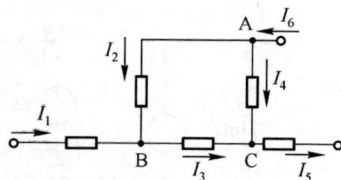

题图 1.16

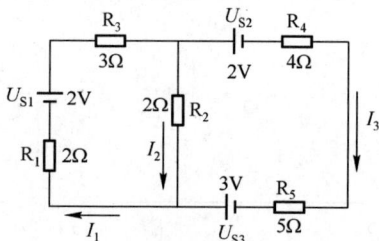

题图 1.17

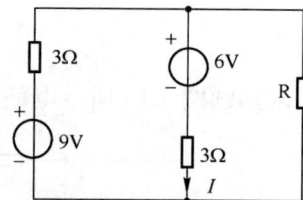

题图 1.18

18．直流电路如题图 1.19 所示，以 b 点为参考点时，a 点的电位为 6V，求电源 U_{S3} 的电动势及其输出的功率。（提示：分析一下，电阻 R_1 上有电流吗？）

19．用节点电压法求如题图 1.20 所示电路中的各支路电流 I_1、I_2、I_3。
已知 $R_1 = 18\Omega$、$R_2 = R_3 = 4\Omega$、$U_{S1} = 15V$、$U_{S2} = 20V$。

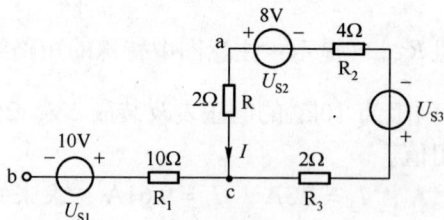

题图 1.19

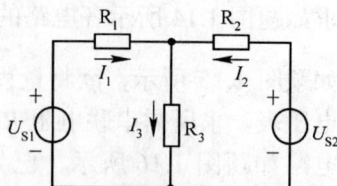

题图 1.20

20．如题图 1.21 所示电路，已知电压 $U_{S1} = 1V$、$U_{S4} = 20V$、$U_{S5} = 6V$、电阻 $R_1 = R_2 = 5\Omega$，

$R_3 = 24\Omega$、$R_4 = 20\Omega$、$R_5 = 10\Omega$、$R_6 = 30\Omega$，求各支路电流 I_1、I_2、I_3 及电压 U。

21．如题图 1.22 所示电路，已知电压 $U_{S1} = 4\text{V}$、$U_{S2} = 10\text{V}$、$R_1 = 2\Omega$、$R_2 = 4\Omega$、$R_3 = R_4 = R_5 = 8\Omega$，求电流 I_1、I_2 和电压 U_{ab}。

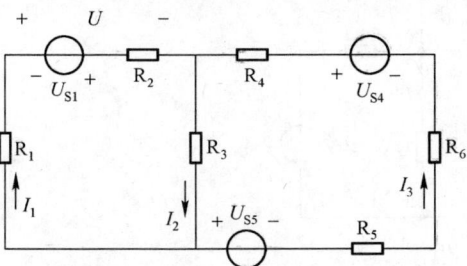

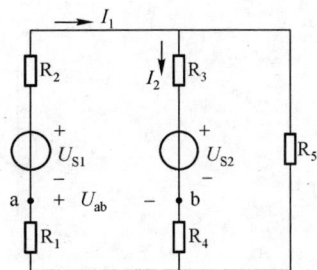

题图 1.21   题图 1.22

22．在题图 1.23 (a) 电路中，$U_{S1} = 24\text{V}$、$U_{S2} = 6\text{V}$、$R_1 = 12\Omega$、$R_2 = 6\Omega$、$R_3 = 2\Omega$。题图 1.23 (b) 为经电源变换后的等效电路。

(1) 求等效电路的 I_S 和 R。

(2) 根据等效电路求流经 R_3 的电流和 R_3 消耗的功率。

(3) 用叠加定理求流经 R_3 的电流。

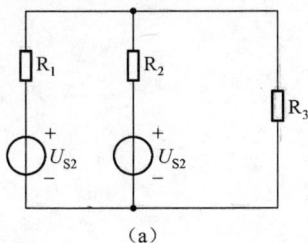

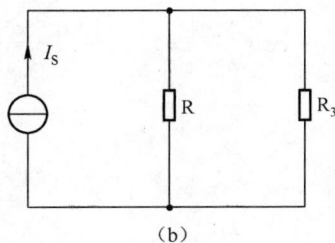

(a)   (b)

题图 1.23

23．在题图 1.23 (a) 电路中，假定 R_3 为可变负载，求 R_3 为多大时，其获得的功率最大，最大功率为多少？此时的电源效率为多少？

24．分别应用戴维南定理将如题图 1.24 (a)、题图 1.24 (b)、题图 1.24 (c)、题图 1.24 (d) 所示各电路化为等效电压源。

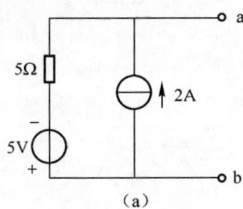

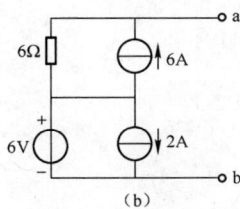

(a)   (b)

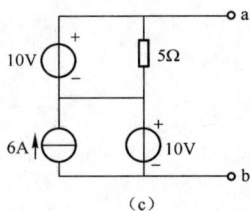

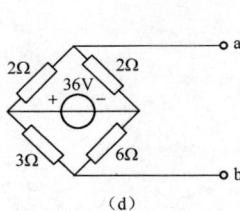

(c)   (d)

题图 1.24

25. 在如题图 1.25 所示电路中，试问：R 为多大时，它吸收的功率最大？最大功率为多少？（提示：先进行戴维南等效变换再计算）

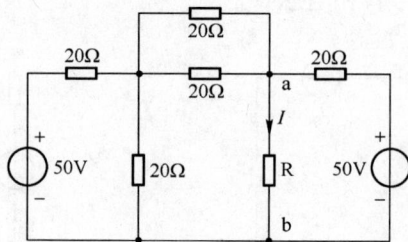

题图 1.25

第2章 交流电路

➲ 教学目标

（1）理解正弦量的三要素及其相量表示法。

（2）理解电路基本定律的相量形式及其阻抗，掌握 RLC 串并联正弦交流电路的分析方法，学会画相量图。

（3）掌握有功功率和功率因数的计算方法，了解瞬时功率、无功功率和视在功率的概念。

（4）了解正弦交流电路的串联、并联谐振的条件及特征。

（5）了解提高功率因数的意义和方法。

（6）了解三相交流电的产生，理解对称三相电源的特点。

（7）理解三相电源、三相负载的星形和三角形连接方法以及相电压、相电流、线电压、线电流的关系。

（8）了解对称三相电路功率的计算方法。

（9）理解安全用电常识。

生活中常会见到图 2.1 所示的插头插座，它们代表了不同类型设备的供电接口。是不是设备插头和插座形状匹配，电器就一定能正常工作？实际上，虽然形状相同，设备插头插入插座后导致空气开关跳闸的事件也屡屡发生。只有电源电压、供电功率与设备额定电压和额定功率相匹配，才不会导致供电异常。

图 2.1　各式各样的交流插头插座

交流电是生活中最重要的供电形式，与直流电路一样，我们也要对交流电路电源、负载的工作方式、电路特性等常识进行了解。

电力系统常识。

电力系统的架构如图 2.2 所示，各种能源经发电厂发出电能后，在发电机侧利用变压器升压，再通过高压线路输电，到了用电单位侧，利用降压变压器降压，再通过供配电所送往不同用户，满足不同用电单位的需求。交流电能够方便地利用变压器改变电压，高压交流电在远距离传输中损耗小，交流电机比直流电机构造简单，造价便宜，运行更可靠。因此，绝大多数家用设备和工业用设备的接入电源都是交流电，如果不使用交流电，就必须配置专用的电源设备。

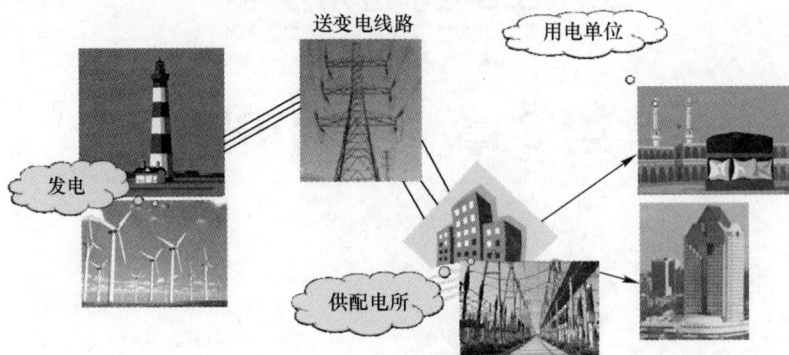

图 2.2　电力系统示意图

2.1　正弦量的基本概念

概念：正弦交流电路

通常把电动势、电压、电流随时间按正弦规律变化的电路称为正弦交流电路。图 2.1.1 所示为直流电和交流电的电流波形。为避免过零点瞬间电压跳变对储能元件如电容、电感等产生影响，电力电网均采用如图 2.1.1（c）所示的正弦交流电的形式传输电能。

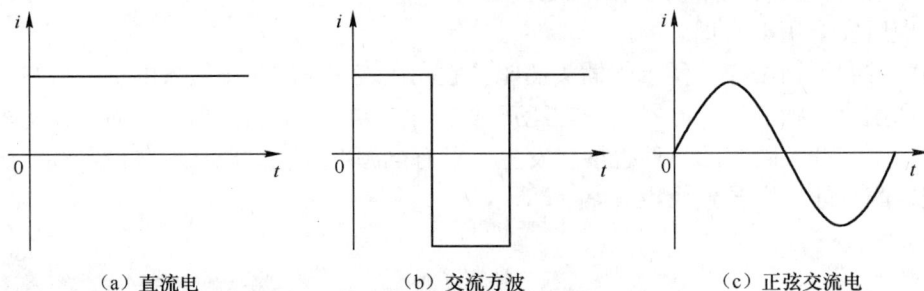

（a）直流电　　　　　　　（b）交流方波　　　　　　　（c）正弦交流电

图 2.1.1　直流与交流信号电流波形图

2.1.1　正弦量的三要素

这里以电流为例介绍正弦量的基本特征。设某支路中正弦电流 i 在选定参考方向下的瞬时值表达式为

$$i = I_\mathrm{m} \sin(2\pi f t + \varphi) \tag{2.1.1}$$

概念：正弦量的三要素

表达式中的频率 f、幅值 I_m 和初相 φ 称为确定正弦量的三要素。

式（2.1.1）对应的电流波形如图 2.1.2 所示。

概念：频率

波形在每秒内变化的次数称为频率，它的 SI 单位是赫兹（Hz）。在我国和大多数国家都采用 50Hz 作为电力标准频率（有些国家如美国、日本等采用 60Hz），这种频率在工业上应

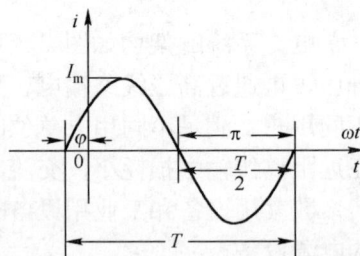

图 2.1.2　正弦电流波形图

用广泛，习惯上称为工频。通常的交流电动机和照明负载都用这种频率。

正弦量变化的快慢除用频率表示外，还可用周期 T 和角频率 ω 来表示。

概念：周期

正弦量变化一次所需的时间（秒）称为周期 T。频率与周期的关系满足关系式

$$f = \frac{1}{T} \tag{2.1.2}$$

概念：角频率

角频率是指交流电在 1 秒钟内变化的电角度。角频率用 ω 表示，其 SI 单位是弧度/秒（rad/s）。角频率与频率和周期的关系式为

$$\omega = 2\pi f = \frac{2\pi}{T} \tag{2.1.3}$$

因此，式（2.1.1）又可表示为 $i = I_{\mathrm{m}}\sin(\omega t + \varphi)$

【例 2.1.1】试求我国工业频率 50Hz 交流电的周期 T 和角频率 ω。

解：
$$T = \frac{1}{f} = \frac{1}{50} = 0.02(\mathrm{S})$$

$$\omega = 2\pi f = 2\pi \times 50 = 314(\mathrm{rad/s})$$

概念：幅值

正弦电压、电流在变化过程中所达到的最大值称为幅值，也叫振幅、峰值、最大值等，它表示了正弦电压、电流的变化幅度，和时间无关，为常量，以大写字母加注下标 m 表示，如 I_{m}、U_{m} 分别表示电流、电压的幅值。

概念：瞬时值

正弦交流电随时间按正弦规律变化，任意时刻正弦交流电的数值称为瞬时值，用小写字母表示，如 i、u 分别表示电流、电压的瞬时值。瞬时值可能为正值或负值，也可能为零值。

概念：有效值

正弦电流、电压和电动势的大小往往不是用它们的幅值，而是常用有效值来计量。一般所讲的正弦电压或电流的大小，例如交流电压 380V 或者 220V，都指的是它的有效值。某一个周期电流 i 通过电阻 R 在一个周期 T 内产生的热量，和另一个直流电流 I 通过同样大小的电阻在相等的时间内产生的热量相等，那么这个周期性变化的电流 i 的有效值在数值上就等于直流电流 I。有效值都用大写字母表示，如 I、U 分别表示电流、电压的有效值。

周期电流的有效值与最大值之间的关系为

$$I = \frac{I_{\mathrm{m}}}{\sqrt{2}} \tag{2.1.4}$$

正弦电压也有同样的关系

$$U = \frac{U_{\mathrm{m}}}{\sqrt{2}} \tag{2.1.5}$$

【例 2.1.2】已知某正弦交流电压为 $u = 311\sin 314t \mathrm{V}$，该电压的幅值、有效值、频率、角频率和周期各为多少？

解：由表达式 $u = 311\sin 314t \mathrm{V}$ 可知

电压幅值为：$U_{\mathrm{m}} = 311\mathrm{V}$

电压角频率为：$\omega = 314\mathrm{rad/s}$

所以，电压有效值为：$U = \dfrac{U_{\mathrm{m}}}{\sqrt{2}} = \dfrac{311}{\sqrt{2}} = 220(\mathrm{V})$

电压频率为：$f = \dfrac{\omega}{2\pi} = \dfrac{314}{2 \times 3.14} = 50(\mathrm{Hz})$

电压周期为：$T = \dfrac{1}{f} = \dfrac{1}{50} = 0.02(\mathrm{s})$

50Hz、220V 正弦交流电是生产和日常生活中最常用的电压类型，以上相关参数应该熟练掌握。

概念：初相

式（2.1.1）中的（$2\pi ft + \varphi$）称为正弦量的相位角或相位，它反映出正弦量变化的进程。其中 φ 称为正弦电流的初相，它是正弦量在 $t=0$ 时的相位。规定初相的绝对值不能超过 π。正弦量的初相可为正、可为负，也可为零，应视其零点与计时起点在横轴上的相对位置而定。零点在坐标原点左边的，其初相为正，如图 2.1.3（a）所示；零点在坐标原点右边的，其初相为负，如图 2.1.3（b）所示；零点刚好与原点重合的，初相为零，如图 2.1.3（c）所示。

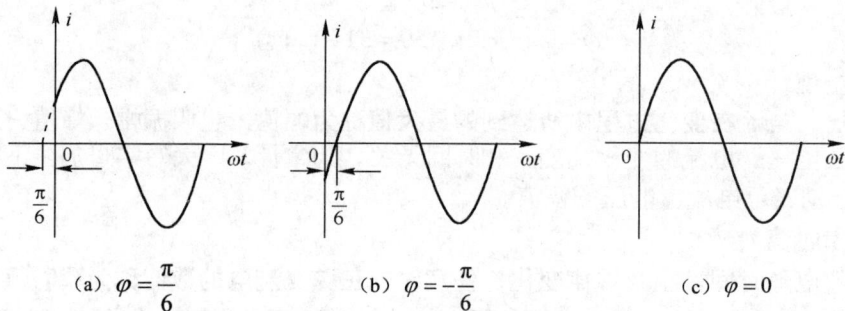

(a) $\varphi = \dfrac{\pi}{6}$ (b) $\varphi = -\dfrac{\pi}{6}$ (c) $\varphi = 0$

图 2.1.3 正弦电流的初相

【例 2.1.3】在选定的参考方向下，已知两正弦量的瞬时值表达式分别为 $u = 200\sin(1000t + 200°)\mathrm{V}$、$i = -10\sin(314t + 30°)\mathrm{A}$，试求两正弦量的三要素。

解： 由表达式 $u = 200\sin(1000t + 200°)\mathrm{V}$ 可以看出 $\varphi_u = 200° > 180°$

$$\therefore u = 200\sin(1000t + 200°)\mathrm{V} = 200\sin(100t - 160°)\mathrm{V}$$

$$\therefore U_{\mathrm{m}} = 200\mathrm{V}、\quad \omega = 1000\mathrm{rad/s}、\quad \varphi_u = -160°$$

由表达式 $i = -10\sin(314t + 30°)\mathrm{A}$ 可以看出，瞬时值为负，根据三角函数变换原则得

$$i = -10\sin(314t + 30°)\mathrm{A} = 10\sin(314t + 30° + 180°)\mathrm{A} = 10\sin(314t - 150°)\mathrm{A}$$

$$\therefore I_{\mathrm{m}} = 10\mathrm{A}、\quad \omega = 314\mathrm{rad/s}、\quad \varphi_i = -150°$$

正弦量的幅值（或有效值）反映了正弦量的大小，频率（或角频率、周期）反映了正弦量变化的快慢，初相反映了分析正弦量的初始位置。因此，当正弦交流电的幅值、频率和初相确定时，该正弦量就被唯一的确定了，正弦量的三要素也是正弦量之间比较的依据。

2.1.2 相位差

通常的电阻、电容、电感等器件，都没有改变频率的能力，因此，在常见的正弦交流电路中，电压、电流的频率必然相同，但初相不一定相同，如图 2.1.4（a）所示，u 和 i 的波形可用下式表示

$$u = U_m \sin(\omega t + \varphi_u)$$
$$i = I_m \sin(\omega t + \varphi_i)$$

它们的初相位分别为 φ_u 和 φ_i。

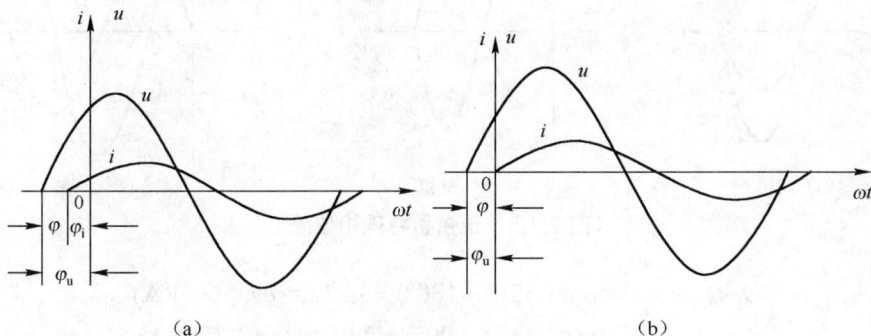

图 2.1.4 初相位不相等的 u 和 i

概念：相位差

两个同频率正弦量的相位角之差或初相位角之差，称为相位差。图 2.1.4（a）中的电压 u 和电流 i 的相位差为

$$\varphi_{ui} = (\omega t + \varphi_u) - (\omega t + \varphi_i) = \varphi_u - \varphi_i = \varphi \qquad (2.1.6)$$

值得注意的是，当改变 u 和 i 两个同频率正弦量的计时起点时，它们的相位和初相位跟着改变，但是两者之间的相位差仍保持不变，如图 2.1.4（b）所示。因此，在交流信号分析过程中，适当的选择正弦量的计时起点，将极大地简化电路分析的工作量。

什么是"适当选择计时起点"？

交流电的频率为 50Hz，即每秒有 50 个周期的正弦波形，要想通过普通电压表看到交变效果是不可能的，只能利用示波器通过信号存储显示的形式观察正弦交流电的变化，分析有初相角的正弦量远不如初相角为零的正弦量简单。因此，对多个正弦量进行分析时，至少应把其中一个正弦量的正弦零度点作为坐标零点，再进行分析。

概念："超前"和"滞后"

在图 2.1.4（a）中，$\varphi_u > \varphi_i$，所以 u 较 i 先到达正幅值，在相位上 u 比 i 超前 φ_{ui} 角，或者说 i 比 u 滞后 φ_{ui} 角。

概念："同相"、"反相"和"正交"

初相相等的两个同频率正弦量，它们的相位差为零，这两个正弦量称为同相正弦量。同相的两个正弦量同时到达零值，同时到达最大值，步调一致，如图 2.1.5（a）所示。

相位差为 180° 的两个正弦量称为反相正弦量，如图 2.1.5（b）所示。反相的两个正弦量虽同时到达零值，但到达最大值时相位正好相反。

相位差为 90° 的两个正弦量称为正交正弦量，如图 2.1.5（c）所示。

【例 2.1.4】 求两个同频率的正弦电流 $i_1(t) = -14.1\sin(\omega t - 120°)$A 和 $i_2(t) = 7.05\cos(\omega t - 60°)$A 的相位差 φ_{12}。

解： 把 i_1 和 i_2 写成标准的解析式，求出两者的初相，再求出相位差。

(a) 同相　　　　　　　　(b) 反相　　　　　　　　(c) 正交

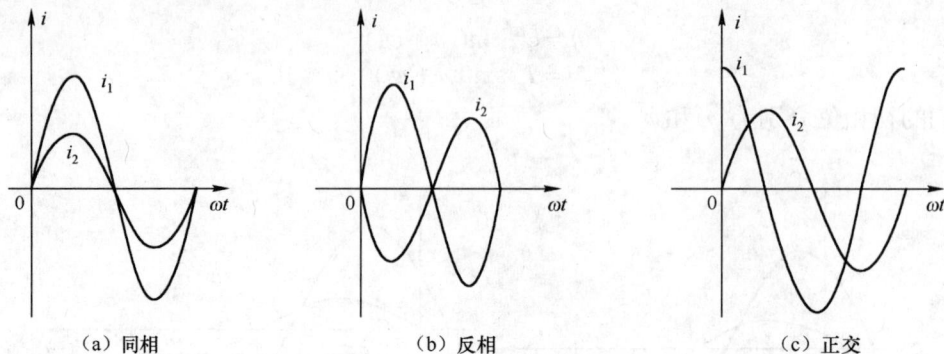

图 2.1.5　正弦量特殊相位差

$$i_1(t) = 14.1\sin(\omega t - 120° + 180°) = 14.1\sin(\omega t + 60°)(\text{A})$$
$$i_2(t) = 7.05\sin(\omega t - 60° + 90°) = 7.05\sin(\omega t + 30°)(\text{A})$$

所以，
$$\varphi_1 = 60°、\quad \varphi_2 = 30°$$
$$\varphi_{12} = \varphi_1 - \varphi_2 = 60° - 30° = 30°$$

2.2　正弦量的相量表示法

正弦量可以用解析式来表示，如 $i = I_m\sin(\omega t + \varphi_i)$，也可以用波形图表示，此外，正弦量还可以用相量来表示。相量表示法的基础是复数，就是用复数来表示正弦量。

2.2.1　复数

令一直角坐标系的横轴表示复数的实部，称为实轴，以+1 为单位，纵轴表示虚部，称为虚轴，以+j 为单位。实轴与虚轴构成的平面称为复平面。复平面中有一有向线段 A，如图 2.2.1 所示，其实部为 a，虚部为 b，r 表示复数的大小，称为复数的模。有向线段与实轴正方向间的夹角，称为复数的幅角，用 φ 表示，规定幅角的绝对值小于180°（与初相的绝对值不能超过 π 相符）。有向线段 A 可用复数表示，有以下几种形式

代数形式：　　　　　　　　　　　$A = a + jb$　　　　　　　　　　　　(2.2.1)

三角形式：　　　　　　　　$A = r(\cos\varphi + j\sin\varphi)$　　　　　　　　　(2.2.2)

指数形式：　　　　　　　　　　　$A = re^{j\varphi}$　　　　　　　　　　　　(2.2.3)

极坐标形式：　　　　　　　　　　$A = r\angle\varphi$　　　　　　　　　　　(2.2.4)

上式中 $r = \sqrt{a^2 + b^2}$，$\varphi = \arctan\dfrac{b}{a}$，$a = r\cos\varphi$，$b = r\sin\varphi$。

因此，一个复数可用上述几种复数式来表示，并可以相互转换。

进行复数相加（或相减），应先把复数化为代数形式。设有两个复数

如 $A_1 = a_1 + jb_1$、$A_2 = a_2 + jb_2$，则

$$A_1 \pm A_2 = (a_1 \pm a_2) + j(b_1 \pm b_2) \tag{2.2.5}$$

即复数的加减运算就是把它们的实部和虚部分别相加减。复数相加减也可以在复平面上进行。两个复数相加的运算在复平面上是符合平行四边形的求和法则的；两个复数相减时，可先作出（$-A_2$）矢量，然后把 $A_1 + (-A_2)$ 用平行四边形法则相加，如图 2.2.2 所示。

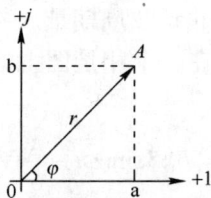

图 2.2.1　有向线段的复数表示

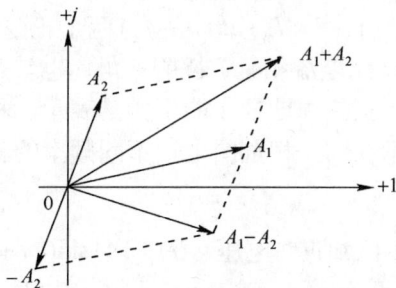

图 2.2.2　两个复数的加、减运算

复数的乘除运算可用指数式或极坐标式进行，所得结果的模为它们的模相乘除后的值，幅角则为幅角相加减后的值。

如 $A_1 = r_1\angle\varphi_1$，$A_2 = r_2\angle\varphi_2$，则

$$A_1 \cdot A_2 = r_1 \cdot r_2\angle(\varphi_1 + \varphi_2) \tag{2.2.6}$$

$$\frac{A_1}{A_2} = \frac{r_1}{r_2}\angle(\varphi_1 - \varphi_2) \tag{2.2.7}$$

【例 2.2.1】写出复数 $A_1 = 4 - j3$，$A_1 = -3 + j4$ 的极坐标形式。

解：A_1 的模 $r_1 = \sqrt{3^2 + 4^2} = 5$

A_1 的幅角 $\varphi_1 = \text{arctg}\dfrac{-3}{4} = -36.9°$（在第四象限）

则 A_1 的极坐标形式为 $A_1 = 5\angle-36.9°$

A_2 的模 $r_2 = \sqrt{3^2 + 4^2} = 5$

A_2 的幅角 $\varphi_2 = \text{arctg}\dfrac{-4}{3} = 180° - 53.1° = 126.9°$（在第二象限）

则 A_2 的极坐标形式为 $A_2 = 5\angle126.9°$

【例 2.2.2】写出复数 $A = 100\angle60°$ 的三角形式和代数形式。

解：A 的三角形式为 $A = 100(\cos60° + j\sin60°)$

A 的代数形式为 $A = 100(\cos60° + j\sin60°) = 50 + j86.6$

2.2.2　相量

概念：相量法

在正弦交流电路中，用复数表示正弦量，并用于正弦交流电路分析计算的方法称为相量法。用复数来表示正弦量，复数的模即为正弦量的幅值或有效值，复数的幅角即为正弦量的初相位。为了与一般的复数相区别，一般把表示正弦量的复数称为相量，并在大写字母上打"点"，于是正弦电压 $u = U_m\sin(\omega t + \varphi)$ 的相量为

幅值相量：$\quad\quad\quad\quad \dot{U}_m = U_m(\cos\varphi + j\sin\varphi) = U_m\angle\varphi \tag{2.2.8}$

或有效值相量：$\quad\quad\quad \dot{U} = U(\cos\varphi + j\sin\varphi) = U\angle\varphi \tag{2.2.9}$

注意：相量只是表示正弦量，而不是等于正弦量。

概念：相量图

按照正弦量的大小和相位关系用初始位置相同的有向线段画出的若干个相量的图形，称为相量图。在相量图上能形象地看出各个正弦量的大小和相互间的相位关系。例如，

$u = U_\mathrm{m} \sin(\omega t + \varphi_1)$、$i = I_\mathrm{m} \sin(\omega t + \varphi_2)$ 两个正弦量，（$\varphi_1 > \varphi_2 > 0$）用相量图表示如图 2.2.3 所示。电压相量 $\dot{U}$ 比电流相量 $\dot{i}$ 超前 φ 角，也就是正弦电压 u 比正弦电流 i 超前 φ 角。

注意，只有正弦周期量才能用相量表示，相量不能表示非正弦周期量。并且只有同频率的正弦量才能画在同一相量图上，不同频率的正弦量不能画在一个相量图上，否则就无法比较和计算。

【例 2.2.3】已知正弦电压 $u_1(t) = 141 \sin(\omega t + \frac{\pi}{3})\mathrm{V}$、$u_2(t) = 70.5 \sin(\omega t - \frac{\pi}{6})\mathrm{V}$，写出 u_1 和 u_2 的有效值相量，并画出相量图。

解：分析计算两电压量的有效值和初相角，u_1 和 u_2 的有效值相量分别为

$$\dot{U}_1 = \frac{141}{\sqrt{2}} \angle \frac{\pi}{3} = 100 \angle \frac{\pi}{3}(\mathrm{V})$$

$$\dot{U}_2 = \frac{70.5}{\sqrt{2}} \angle -\frac{\pi}{6} = 50 \angle -\frac{\pi}{6}(\mathrm{V})$$

相量图如图 2.2.4 所示。

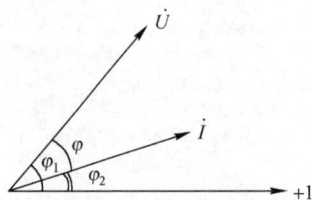

图 2.2.3　电压和电流的相量图　　　　图 2.2.4　例 2.2.1 相量图

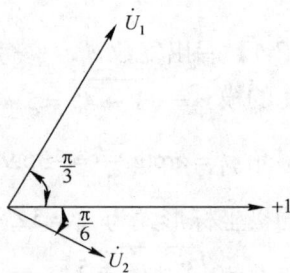

注意：在没有特殊要求的情况下，以下所提及的交流相量均为有效值相量。

【例 2.2.4】已知 $i_1 = 100\sqrt{2} \sin \omega t \,\mathrm{A}$、$i_2 = 100\sqrt{2} \sin(\omega t - 120°)\mathrm{A}$，试用相量法求 $i_1 + i_2$。

解：
$$\dot{I}_1 = 100 \angle 0° \,\mathrm{A}$$
$$\dot{I}_2 = 100 \angle -120° \,\mathrm{A}$$
$$\dot{I}_1 + \dot{I}_2 = 100 \angle 0° + 100 \angle -120° = 100 + 100\cos(-120°) + j100\sin(-120°)$$
$$= 100 - 50 - j86.6 = 50 - j86.6 = 100 \angle -60°(\mathrm{A})$$
$$\therefore i_1 + i_2 = 100\sqrt{2} \sin(\omega t - 60°)\mathrm{A}$$

由此可见，正弦量用相量表示，可以使正弦量的运算简化。

2.3　单一参数的正弦交流电路

在交流电路中的各电路元件，同样可以用电阻、电感、电容及其组合来表达。进行交流电路分析时，需首先掌握单一理想元件电路中电压与电流的关系、它们之间的相量运算和相量图，以及对其功率的分析，才能进一步分析其他各种类型的交流电路。

2.3.1　纯电阻交流电路

纯电阻交流电路是最简单的交流电路，图 2.3.1 所示为一纯电阻交流电路，假设电阻两端

的电压与电流采用关联参考方向。

设电阻两端电压为 $u(t) = U_m \sin \omega t$ ，则

$$i(t) = \frac{u(t)}{R} = \frac{U_m \sin \omega t}{R} = I_m \sin \omega t \qquad (2.3.1)$$

电阻两端电压 u 和电流 i 的频率相同，电压与电流的有效值（或幅值）的关系符合欧姆定律，且电压与电流同相。

如用相量表示电压与电流的关系，则为

$$\dot{U} = U \angle 0°$$

$$\dot{I} = I \angle 0°$$

$$\frac{\dot{U}}{\dot{I}} = \frac{U}{I} \angle 0° = R \qquad (2.3.2)$$

$$\text{或}\ \dot{U} = \dot{I}R \qquad (2.3.3)$$

式（2.3.2）和式（2.3.3）为欧姆定律的相量表示式。它不仅表明了电压和电流之间的幅值（有效值）关系，而且还包含电压和电流之间的相位关系。电阻元件的电流、电压相量图如图 2.3.2 所示。

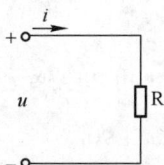

图 2.3.1　纯电阻元件交流电路　　　图 2.3.2　电阻电路电压与电流的相量图

概念：电阻的交流瞬时功率

电阻中某一时刻消耗的电功率叫做瞬时功率，它等于电压 u 与电流 i 瞬时值的乘积，用小写字母 p 表示，即

$$p = p_R = ui = U_m I_m \sin^2 \omega t \qquad (2.3.4)$$

式（2.3.4）表明：在任何瞬时，恒有 $p \geqslant 0$ ，说明电阻只要有电流就消耗能量，将电能转为热能，它是一种耗能元件。图 2.3.3 表示了瞬时功率随时间变化的规律。因为电阻电压与电流同相，所以当电压、电流同时为零时，瞬时功率也为零。电压、电流到达最大值时，瞬时功率达到最大值。

概念：电阻的交流平均功率

瞬时功率在一个周期内的平均值称为平均功率，用大写字母 P 表示。

图 2.3.3　电阻元件瞬时功率的波形图

$$P = \frac{U_m I_m}{2} = UI = I^2 R = \frac{U^2}{R} \qquad (2.3.5)$$

其表达方式与直流电路中电阻功率的形式相同，式中的 U 、I 是正弦交流电的有效值。

【例 2.3.1】 在如图 2.3.1 所示电路中，$R = 10\Omega$ 、$u_R = 10\sqrt{2} \sin(\omega t + 30°)\text{V}$，求电流 i 的瞬时值表达式、相量表达式和平均功率 P 。

解： 由 $u_R = 10\sqrt{2} \sin(\omega t + 30°)\text{V}$ 得

$$\dot{U}_R = 10 \angle 30° \text{V} , \quad U_R = 10\text{V}$$

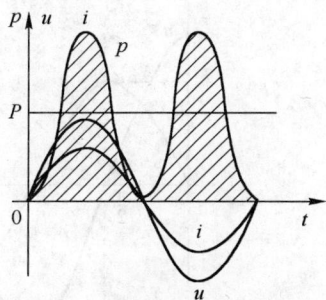

$$\dot{I} = \frac{\dot{U}_R}{R} = \frac{10\angle 30°}{10} = 1\angle 30°(A)$$

$$I = 1A$$

$$\therefore i = \sqrt{2}\sin(\omega t + 30°)A$$

$$P = U_R I = 10 \times 1 = 10(W)$$

2.3.2 纯电感电路

若把线圈的电阻忽略不计，则线圈就仅含有电感，这种线圈被认为是纯电感线圈，如图 2.3.4 所示。实际使用的线圈总是有等效电阻的。

当线圈中通过交流电流 i 时，将产生自感电动势 e_L 来反抗电流的变化。由基尔霍夫电压定律可知在任一瞬时总有 $u_L = -e_L$。

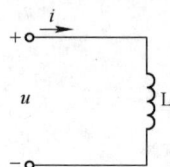

图 2.3.4 纯电感元件交流电路

$$\therefore \qquad e_L = -L\frac{di}{dt}$$

$$\therefore \qquad u_L = -e_L = L\frac{di}{dt}$$

设电路正弦电流为 $i = I_m \sin\omega t$，在电压、电流关联参考方向下，可知电感元件两端电压为

$$u = L\frac{di}{dt} = \omega L I_m \cos\omega t = \omega L I_m \sin(\omega t + 90°) = U_m \sin(\omega t + 90°) \qquad (2.3.6)$$

比较电压和电流的关系式可知，电感两端电压 u 和电流 i 也是同频率的正弦量，但电压的相位超过电流 $90°$，波形关系示意如图 2.3.5 所示。

电压与电流在数值上满足关系式

$$\frac{U_m}{I_m} = \omega L = 2\pi f L = X_L \qquad (2.3.7)$$

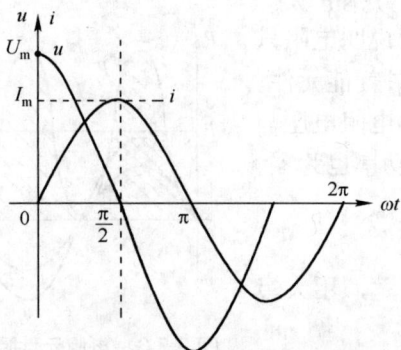

图 2.3.5 电感元件电压与电流的波形关系示意图

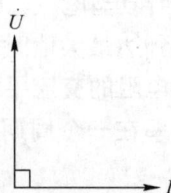

图 2.3.6 电感元件电压电流相量图

概念：感抗

X_L 称为感抗，感抗表示线圈对交流电流阻碍作用的大小。f 越高，X_L 越大，意味着线圈对电流的阻碍作用越大；f 越低，X_L 越小，即线圈对电流的阻碍作用也越小。当 $f = 0$ 时，$X_L = 0$，表明线圈对直流电流相当于短路。这就是线圈本身所固有的"通直流，阻交流"作用。

如用相量表示电压与电流的关系（设电流的初相角为 0），则为

$$\dot{U} = U\angle 90°$$
$$\dot{I} = I\angle 0°$$
$$\frac{\dot{U}}{\dot{I}} = \frac{U}{I}\angle 90° = jX_L \tag{2.3.8}$$

或
$$\dot{U} = jX_L\dot{I} = j\omega L\dot{I} \tag{2.3.9}$$

式（2.3.8）和式（2.3.9）表示电压的有效值等于电流的有效值与感抗的乘积，在相位上电压比电流超前 90°。

电感元件的电压、电流相量图如图 2.3.6 所示。

概念：电感的交流瞬时功率

$$p_L = u\cdot i = U_m I_m \sin\omega t \sin(\omega t + 90°) = 2UI\sin\omega t\cos\omega t = UI\sin 2\omega t \tag{2.3.10}$$

由式（2.3.10）可见，电感元件的瞬时功率 p_L 仍是一个按正弦规律变化的正弦量，只是其变化频率是电源频率的两倍。其功率波形如图 2.3.7 所示。

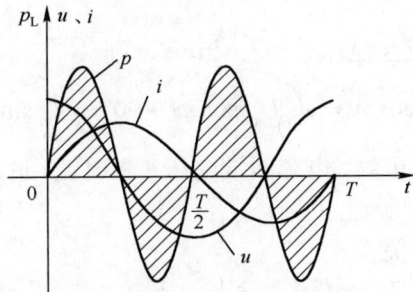

图 2.3.7 纯电感电路瞬时功率的波形图

概念：电感的交流平均功率

纯电感条件下电路中仅有能量的交换而没有能量的损耗。由图 2.3.7 可见，电感元件的平均功率为

$$P_L = 0 \tag{2.3.11}$$

纯电感 L 虽不消耗功率，但是它与电源之间有能量交换。

概念：无功功率

工程中为了表示能量交换的规模大小，将电感瞬时功率的最大值定义为电感的无功功率，简称感性无功功率，用 Q_L 表示，其 SI 单位是乏（var）。根据定义，无功功率的大小为

$$Q_L = UI = I^2 X_L = \frac{U^2}{X_L} \tag{2.3.12}$$

【例 2.3.2】 已知一个电感 $L = 2H$，接在 $u_L = 220\sqrt{2}\sin(314t - 60°)V$ 的电源上，求

(1) 感抗 X_L。

(2) 通过电感的电流 i_L。

(3) 电感上的无功功率 Q_L。

解：（1）感抗 $X_L = \omega L = 314\times 2 = 628(\Omega)$

(2) $\because \dot{I}_L = \frac{\dot{U}_L}{jX_L} = \frac{220\angle -60°}{j628} \approx 0.35\angle -150°(A)$

∴通过电感的瞬时电流为 $i_L \approx 0.35\sqrt{2}\sin(314t-150°)A$

（3）电感上的无功功率为 $Q_L = U_L I_L \approx 220 \times 0.35 = 77(\text{var})$

2.3.3 纯电容电路

纯电容电路如图 2.3.8 所示。当电压发生变化时，电容器极板上的电荷也要随着发生变化，在电路中就引起电流 $i = \dfrac{dq}{dt} = C\dfrac{du}{dt}$。

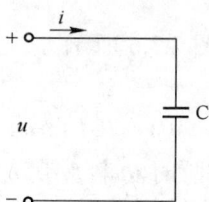

图 2.3.8　电容电路

如果在电容 C 两端加一正弦电压 $u = U_m \sin \omega t$ ，则

$$i = C\frac{du}{dt} = \omega C U_m \cos \omega t = \omega C U_m \sin(\omega t + 90°) = I_m \sin(\omega t + 90°) \qquad (2.3.13)$$

比较电压和电流的关系式可知，电容两端电压 u 和电流 i 也是同频率的正弦量，但电流的相位超过电压 90°，如图 2.3.9 所示。

电压与电流在数值上满足关系式

$$\frac{U_m}{I_m} = \frac{1}{\omega C} = \frac{1}{2\pi f C} = X_C \qquad (2.3.14)$$

概念：容抗

X_C 称为容抗，容抗 X_C 与电容 C、频率 f 成反比。电容元件对高频电流所呈现的容抗很小，相当于短路，而当频率 f 很低或 $f = 0$（直流）时，电容就相当于开路。这就是电容的"隔直通交"作用。

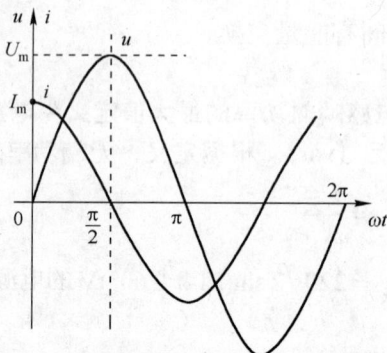

图 2.3.9　电容、电压、电流波形图　　　图 2.3.10　电容元件的电压、电流相量图

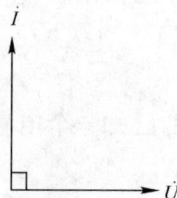

如用相量表示电压与电流的关系（设电压初相角为 0），则为

$$\dot{U} = U \angle 0°$$
$$\dot{I} = I \angle 90°$$

$$\frac{\dot{U}}{\dot{I}} = \frac{U}{I} \angle -90° = -jX_C \qquad (2.3.15)$$

或 $$\dot{U} = -jX_C\dot{I} = -j\frac{1}{\omega C}\dot{I} = \frac{1}{j\omega C}\dot{I} \qquad (2.3.16)$$

式（2.3.16）表示电压的有效值等于电流的有效值与容抗的乘积，在相位上电压比电流滞后90°。电容元件的电压、电流相量图如图2.3.10所示。

概念：电容的交流瞬时功率

$$p_C = i \cdot u = U_m \sin\omega t \cdot I_m \sin(\omega t + 90°) = 2UI\sin\omega t\cos\omega t = UI\sin 2\omega t \qquad (2.3.17)$$

由上式可见，电容元件的瞬时功率与电感类似，也是一个幅值为UI，以2ω的角频率随时间而变化的交变量，其变化波形如图2.3.11所示。

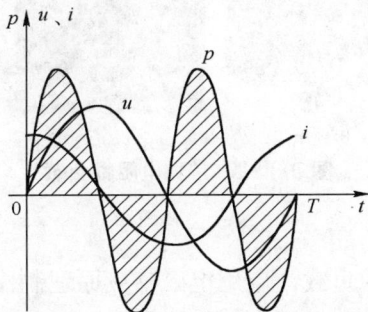

图 2.3.11　电容瞬时功率的波形图

概念：电容的交流平均功率

由图 2.3.11 可见，纯电容元件的平均功率

$$P_C = 0 \qquad (2.3.18)$$

虽然纯电容不消耗功率，但是它与电源之间也存在能量交换。因此，为了表示能量交换的规模大小，**电容瞬时功率的最大值也是电容的无功功率**，或称容性无功功率，用 Q_C 表示，即

$$Q_C = UI = I^2 X_C = \frac{U^2}{X_C} \qquad (2.3.19)$$

【例 2.3.3】把电容量为 40μF 的电容器接到交流电源上，通过电容器的电流为 $i = 2.75\sqrt{2}\sin(314t + 30°)$A，试求电容器两端的电压瞬时值表达式。

解： 由已知得电流所对应的相量为 $\dot{I} = 2.75\angle 30°$A

电容器的容抗为 $X_C = \dfrac{1}{\omega C} = \dfrac{1}{314 \times 40 \times 10^{-6}} \approx 80(\Omega)$

因此 $\dot{U} = -jX_C\dot{I} = 80\angle -90° \times 2.75\angle 30° = 220\angle -60°$(V)

电容器两端电压瞬时表达式为 $u = 220\sqrt{2}\sin(314t - 60°)$V

实际负载的分类。

负载是指消耗电能，把电能转换为机械能、光能、热能等的装置，如灯管、电炉、电机、冰箱、空调等。从理论上说，纯电阻电路、纯电容电路、纯电感电路是不存在的。

电阻性负载在做功时会有电感、电容性负载存在，如导线间会存在线路间的电容，导线间和对地间还存在电感，中间的感性负载通常大于容性负载。电力电容在做功时也会发热，即电阻性做功，电感亦如此。具体问题还需要具体分析。

（1）电阻性负载。

与电源相比，当负载电流和负载电压没有相位差时负载为阻性，如碘钨灯、白炽灯、电阻炉（用于机械加工的设备）、烤箱、电热水器和热油汀等。其常见外形如图 2.3.12 所示。通俗地说，纯电阻性负载仅通过电阻类元件进行工作。

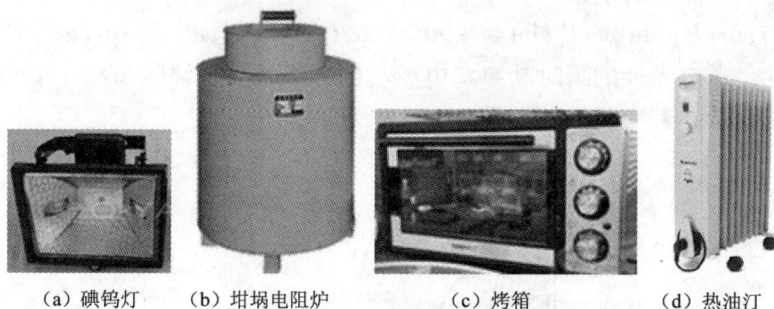

（a）碘钨灯　　（b）坩埚电阻炉　　　　（c）烤箱　　　　（d）热油汀

图 2.3.12　常见电阻性负载

（2）感性负载。

感性负载是指带电感参数的负载，应用电磁感应原理制作的大功率电器产品都可称感性负载，如电动机、变压器、压缩机、电风扇、继电器、日光灯镇流器等，其常见外形如图 2.3.13 所示。对生活中常见的灯具来说，靠气体导通发光的灯具就是感性负载，如日光灯、高压钠灯、汞灯、金属卤化物灯等。

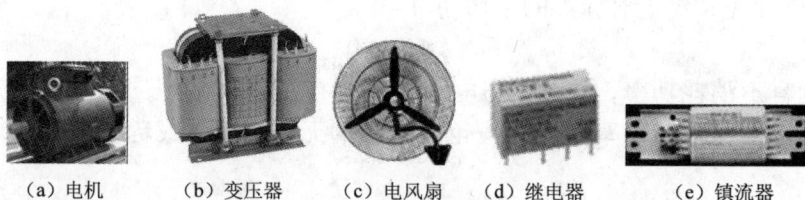

（a）电机　　（b）变压器　　（c）电风扇　　（d）继电器　　（e）镇流器

图 2.3.13　常见感性负载

感性负载类产品在启动时需要一个比维持正常运转所需电流大得多（3~7 倍）的启动电流，例如，一台在正常运转时耗电 150W 左右的电冰箱，其启动功率可高达 1000W 以上。

（3）容性负载。

电路中类似电容的负载，与电源相比可以使负载电流超前负载电压一个相位差。部分日光灯为容性负载。

一般电源控制类产品，所给出的负载，如未加说明则一般给出了视在功率，即总容量功率，它既包括有功功率，也包括无功功率。而一般感性负载说明中给出的往往是有功功率的大小，例如荧光灯。标注为 15~40W 的荧光灯，镇流器消耗功率约为 8W，实际在考虑用定时器或感应开关控制时，要加上这 8W。

通常的电器中并没有纯感性负载和纯容性负载，因为这两种负载不做有用功。只有在补偿电路中才使用纯感性负载或纯容性负载，又因为绝大多数负载除电阻性外，多数为感性负载，补偿的时候多数就用电容来补偿，所以纯容性负载用得比纯感性负载多。

2.4 RLC 串并联电路

📖 **生活中的负载。**

实际生活中，很难有纯电阻、纯电感或纯电容的负载，负载往往是纯电阻、纯电感、纯电容的混联电路，因此，有必要了解各种 R、L、C 串并联交流电路的分析方法。

2.4.1 RLC 串联电路

1. RL 串联电路

电阻与电感元件串联的电路如图 2.4.1（a）所示，在电路输入端加一正弦交流电压 $u = U_m \sin(\omega t + \varphi)$，这时需要计算电路中的电流值，电阻与电感元件上承受的电压值，并判断它是否能正常工作。

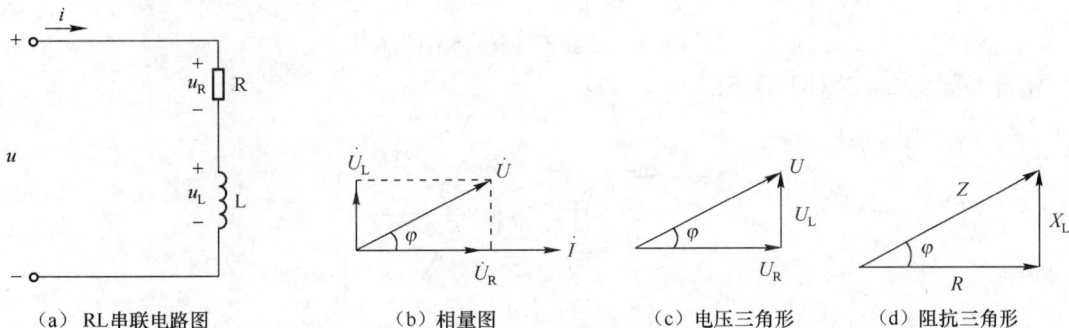

(a) RL串联电路图　　　(b) 相量图　　　(c) 电压三角形　　　(d) 阻抗三角形

图 2.4.1　RL 串联电路

首先假设电流和各个电压量的参考方向如图 2.4.1（a）所示，电源电压的相量表达式为 $\dot{U} = U\angle\varphi$。串联电路电流处处相等，因此通过电阻和电感的电流也相等，为便于计算，可以假设电流的初相角为零，即 $i = \sqrt{2}I\sin\omega t$，其相量表达式为 $\dot{I} = I\angle 0°$。

根据基尔霍夫电压定律可知 $u = u_R + u_L$。现考虑单一元件，根据前述元件特性分析，电阻元件上的电压与电流同相，因此电阻电压相量为

$$\dot{U}_R = \dot{I}R$$

电感元件上的电压比电流超前 90°，电感电压相量为

$$\dot{U}_L = jX_L\dot{I}$$

绘制串联电路各电流、电压相量如图 2.4.1（b）所示。同频率的正弦量相加，所得出的仍为同频率的正弦量。用相量形式表示的正弦量在正弦交流电路中同样满足基尔霍夫定律，所以电源电压相量为

$$\dot{U} = \dot{U}_R + \dot{U}_L = \dot{I}R + jX_L\dot{I} = \dot{I}(R + jX_L) = \dot{I}Z \tag{2.4.1}$$

🐛 观察图2.4.1（b）所示的向量图，想想看，为什么在串联电路中假设电流的初相角为零而不是假设电源电压的初相角为零？

根据相量图可知，电阻电压、电感电压和电源电压满足三角函数计算关系，电压三角形如图 2.4.1（c）所示，其关系为

$$U = \sqrt{U_R^2 + U_L^2} \tag{2.4.2}$$

$$\cos\varphi = \frac{U_R}{U} \tag{2.4.3}$$

概念：复阻抗

式（2.4.1）的"Z"称为复阻抗，定义为某一电路的入端电压相量和电流相量的比值，即电阻元件的复阻抗为 $Z_R = R$，电感元件的复阻抗为 $Z_L = j\omega L$，RL 串联电路的复阻抗为

$$Z = R + j\omega L \tag{2.4.4}$$

RL 串联电路的阻抗三角形如图 2.4.1（d）所示。

【例 2.4.1】 RL 串联电路如图 2.4.2（a）所示，已知 $R = 3\Omega$，$X_L = 4\Omega$，$u = 220\sqrt{2}\sin 314t$V，求回路电流 i，并作相量图。

解： 由已知得电压相量为 $\dot{U} = 220\angle 0°$V

电路复阻抗为 $Z = R + j\omega L = 3 + j4 = 5\angle 53.1°(\Omega)$

$$\therefore \dot{I} = \frac{\dot{U}}{Z} = \frac{220\angle 0°}{5\angle 53.1°} = 44\angle -53.1°(\text{A})$$

$$\therefore i = 44\sqrt{2}\sin(314t - 53.1°)\text{A}$$

相量图如图 2.4.2（b）所示。

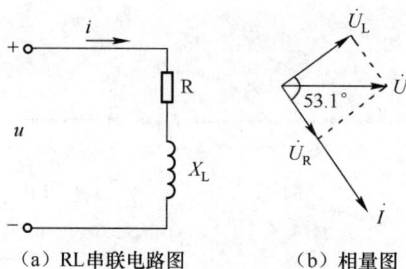

（a）RL串联电路图　　　（b）相量图

图 2.4.2　例 2.4.1 图

2. RC 串联电路

电阻与电容元件串联的电路如图 2.4.3（a）所示，同样在电路输入端加入正弦交流电压 $u = U_m \sin(\omega t + \varphi)$，在图中标识了电流和各电压量的参考方向，同样假设电流初相角为零，即 $i = \sqrt{2}I\sin\omega t$。

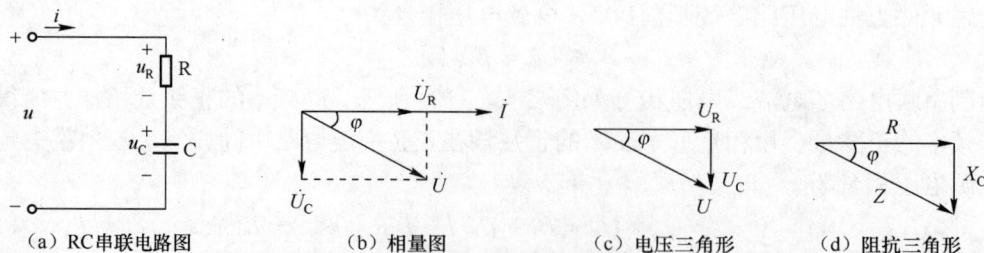

（a）RC串联电路图　　（b）相量图　　（c）电压三角形　　（d）阻抗三角形

图 2.4.3　RC 串联电路

根据元件特性分析，电阻的电压相量为

$$\dot{U}_R = \dot{I}R$$

电容元件上的电压比电流滞后 90°，电容的电压相量为

$$\dot{U}_{\mathrm{C}} = -jX_{\mathrm{C}}\dot{I}$$

由此绘制串联电路相量图如图 2.4.3（b）所示。电源电压相量与电阻、电容电压的关系为

$$\dot{U} = \dot{U}_{\mathrm{R}} + \dot{U}_{\mathrm{C}} = \dot{I}R - jX_{\mathrm{C}}\dot{I} = \dot{I}(R - jX_{\mathrm{C}}) = \dot{I}Z \qquad (2.4.5)$$

RC 串联电路电压三角形如图 2.4.3（c）所示，其关系为

$$U = \sqrt{U_{\mathrm{R}}^2 + U_{\mathrm{C}}^2} \qquad (2.4.6)$$

在 RC 串联电路中，$\cos\varphi = \dfrac{U_{\mathrm{R}}}{U}$

电容元件的复阻抗为 $Z_{\mathrm{C}} = -j\dfrac{1}{\omega C}$，RC 串联电路的复阻抗为

$$Z = R - j\frac{1}{\omega C} \qquad (2.4.7)$$

阻抗三角形如图 2.4.3（d）所示。

【例 2.4.2】RC 串联电路如图 2.4.4（a）所示，已知 $X_{\mathrm{C}} = 10\sqrt{3}\,\Omega$，若输出电压滞后输入电压 30°，求电阻 R。

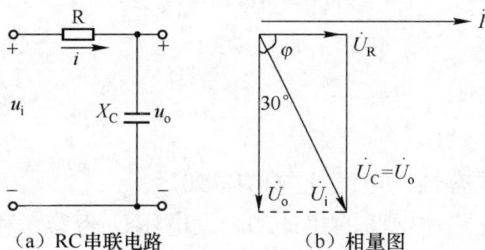

（a）RC串联电路 　　（b）相量图

图 2.4.4　例 2.4.2 图

解：以电路电流为参考相量，先画电压、电流的相量图，如图 2.4.4（b）所示。

根据图 2.4.3 相量图和阻抗三角形对应关系分析可得

$$R = \frac{X_{\mathrm{C}}}{\tan 60°} = \frac{10\sqrt{3}}{\sqrt{3}} = 10(\Omega) \qquad (2.4.8)$$

为什么要画相量图？

相量图是正弦量表示方式中的一种，从前面的例子中可以看到，借助相量图的关系分析，可以通过各相量的三角函数关系进行求解，使与角度有关的复数计算简化为仅与大小有关的数值计算。因此，掌握画相量图的基本技巧，更便于分析交流电路特性。

如何画相量图？

画相量图的主要目的是辅助交流电路参数的求解，并为分析电路调整方式提供直观的示意图。因此，绘制相量图首先从电路的特点入手，如串联电路以电流为参考相量，并联电路以电压为参考相量，串并联电路则可以先分别绘出各串联电路的相量图，再通过以原点为轴心的旋转将串联电路的相量图叠加在一起。

相量图中应标注出各相量对应的有向线段和有向线段对应的相量符号，如"$\dot{U}$"、"$\dot{I}$"等，以及各相量的相位关系（即相互间相位角）。在没有精确度要求的情况下，电压和电流的有向线段不需等比例，只要表示出相位差值。这也是为什么在例 2.4.1 的相量图中，虽然电流为 44A，电压为 220V，

但我们绘制的时候，把电流量画得比较长，这样可以明显表示出电流作为参考相量的含义。

因为是辅助计算，并不是要利用相量图的绘图而量出有向线段的长度和角度，所以相位角的绘制也是相对的，并不需要精度非常高的绘图，但对一些特殊角度如正交、反相等不能画错，再比如30°的相位角，不能画起来像45°，容易引起误解。

2.4.2 RLC 并联电路

工程上常见电感线圈与电容并联的电路，其电路如图 2.4.5 所示，其中电感线圈用 R 和 L 的串联组合表示。下面具体分析并联电路的电流与电压的关系及相应的相量图。

RL 支路中的电流为

$$I_1 = \frac{U}{|Z_1|} = \frac{U}{\sqrt{R^2 + X_L^2}}$$

由于该支路为感性负载，因此电流滞后电压，相位差 φ_1 可由下式求出

$$\varphi_1 = \arctan \frac{X_L}{R}$$

电容支路中的电流为

$$I_C = \frac{U}{X_C} \tag{2.4.9}$$

该支路为纯电容，呈现容性，电流超前电压 90°。

总电流相量等于两条支路中电流的相量和。设电压 U 为参考相量，令其初相为零，则有

$$\dot{I}_1 = \frac{\dot{U}}{R + jX_L} = \frac{\dot{U}}{R + j\omega L}$$

$$\dot{I}_C = \frac{\dot{U}}{-jX_C} = \frac{\dot{U}}{-j\dfrac{1}{\omega C}}$$

$$\dot{I} = \dot{I}_1 + \dot{I}_C$$

注意，由于两条支路中电流相位不同，因此总电流相量等于两条支路中电流的相量和。其相量图如图 2.4.6 所示。

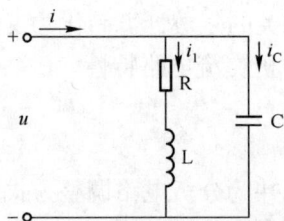

图 2.4.5 RL 串联支路与 C 并联的电路   图 2.4.6 电路相量图

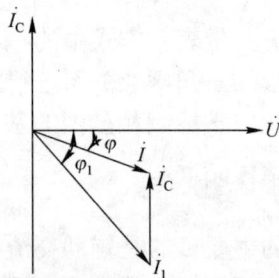

并联电容后，总电流与总电压之间的相位差为 φ，比没有并联电容时感性负载上的电流与总电压的相位差 φ_1 减小。当 $\varphi = 0$ 时，总电压与电流同相，电路处于谐振状态，称为并联谐振。

【例 2.4.3】两条支路并联的电路如图 2.4.7 所示。已知 $R = 8\Omega$，$X_L = 6\Omega$，$X_C = 10\Omega$，端电压 $u = 220\sqrt{2}\sin(314t + 60°)\text{V}$，求各支路电流 $\dot{I}_1$、$\dot{I}_2$ 及总电流 $\dot{i}$，并画出相量图。

解: 设定 u、i、i_1、i_2 的参考方向如图 2.4.7 所示。

$$Z_1 = R + jX_L = 8 + j6 = 10\angle 36.9°(\Omega)$$

$$Z_2 = -jX_C = -j10 = 10\angle -90°(\Omega)$$

$$\dot{U} = 220\angle 60°\text{V}$$

$$\therefore \dot{I}_1 = \frac{\dot{U}}{Z_1} = \frac{220\angle 60°}{10\angle 36.9°} = 22\angle 23.1°(\text{A})$$

$$\therefore \dot{I}_2 = \frac{\dot{U}}{Z_2} = \frac{220\angle 60°}{10\angle -90°} = 22\angle 150°(\text{A})$$

$$\therefore \dot{I} = \dot{I}_1 + \dot{I}_2 = 22\angle 23.1° + 22\angle 150° = 20.2 + j8.6 - 19.1 + j11$$
$$= 1.1 + j19.6 = 19.7\angle 86.8°(\text{A})$$

相量图如图 2.4.8 所示。

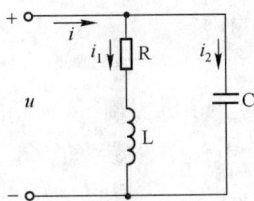

图 2.4.7　例 2.4.3 图

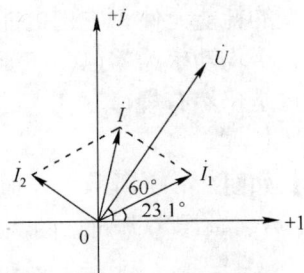

图 2.4.8　例 2.4.3 相量图

【例 2.4.4】图 2.4.9 所示为 RLC 并联电路, 已知端电压为 $u = 220\sqrt{2}\sin(314t + 30°)\text{V}$、$R = 10\Omega$、$L = 127\text{mH}$、$C = 159\mu\text{F}$, 求各支路电流 $\dot{I}_R$、$\dot{I}_L$、$\dot{I}_C$ 和总电流 $\dot{I}$, 画出相量图。

解: 假设 u、i、i_R、i_L、i_C 的参考方向如图 2.4.9 所示。

$$Y_1 = \frac{1}{R} = \frac{1}{10} = 0.1(\text{S})$$

$$Y_2 = \frac{1}{jX_L} = \frac{-j}{314 \times 127 \times 10^{-3}} = -j0.025(\text{S})$$

$$Y_3 = \frac{1}{-jX_C} = j\omega C = j314 \times 159 \times 10^{-6} = j0.05(\text{S})$$

$$Y = Y_1 + Y_2 + Y_3 = 0.1 + j(0.05 - 0.025) = 0.1 + j0.025 = 0.013\angle 14°(\text{S})$$

由已知 $U = 220\angle 30°\text{V}$, 得

$$\dot{I}_R = \dot{U}Y_1 = 220\angle 30° \times 0.1 = 22\angle 30°(\text{A})$$

$$\dot{I}_L = \dot{U}Y_2 = 220\angle 30° \times (-j0.025) = 5.5\angle -60°(\text{A})$$

$$\dot{I}_C = \dot{U}Y_3 = 220\angle 30° \times j0.05 = 11\angle 120°(\text{A})$$

$$\dot{I} = \dot{U}Y = 220\angle 30° \times 0.103\angle 14° = 22.7\angle 44°(\text{A})$$

相量图如图 2.4.10 所示。

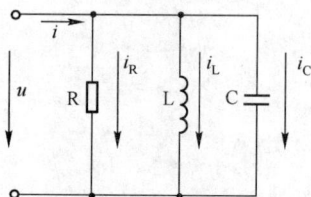

图 2.4.9　例 2.4.4 图

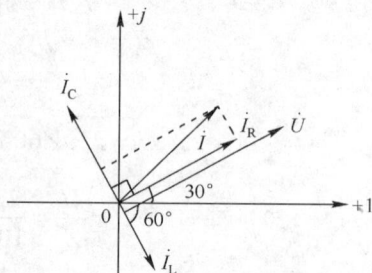

图 2.4.10　例 2.4.4 相量图

2.4.3　功率

这里讨论的问题与前面单一元件的功率有什么关系？

电阻是典型的耗能元件，它把电能直接转换成了热能，因此平均功率大于零。电感和电容是储能元件，平均功率为零但存在能量交换。当这些元件共同作用时，功率关系就变得没那么单纯了，但是仍然有规律存在，这里要关注一下其中的规律。

1．瞬时功率

【例 2.4.5】 如图 2.4.11 所示，若通过负载的电流为 $i = I_\mathrm{m} \sin \omega t$，则负载两端的电压为 $u = U_\mathrm{m} \sin(\omega t + \varphi)$，其参考方向如图 2.4.11 所示。在电流、电压关联参考方向下，瞬时功率

$$
\begin{aligned}
p = i \cdot u &= I_\mathrm{m} \sin \omega t \cdot U_\mathrm{m} \sin(\omega t + \varphi) \\
&= 2UI \sin \omega t \sin(\omega t + \varphi) \\
&= UI[\cos \varphi - \cos(2\omega t + \varphi)] \\
&= UI \cos \varphi - UI \cos(2\omega t + \varphi)
\end{aligned}
\qquad (2.4.10)
$$

由式（2.4.10）可见，瞬时功率由两部分组成：一部分是恒定分量，与时间无关；另一部分是正弦分量，其频率为电源频率的两倍。

2．平均功率（有功功率）

负载是要消耗电能的，其所消耗的能量可以用平均功率来表示。将一个周期内瞬时功率的平均值称为平均功率，也称有功功率。有功功率为

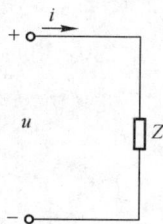

图 2.4.11　交流电路中的功率

$$
P = UI \cos \varphi \qquad (2.4.11)
$$

概念：功率因数

式中 φ 为电路负载的阻抗角，也就是电路中电压与电流的相位差。当负载一定时，$\cos \varphi$ 是一常数，称为负载的功率因数。

当电路为纯电阻电路时，电压与电流同相，$\cos \varphi = 1$，有功功率 $P = UI \cos \varphi = UI$；当电路为纯电感或纯电容电路时，电流与电压的相位差均为 90°，$\cos \varphi = 0$，所以 $P = UI \cos \varphi = 0$。

由此可见，与前面分析的结论相同，只有电阻消耗能量，产生有功功率，纯电感和纯电容不消耗能量，有功功率为零。

3. 无功功率

电路中的电感元件与电容元件要与电源之间进行能量交换，根据电感元件、电容元件的无功功率，考虑到 $\dot{U}_L$ 与 $\dot{U}_C$ 相位相反，由电压三角形可得

$$Q = Q_L + Q_C = (U_L - U_C)I = UI\sin\varphi \qquad (2.4.12)$$

4. 视在功率

电压与电流有效值的乘积称为视在功率，即

$$S = UI \qquad (2.4.13)$$

视在功率常用来表示电器设备的容量，其单位为伏安。视在功率不是表示交流电路实际消耗的功率，而只能表示电源可以提供的最大功率，或指某设备的容量。

由式（2.4.11）、式（2.4.12）和式（2.4.13）可以看出有功功率、无功功率和视在功率满足关系

$$S = \sqrt{P^2 + Q^2} \qquad (2.4.14)$$

所以这三者可用一个直角三角形表示，如图 2.4.12 所示，称为功率三角形。由功率三角形可知

$$\varphi = \arctan\frac{Q}{P} \qquad (2.4.15)$$

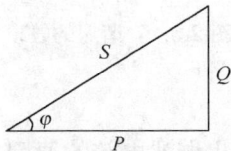

图 2.4.12　功率三角形

【例 2.4.6】已知电阻 $R = 30\Omega$、电感 $L = 328\text{mH}$、电容 $C = 40\mu\text{F}$，三者串联后接到电压 $u = 220\sqrt{2}\sin(314t + 30°)\text{V}$ 的电源上。求电路的有功功率 P、无功功率 Q 和视在功率 S。

解： 根据 $u = 220\sqrt{2}\sin(314t + 30°)\text{V}$，可知电压相量为 $\dot{U} = 220\angle30°\text{V}$

电路的阻抗为

$$
\begin{aligned}
Z &= R + j(X_L - X_C) \\
&= 30 + j(314\times328\times10^{-3} - \frac{1}{314\times40\times10^{-6}}) \\
&= 30 + j40 = 50\angle53.1°(\Omega)
\end{aligned}
$$

所以电流相量为

$$\dot{I} = \frac{\dot{U}}{Z} = \frac{220\angle30°}{50\angle53.1°} = 4.4\angle-23.1°(\text{A})$$

电路的有功功率

$$P = UI\cos\varphi = 220\times4.4\cos53.1° = 581(\text{W})$$

电路的无功功率

$$Q = UI\sin\varphi = 220\times4.4\sin53.1° = 774(\text{var})$$

电路的视在功率

$$S = UI = 220\times4.4 = 968(\text{VA})$$

2.5 谐 振

谐振的故事。

1949 年法国西部昂热市的曼恩河上，当列队的士兵通过河上桥梁时，桥身突然发生断裂，266 人落水死于非命，而这座 102 米的长桥，所承受的载荷远未超过许可的范畴。这是军队齐步过桥使桥共振致塌的事故。因此，世界各国有条不成文的规定：大队人马要便步过桥。而建造铁路桥梁时，决不能让桥梁的固有频率与车轮撞击铁轨的振动频率相近。

（a）小号发出的声波足以把玻璃杯震碎   （b）美国华盛顿的 Tocama 桥因共振坍塌

图 2.5.1　谐振的故事

谐振的事故。

实际应用中，非线性负载常为产生谐波电流的原因，谐波可能导致继电保护、安全自动装置拒动或误动，可能引发谐振现象导致电容器、互感器等因过电流或过电压而损坏，图 2.5.2 所示为谐振导致的电容器和变压器损坏事故。谐振会增大电力系统的谐波损耗，降低电力设备利用率。工业场合应关注谐振问题。

（a）电容器损坏事故   （b）变压器损坏事故

图 2.5.2　因谐振引发的事故

1. 串联谐振

由上节所述可知，对 RLC 串联电路，其总阻抗为

$$Z = R + j(X_L - X_C) = R + j(\omega L - \frac{1}{\omega C}) = R + jX \tag{2.5.1}$$

从式（2.5.1）看到，电路负载的最终属性取决于 X_L 和 X_C 的大小。假设元件参数 L 及 C 不变，则电抗 X 将随频率变化。当 ω 为某一值，恰好使感抗 X_L 和容抗 X_C 相等时，则 $X = 0$，此时电路中的电流和电压同相位，电路的阻抗最小，且等于电阻 R，电路的这种状态称为谐振。由于是在 RLC 串联电路中发生的谐振，故又称为串联谐振。

因此，对于 RLC 串联电路，产生谐振时应满足以下条件

$$X = \omega L - \frac{1}{\omega C} = 0 \qquad (2.5.2)$$

由此可得谐振角频率 ω_0 为

$$\omega_0 = \frac{1}{\sqrt{LC}} \qquad (2.5.3)$$

谐振频率 f_0 为

$$f_0 = \frac{1}{2\pi\sqrt{LC}} \qquad (2.5.4)$$

发生谐振时，电路中的感抗和容抗相等，而电抗为零。因此电感和电容两端电压有效值必然相等，即 $U_L = U_C$，而 $\dot{U}_L$ 与 $\dot{U}_C$ 在相位上相反，互相抵消，对整个电路不起作用，因此电源电压 $\dot{U} = \dot{U}_R$，相量图如图 2.5.3 所示。

电路串联谐振时，由于电路的阻抗最小，在电源电压不变的情况下，电路中的电流将达到最大，其数值为

$$I = I_0 = \frac{U}{R} \qquad (2.5.5)$$

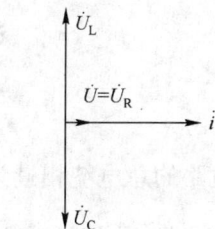

图 2.5.3　RLC 串联谐振相量图

概念：品质因数

通常把 U_L 或 U_C 与 U 之比称为品质因数，用 Q 表示。

$$Q = \frac{U_L}{U} = \frac{U_C}{U} = \frac{X_L}{R} = \frac{X_C}{R} = \frac{1}{R}\sqrt{\frac{L}{C}} \qquad (2.5.6)$$

它表示在谐振时电容或电感元件上的电压是电源电压的 Q 倍，因此串联谐振也称为电压谐振。如果电压过高时，可能会击穿线圈和电容器的绝缘，因此，在电力工程中一般应避免发生串联谐振。但在电子技术工程领域则常利用串联谐振以获得较高电压，电容或电感元件上的电压常高于电源电压几十倍或几百倍。

【例 2.5.1】在 RLC 串联谐振电路中，$L = 0.05\text{mH}$，$C = 200\text{pF}$，品质因数 $Q = 100$，交流电压的有效值 $U = 1\text{mV}$。试求：

（1）电路的谐振频率 f_0。

（2）谐振时电路中的电流 I。

（3）电容上的电压 U_C。

解：（1）由式（2.5.4）得电路的谐振频率

$$f_0 = \frac{1}{2\pi\sqrt{LC}} = \frac{1}{2 \times 3.14 \times \sqrt{0.05 \times 10^{-3} \times 200 \times 10^{-12}}} = 1.59(\text{MHz})$$

（2）由于品质因数

$$Q = \frac{X_L}{R} = \frac{\omega_0 L}{R} = \frac{1}{R}\sqrt{\frac{L}{C}}$$

故

$$R = \frac{1}{Q}\sqrt{\frac{L}{C}} = \frac{1}{100}\sqrt{\frac{0.05 \times 10^{-3}}{200 \times 10^{-12}}} = 5(\Omega)$$

由式（2.5.5）知，串联谐振时，谐振电流为

$$I_0 = \frac{U}{R} = \frac{1 \times 10^{-3}}{5} = 0.2 \times 10^{-3}(\text{A}) = 0.2(\text{mA})$$

（3）电容两端的电压是电源电压的 Q 倍，即

$$U_C = QU = 100 \times 10^{-3} = 0.1(\text{V})$$

2. 并联谐振

RLC 并联电路如图 2.5.4（a）所示，在外加电压 U 的作用下，各支路电流为 $\dot{I}_R$、$\dot{I}_L$ 和 $\dot{I}_C$。

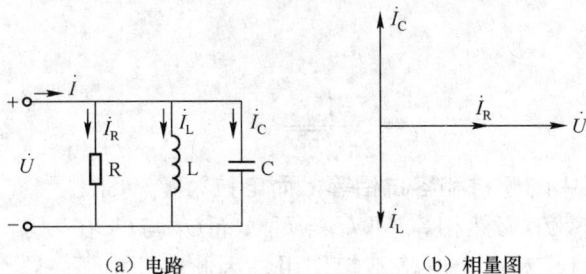

（a）电路　　　　　　　　　（b）相量图

图 2.5.4　RLC 并联谐振电路

电路的总电流相量为

$$\dot{I} = \dot{I}_R + \dot{I}_L + \dot{I}_C = \frac{\dot{U}}{R} + \frac{\dot{U}}{j\omega L} + j\omega C \dot{U} = \dot{U}[\frac{1}{R} + j(\omega C - \frac{1}{\omega L})] \qquad (2.5.7)$$

要使电路发生谐振，电流 $\dot{I}$ 应与电压 $\dot{U}$ 同相，即上式虚部为零，$\omega C = \frac{1}{\omega L}$，

得谐振角频率为

$$\omega_0 = \frac{1}{\sqrt{LC}} \qquad (2.5.8)$$

谐振频率 f_0 为

$$f_0 = \frac{1}{2\pi\sqrt{LC}} \qquad (2.5.9)$$

可见 RLC 并联谐振和串联谐振回路的谐振频率相同。图 2.5.4（b）为 RLC 并联电路的相量图。

在 RLC 并联电路中，发生谐振时，电路中电流与电压同相，电路呈现阻性，且总阻抗为 R，是最大值。谐振电流为最小，即

$$I_0 = \frac{U}{R} \qquad (2.5.10)$$

并联谐振电路也引入品质因数 Q，且与串联回路的 Q 值相同。

$$Q = \frac{X_L}{R} = \frac{X_C}{R} \qquad (2.5.11)$$

在并联谐振时，支路电流 $\dot{I}_L$ 或 $\dot{I}_C$ 远大于总电流 I，均为总电流的 Q 倍，因此并联谐振也称为电流谐振。

在实际工程电路中，最常见的谐振电路是由电感线圈和电容器并联组成的，如图 2.5.5 所示。电容器损耗很小，可以忽略不计，将它看成一个纯电容。线圈的电阻是不可忽略的，

可将它看成是一个纯电感和电阻串联而成的元件。

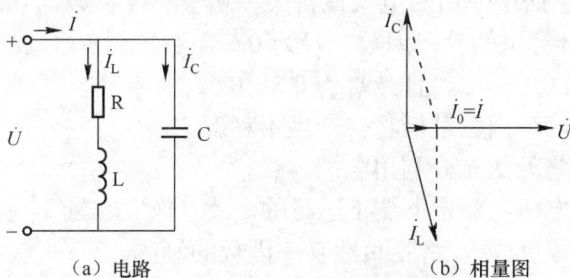

（a）电路　　　　　　　　（b）相量图

图 2.5.5　R、L 与 C 并联谐振电路

经计算可得，电感线圈与电容并联谐振电路的谐振频率为

$$f_0 = \frac{1}{2\pi\sqrt{LC}}\sqrt{1 - \frac{CR^2}{L}} \approx \frac{1}{2\pi\sqrt{LC}} \tag{2.5.12}$$

电感线圈与电容并联的电路，谐振时具有的特点与 RLC 并联谐振电路相同。发生谐振时，电路中的电流与电压同相，电路呈现阻性，且总阻抗为 $|Z| = \dfrac{L}{CR}$，是最大值，谐振电流为最小。支路电流 $\dot{I}_L$、$\dot{I}_C$ 大小近似相等，为总电流的 Q 倍。

【例 2.5.2】收音机的中频放大耦合电路是一个线圈与电容器并联的谐振回路，其谐振频率为 465kHz，电容 $C = 200\text{pF}$，回路的品质因数 $Q = 100$。求线圈的电感 L 和电阻 R。

解：由电路的谐振频率 $f_0 \approx \dfrac{1}{2\pi\sqrt{LC}}$ 可得回路谐振时的电感为

$$L = \frac{1}{(2\pi f_0)^2 C} = \frac{1}{(2\pi \times 465 \times 10^3)^2 \times 200 \times 10^{-12}} = 0.58 \times 10^{-3}(\text{H})$$

电阻为

$$R = \frac{1}{Q}\sqrt{\frac{L}{C}} = \frac{1}{100}\sqrt{\frac{0.58 \times 10^{-3}}{200 \times 10^{-12}}} \approx 17(\Omega)$$

2.6　功率因数的提高

实际生产中的功率因数。

国家电网对网内用户在当地供电局规定的电网高峰负荷时的功率因数，有以下规定："高压供电的工业用户和高压供电装有带负荷调整电压装置的电力用户功率因数为 0.90 及以上，其他 100kVA(kW) 及以上电力用户和大、中型电力排灌站功率因数为 0.85 及以上，趸售和农业用电功率因数为 0.80 及以上。凡功率因数未达到上述规定的新用户，供电局可拒绝接电。"

机械加工离不开电机运行，大量的感性负载，使用电系统必须利用电容器补充无功功率，提高功率因数。

正弦交流电路的有功功率为 $P = UI\cos\varphi$，其中 $\cos\varphi$ 称为电路的功率因数，它是有功功率与视在功率的比值。φ 是电压与电流的相位差，也称功率因数角。当负载为纯电阻时，$\cos\varphi=1$。但在生产和生活中使用的电气设备大多属于感性负载，它们的功率因数都较低，一般在 $0\sim1$ 之间。如计算机的功率因数一般为 0.6 左右，异步电动机在额定情况下为 $0.6\sim0.9$，工频感应加热炉为 $0.1\sim0.3$，日光灯为 $0.5\sim0.6$。

正弦交流电路中的功率因数过低将会产生不利影响。

（1）功率因数过低将无法充分利用电源容量。

交流电源是在额定电压、额定电流下运行的，故其额定容量为视在功率 $S=UI$。但电源的实际输出功率为 $P=UI\cos\varphi$，将受负载功率因数的制约，$\cos\varphi$ 低将导致无法合理利用电源的容量。例如，变压器容量 1000kVA，$\cos\varphi=1$ 时能提供 1000kW 的有功功率，而在 $\cos\varphi=0.7$ 时只能提供 700kW 的有功功率。

（2）功率因数过低，将增加线路损耗。

电源电压一定而输出功率又要求不变时，负载功率因数越低，电源输出电流 $I=\dfrac{P}{U\cos\varphi}$ 越大，过大的输出电流不仅造成输电线路上的功率损耗增大，而且造成输电线路的压降损失增加。

由此可见，提高功率因数对充分利用电源设备容量，提高供电效率是十分必要的。

【例 2.6.1】 电路如图 2.6.1 所示，已知电源电压 $U=220$V，频率 $f=50$Hz，感性负载的功率 $P=10$kW，功率因数 $\cos\varphi_1=0.6$，如果在负载的两端并联一支 400μF 的电容，求补偿前后的视在功率、补偿后电路的功率因数。

解： 根据电路可画出如图 2.6.2 所示的相量图。

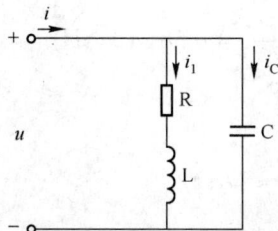

图 2.6.1 RL 串联支路与 C 并联的电路

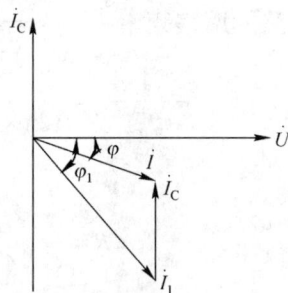

图 2.6.2 电路相量图

未接电容时，电路的视在功率 $S=\dfrac{P}{\cos\varphi_1}=\dfrac{10}{0.6}=16.7$(KVA)

电路电流为 $I_1=\dfrac{P}{U\cos\varphi_1}=\dfrac{10\times10^3}{220\times0.6}=75.8$(A)

功率因数角 $\varphi_1=\arccos 0.6=53.1°$

设电源电压为参考相量，$\dot{U}=220\angle0°$V，则电流 $\dot{I}_1=75.8\angle-53.1°$(A)

并联电容后，电容支路的电流

$$\dot{I}_C=j\omega C\dot{U}=2\pi\times50\times400\times10^{-6}\times220\angle90°=27.6\angle90°(A)$$

所以电路的总电流为

$$\dot{I}=\dot{I}_1+\dot{I}_C=75.8\angle-53.1°+27.6\angle90°=56.7\angle-36.6°(A)$$

即并联电容后的功率因数为

$$\cos\varphi = \cos 36.6° \approx 0.8$$

$$S = \frac{P}{\cos\varphi_2} = \frac{10}{0.8} = 12.5(\text{KVA})$$

由上例可知，感性负载并联电容后，总电流与总电压之间的相位差为 φ，比没有并联电容时感性负载上的电流与总电压的相位差 φ_1 减小，故功率因数提高；总电流 $\dot{I} = \dot{I}_1 + \dot{I}_C$，且 $I < I_1$，电流减小，功率损耗减小。

由此可见，感性电路并联适当的电容后，可以提高功率因数，从而使供电线路的电流减少、供电容量降低，起到了很好的节能效果。

2.7　三相交流电路

虽然生产生活中使用较多的是单相电，但电网传输入户仍采用的是三相四线制运行方式，当负载功率太大，容易造成三相负荷不平衡时，负载的供电设计就会采用三相式供电，生活中常见的三相供电设备就是大功率空调了。图 2.7.1 所示为单相、三相插座接线示意图。

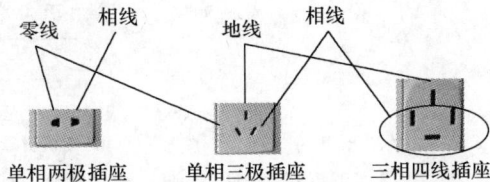

图 2.7.1　单相、三相插座接线示意图

概念：三相对称电动势

电力系统目前普遍采用三相交流电源供电，由三相交流电源供电的电路就是三相交流电路。它是由三个频率相同、最大值（或有效值）相等、在相位上互差 120° 的单相交流电动势组成的电路，称为三相对称电动势。

三相交流电与单相交流电相比具有如下优点。

（1）三相交流发电机比功率相同的单相交流发电机体积小、重量轻、成本低。

（2）输电成本较低，当输送的功率、电压、输电距离和线路损耗都相同时，用三相制输电比单相制输电可大大节省输电线有色金属的消耗量，三相输电损耗仅为单相输电的75%。

（3）目前获得广泛应用的三相异步电动机，是以三相交流电作为电源，它与单相电动机或其他电动机相比，具有结构简单、价格低廉、性能良好和使用维护方便等优点。

因此在现代电力系统中，三相交流电路获得广泛应用。

2.7.1　三相交流电源

三相交流电由三相交流发电机中的三相对称线圈与磁极共同产生，三相绕组在空间位置上各相差120°，分别称为 U 相、V 相和 W 相。U_1、V_1、W_1 三端称为首端，U_2、V_2、W_2 则称为末端。

三绕组线圈感应电压的正弦表达式为

$$\begin{cases} u_U = u_{U_1U_2} = U_m \sin \omega t \\ u_V = u_{V_1V_2} = U_m \sin(\omega t - 120°) \\ u_W = u_{W_1W_2} = U_m \sin(\omega t + 120°) \end{cases} \quad (2.7.1)$$

三绕组线圈感应电压的相量表达式为

$$\begin{cases} \dot{U}_U = U \angle 0° \\ \dot{U}_V = U \angle -120° \\ \dot{U}_W = U \angle 120° \end{cases} \quad (2.7.2)$$

正弦交流电压的波形和相量图如图 2.7.2 所示。由三相交流电源的对称性可知，其瞬时值或相量之和为零，即 $u_U + u_V + u_W = 0$ 或 $\dot{U}_U + \dot{U}_V + \dot{U}_W = 0$。

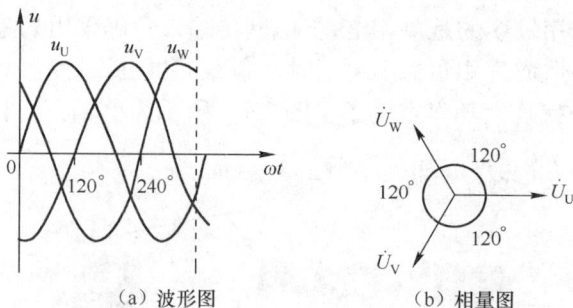

（a）波形图　　（b）相量图

图 2.7.2　正弦交流电压的波形和相量图

按照规定，三相对称电动电压按 U、V、W 的顺序依次滞后 120°，称为正序，反之为逆序。下面如不特别指明，相序均指正序。

三相交流发电机实际有 3 个绕组，6 个接线端，如果这三相电源分别用输电线向负载供电，则需 6 根输电线（每相用两根输电线），这样很不经济。我们目前采用的方法是将这三相交流电按照一定的方式，连接成一个整体向外送电。连接的方法通常有星形连接（Y 接）和三角形连接（△ 接）两种。

概念：电源的星形连接

将电源的三相绕组末端 U₂、V₂、W₂ 连在一起，首端 U₁、V₁、W₁ 分别与负载相连，这种方式就叫做星形连接，如图 2.7.3 所示。

三相绕组末端相连的一点称中点或零点，一般用 N 表示。从中点引出的线叫中性线，由于中性线一般与大地相连，俗称地线（或零线）。从首端 U₁、V₁、W₁ 引出的三根导线称相线（或端线），俗称火线。

由三根端线和一根中线所组成的输电方式称三相四线制，只由三根端线所组成的输电方式称三相三线制。

概念：相电压和线电压

电源每相绕组两端的电压称为电源相电压。参考方向规定为从绕组始端指向末端，采用星形连接时即从端线指向中性线，并分别用 u_U、u_V、u_W 表示，如图 2.7.3 所示。

主电源任意两根端线之间的电压，称为电源线电压。分别用 u_{UV}、u_{VW}、u_{WU} 表示，同样如图 2.7.3 所示。

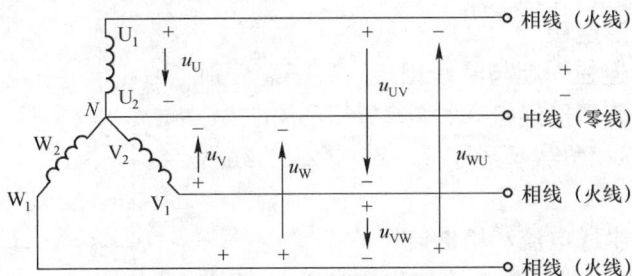

图 2.7.3 电源星形连接

线电压与相电压相量之间的关系为

$$\begin{cases} \dot{U}_{UV} = \dot{U}_U - \dot{U}_V \\ \dot{U}_{VW} = \dot{U}_V - \dot{U}_W \\ \dot{U}_{WU} = \dot{U}_W - \dot{U}_U \end{cases} \quad (2.7.3)$$

根据以上定义，可以画出三相电源星形连接时的电压相量图，如图 2.7.4 所示。三个相电压大小相等，在空间各相差 120°，三个线电压也具有同样的特点。

在相量图中，用几何方法可以求出三个线电压，它们也是对称电压，且其有效值为

$$U_l = \sqrt{3}U_p \quad (2.7.4)$$

式中 U_l 表示线电压，U_p 表示相电压。

综上所述，对称三相星形电源的线电压有效值相等，且为相电压有效值的 $\sqrt{3}$ 倍；线电压相位彼此相差 120°，超前对应相电压 30°。

三相四线制的供电方式可以给负载提供两种电压，即线电压 380V 和相电压 220V，因此在实际中获得了广泛的应用。

概念：电源的三角形连接

将电源一相绕组的末端与另一相绕组的首端依次相连（接成一个三角形），再从首端 U₁、V₁、W₁ 分别引出端线，这种连接方式就叫三角形连接，如图 2.7.5 所示。

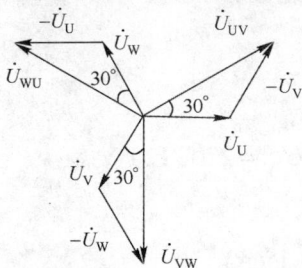

图 2.7.4 电源星形连接时线电压与相电压的关系

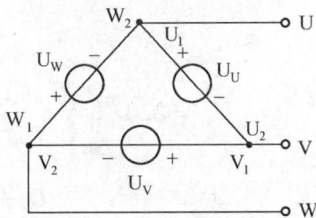

图 2.7.5 电源的三角形连接

由图 2.7.5 可知，电路中线电压的大小与相电压的大小相等，即

$$U_l = U_p \quad (2.7.5)$$

2.7.2 三相负载

在三相负载中，如每相负载的电阻均相等，电抗也相等，则称为对称三相负载。如果各相负载不同，就是不对称的三相负载。负载也和电源一样可采用两种不同的连接方法，即星形连接和三角形连接。

83

概念：负载的星形连接

三相负载的一端连在一起与零线相接；另一端分别与相线相接的方式称为星形连接。如图 2.7.6 所示的 Z_U、Z_V、Z_W 三个负载为三相负载星形连接，Z_L 和 Z_N 为线路阻抗。

概念：线电流、中线电流和相电流

在三相电路中，流过端线的电流称为线电流 I_l，流过中线的电流称为中线电流 I_N，流过每相负载的电流为相电流 I_p。习惯上选定电流的参考方向是从电源流向负载。负载相电压、相电流的参考方向是由负载端头指向负载中性点。中线电流的参考方向为由负载中性点指向电源中性点。

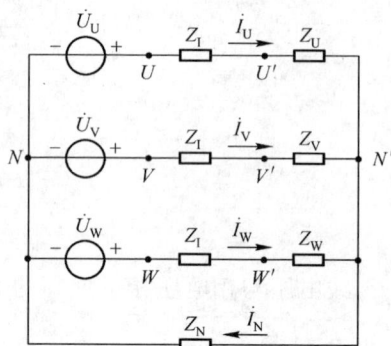

图 2.7.6 负载的星形连接（有中线）

很明显可以看出，在图 2.7.6 所示星形连接的三相负载中，线电流和相电流为同一个电流，因此线电流等于相电流，即

$$I_l = I_p \tag{2.7.6}$$

三相四线制的中线电流为

$$\dot{I}_N = \dot{I}_U + \dot{I}_V + \dot{I}_W \tag{2.7.7}$$

对称三相负载星形连接时，线、相电压的关系和对称三相电源星形连接相同，即

$$U_l = \sqrt{3} U_p \tag{2.7.8}$$

在三相对称电路中，当负载采用星形连接时，三个相电流中，总有一相电流与其余两相电流之和大小相等，方向相反，正好互相抵消。所以流过中线的电流为零，取消中性线也不会影响到各相负载的正常工作，这样三相四线制就可以变成三相三线制供电。

若三相负载不对称，则中性线电流 $\dot{I}_N = \dot{I}_U + \dot{I}_V + \dot{I}_W \neq 0$，中性线不能省略，必须采用三相四线制供电。

【例 2.7.1】电源线电压为 380V，三相对称负载 Y 形连接，$Z = 3 + j4\Omega$，求各相负载中的电流及中线电流。

解：
$$U_p = \frac{U_l}{\sqrt{3}} = \frac{380}{\sqrt{3}} = 220V$$

$$\dot{U}_U = 220\angle 0°V，\quad \dot{U}_V = 220\angle -120°V，\quad \dot{U}_W = 220\angle 120°V$$

$$Z = 3 + j4 = 5\angle 53.1°(\Omega)$$

$$\dot{I}_U = \frac{\dot{U}_U}{Z} = \frac{220\angle 0°}{5\angle 53.1°} = 44\angle -53.1°(A)$$

根据对称关系可得

$$\dot{I}_V = 44\angle -173.1°A，\quad \dot{I}_W = 44\angle 66.9°A$$

$$\dot{I}_N = \dot{I}_A + \dot{I}_B + \dot{I}_C = 0$$

由上例可知，对称三相电路的计算可归结为一相电路计算，其他两相可根据对称关系直接写出。

在三相四线制供电时，为使负载能正常工作，中性线决不允许断开，且中性线上禁止安装开关、熔断器等开关器件。

概念：负载的三角形连接

将三相负载分别接在三相电源的每两根相线之间的接法，称为三相负载的三角形连接，如图 2.7.7 所示。

从图中可看出，负载的线电压和相电压相等，即

$$U_1 = U_p \tag{2.7.9}$$

线电流和相电流的关系为

$$\begin{cases} \dot{I}_U = \dot{I}_{UV} - \dot{I}_{WU} \\ \dot{I}_V = \dot{I}_{VW} - \dot{I}_{UV} \\ \dot{I}_W = \dot{I}_{WU} - \dot{I}_{VW} \end{cases} \tag{2.7.10}$$

若三相电源及负载均对称，则三相电流大小均相等，相位上互差120°，根据上式可画出电流的相量图，如图 2.7.8 所示。

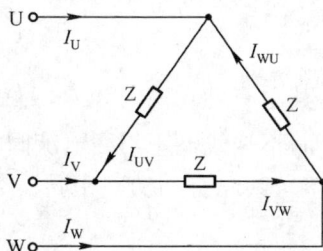

图 2.7.7　负载的三角形连接　　　　图 2.7.8　负载三角形连接时线电流与相电流的关系

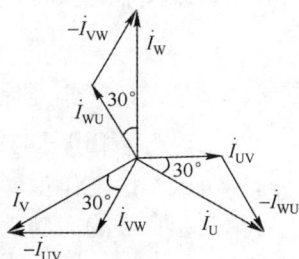

通过几何关系分析可得

$$I_1 = \sqrt{3} I_p \tag{2.7.11}$$

即当三相对称负载采用三角形连接时，线电流等于相电流的 $\sqrt{3}$ 倍。从相量图还可看出，线电流和相电流不同相，线电流滞后相应的相电流30°。

【例 2.7.2】有 3 个 100Ω 的电阻，将它们连接成星形或三角形，分别接到线电压为 380V 的对称三相电源上，试求线电压、相电压、线电流和相电流各是多少。

解：（1）负载作星形连接，如图 2.7.6 所示，其中忽略线路阻抗即 $Z_1 = 0$。

由图可知，负载的线电压为 $U_1 = 380V$

星形接法中，线电压、相电压的关系为 $U_1 = \sqrt{3} U_p$，即

$$U_p = \frac{U_1}{\sqrt{3}} = \frac{380}{\sqrt{3}} = 220(\text{V})$$

负载的相电流等于线电流，即

$$I_1 = I_p = \frac{U_p}{R} = \frac{220}{100} = 2.2(\text{A})$$

（2）负载作三角形连接，如图 2.7.7 所示。负载的线电压等于相电压，即

$$U_1 = U_p = 380V$$

负载的相电流为

$$I_p = \frac{U_p}{R} = \frac{380}{100} = 3.8(\text{A})$$

三角形连接时，负载的线电流和相电流的关系为 $I_1 = \sqrt{3}I_p$ ，所以有

$$I_1 = \sqrt{3}I_p = \sqrt{3} \times 3.8 = 6.58(\text{A})$$

2.7.3 三相电路的功率

计算单相电路中的有功功率的公式是 $P = UI\cos\varphi$ ，式中， U 、 I 分别表示单相电压和单相电流的有效值， φ 是电压和电流之间的相位差。

在三相交流电路中，三相负载消耗的总电功率为各相负载消耗功率之和，即

$$P = P_U + P_V + P_W = U_U I_U \cos\varphi_U + U_V I_V \cos\varphi_V + U_W I_W \cos\varphi_W \tag{2.7.12}$$

当三相电路对称时，由于每一相的电压和电流都相等，阻抗角 φ 也相同，因此各相电路的功率必定相等，因此对称三相交流电路的功率为

$$P = 3U_p I_p \cos\varphi_p \tag{2.7.13}$$

当三相对称负载星形连接时， $U_1 = \sqrt{3}U_p$ 、 $I_1 = I_p$ ，其总有功功率为

$$P = \sqrt{3}U_1 I_1 \cos\varphi \tag{2.7.14}$$

当三相对称负载三角形连接时， $U_1 = U_p$ 、 $I_1 = \sqrt{3}I_p$ ，其总有功功率仍为 $P = \sqrt{3}U_1 I_1 \cos\varphi$ 。

式 (2.7.14) 中， φ 是相电压与相电流之间的相位差，而不是线电压与线电流间的相位差。因此，对称负载不论是作星形连接还是作三角形连接，其总有功功率相同。

同理，对称三相负载的无功功率和视在功率也一样，即

$$Q = \sqrt{3}U_1 I_1 \sin\varphi \tag{2.7.15}$$

$$S = \sqrt{3}U_1 I_1 = \sqrt{P^2 + Q^2} \tag{2.7.16}$$

如果三相负载不对称，则应分别计算各相功率，三相的总功率等于三个单相功率之和。

【例 2.7.3】有一对称三相负载，每相阻抗 $Z = 80 + j60\Omega$ ，电源线电压 $U_1 = 380\text{V}$ ，求当三相负载分别连接成星形和三角形时电路的有功功率、无功功率和视在功率。

解：（1）负载为星形连接时，相电压 $U_P = \dfrac{U_1}{\sqrt{3}} = \dfrac{380}{\sqrt{3}} = 220(\text{V})$

线电流 $\qquad I_1 = I_P = \dfrac{U_P}{|Z|} = \dfrac{220}{\sqrt{80^2 + 60^2}} = 2.2(\text{A})$

$$\cos\varphi_P = \dfrac{80}{\sqrt{80^2 + 60^2}} = 0.8 , \quad \sin\varphi_P = 0.6$$

有功功率 $\qquad P = \sqrt{3}U_1 I_1 \cos\varphi = \sqrt{3} \times 380 \times 2.2 \times 0.8 = 1.16(\text{kW})$

无功功率 $\qquad Q = \sqrt{3}U_1 I_1 \sin\varphi = \sqrt{3} \times 380 \times 2.2 \times 0.6 = 0.87(\text{kvar})$

视在功率 $\qquad S = \sqrt{3}U_1 I_1 = \sqrt{3} \times 380 \times 2.2 = 1.45(\text{kV·A})$

（2）负载为三角形连接时，相电压 $U_p = U_1 = 380\text{V}$

线电流 $\qquad I_1 = \sqrt{3}I_p = \sqrt{3}\dfrac{U_p}{|Z|} = \sqrt{3}\dfrac{380}{\sqrt{80^2 + 60^2}} = 6.6(\text{A})$

有功功率 $\qquad P = \sqrt{3}U_1 I_1 \cos\varphi = \sqrt{3} \times 380 \times 6.6 \times 0.8 = 3.48(\text{kW})$

无功功率 $\qquad Q = \sqrt{3}U_1 I_1 \sin\varphi = \sqrt{3} \times 380 \times 6.6 \times 0.6 = 2.61(\text{kvar})$

视在功率 $\qquad S = \sqrt{3}U_1 I_1 = \sqrt{3} \times 380 \times 6.6 = 4.34(\text{kV·A})$

由此可知，负载由星形连接改为三角形连接后，相电流增加为原来的 $\sqrt{3}$ 倍，线电流增加为原来的 3 倍，功率也增加为原来的 3 倍。

2.8 安全用电

生活生产中常会看到电力设备上有如图 2.8.1 所示的用电警示标志，有人第一反应是"电这么危险，不用总行了吧？"当今社会，各行各业已经离不开电，因此，只有充分了解安全用电的常识，才能做到操作设备时游刃有余。

图 2.8.1　用电警示标志

1．发生触电事故的主要原因

（1）缺乏电气安全知识，在高压线附近放风筝，爬上高压电杆掏鸟巢；低压架空线路断线后，用手去接触相线；黑夜带电接线时手摸带电体；用手摸破损的胶盖刀闸。

（2）违反操作规程，操作电气设备而不采取必要的安全措施；触及破损的设备或导线；误登带电设备；带电接照明灯具；带电修理电动工具；带电移动电气设备；用湿手拧灯泡等。

（3）设备不合格，安全距离不够；二线一地制接地电阻过大；接地线不合格或接地线断开；绝缘破损，导线裸露在外等。

（4）设备失修，大风刮断线路或刮倒电杆未及时修理；胶盖刀闸的胶木损坏未及时更换；电动机导线破损，使外壳长期带电；瓷瓶破坏，使相线与拉线短接，设备外壳带电。

（5）其他偶然原因，如夜间行走触碰到断落在地面的带电导线。

2．触电电流及救护措施

当不慎与电气设备的正常带电部分接触，或与本应不带电的漏电部分接触时，都有可能造成触电伤害。因此，有必要了解电流对人体可能造成的伤害以及相应的安全措施。

通过人体的工频交流电流达到 1mA，人就会有所感觉；10mA 以内将感到不适但尚能自主摆脱电源；超过 10mA 会使人感到麻痹或剧痛，呼吸困难，自己不能摆脱电源；超过 50mA 且持续时间超过 1s，就会有生命危险。而通过人体的电流决定于加在人体上的电压和人体电阻，人体电阻最大能达到 100kΩ，最低可降到 800Ω，因此，我国规定 36V、24V 和 12V 为安全电压，用于不同程度的有较多触电危险的场合，如机床局部照明灯、理发电推剪、小型手持电动工具、携带式照明灯等，在潮湿场所、矿井等危险环境时，必须采用安全电压（36V、24V 和 12V）供电。

对于非电专业人员来讲，所用的电源是低压供电电源，具体到生产中绝大多数为 380V/220V、三相四线制、中性点接地（工作接地）的电源，当人站在地上，接触到一根火线时，加在人体的电压是 220V，并且电流路径是从手到脚，这种情况非常危险，因此，在 220V 电压下，用绝缘材料把人与地隔开，可以减小触电的危险性。但应穿普通的胶底鞋或塑料底鞋，不能踩在潮湿的木板或木凳上。

当有电流流入地下时，电流向四周流散，因接地点土壤有一定电阻，电流在接地点周围产生电压降，大约到 20m 以外电位才降到零。在此区域内两点之间会有一定的电位差，人走进这个区域，两脚间承受的电压称为跨步电压，步距越大，电压越高。电流的路径是从脚到脚，但是一旦触电，肌肉收缩使人跌倒，电流就可能通过全身，所以危险性也是很大的。这种情况多数发生在接地装置周围或事故接地点周围，因此，接地装置周围要设置护栏，平时不允许人员靠近；遇到断线接地事故，要立即组织现场人员远离。

3. 生产安全操作注意事项

（1）使用设备应有完整的电源线插头，对金属外壳的设备应采用接地保护，电源线破损时，应立即更换或用绝缘布包扎好。

（2）不能在地线上和零线上装设开关和熔断器。

（3）不要用湿手接触带电设备，不要用湿布擦抹带电设备，检修设备应先断开电源。

（4）不要私拉乱接电线，不要随便移动带电设备。

（5）线路熔断器应根据用电容量的大小来选用，如使用容量为 5A 的电表时，熔丝应大于 6A 小于 10A；如使用容量为 10A 的电表时，熔丝应大于 12A 小于 20A，也就是选用的熔丝应是电表容量的 1.2～2 倍。不能以小容量的熔丝多根并用，更不能用铜丝代替熔丝使用。

（6）烧断保险丝或漏电开关动作后，必须查明原因才能再合上开关电源。任何情况下不得用导线将保险短接或者压住漏电开关跳闸机构强行送电。

（7）对用电设备应认真查看产品说明书的技术参数（如频率、电压等）是否符合本地用电要求。要清楚耗电功率是多少、已有的供电能力是否满足要求，特别是配线容量、插头、插座、保险丝具、电表是否满足要求。当配电设备不能满足用电设备容量要求时，应予更换改造，严禁凑合使用。否则超负荷运行会损坏电气设备，还可能引起电气火灾。

4. 扑灭电器火灾的方法

当生产现场发生电气火灾时，首先应尽量切断电源再行扑救。若不能切断电源，就只能带电灭火，扑灭电气火灾要使用不导电的灭火剂，以保证使用灭火设备的人员不会触电，同时使一些电气设备和仪器不致被灭火剂喷洒后无法修复。常用的水和泡沫灭火器都是导电的，不能用于扑救电气火灾，应使用绝缘灭火器。

电气安全知识和经验太多，从电气运行来说，牵涉面太广，有兴趣可上网或到图书馆自行了解。

本 章 小 结

1. 知道了正弦量的三要素，就能写出正弦量的瞬时值表达式（又称解析式），以及正弦量的相量表达式，这时，就把电量的关系转变为数学关系，以便于计算。

2. 在没有特殊说明的情况下，讨论的都是 50Hz 的交流信号，常见的交流电压 220V 指的是交流信号有效值，它也可以作为三要素之一，因为它与最大值之间的关系为 $I = \dfrac{I_m}{\sqrt{2}}$。

3. 两同频率的正弦量有同相、反相、超前和滞后的相位关系，这一点，可以通过各相位关系的定义与两正弦量的相位差的对比轻松判断。

4. 正弦周期量可以用解析式、波形图和相量图（相量复数式）3 种方法来表示，波形图非常直观，波形图与解析式有绝对的对应关系，而相量表达式和相量图则更便于进行分析计算，因此应具有相量计算和相量图绘图分析的能力。

5．电阻为耗能元件，其电压和电流同相；电容和电感则为储能元件，电容上的电压不能突变，因此电压滞后电流 90°，电感阻碍电流的变化，因此电流滞后电压 90°。要熟悉 R、L、C 元件上电路与电流之间的相量关系、有效值关系和相位关系。

6．RLC 串并联电路是交流电路分析的难点，分析时应注意，串联电路以电流为基准量，并联电路以电压为基准量；电量之间的相位关系是相对的，坐标零点改变，并不能改变电量间相位关系；对每个元件而言，其电压、电流的基本关系是不会改变的。

7．电阻所消耗的功率全部用于发热，是有功功率，电容和电感因自身特性而储存和释放能量，产生无功功率，二者与电路总的视在功率之间满足直角三角形关系，即

$$S = UI = \sqrt{P^2 + Q^2}。$$

8．RLC 串联电路发生谐振时，电路中的电流和电压同相位，电路的阻抗最小，且等于电阻 R，谐振角频率 ω_0 为 $\omega_0 = \dfrac{1}{\sqrt{LC}}$；RLC 并联电路发生谐振时，电路中的电流与电压同相，电路呈现阻性，且总阻抗为 R，是最大值，谐振角频率与串联谐振角频率近似相等为 $\omega_0 = \dfrac{1}{\sqrt{LC}}$。

9．提高电路的功率因数对提高设备利用率和节约电能有着重要意义。一般采用在感性负载两端并联电容器的方法来提高电路的功率因数。

10．对称是三相交流电路最大的特点，三相信号频率相同、最大值（或有效值）相等，在相位上互差 120°；电力系统输电方式常见的是三相三线制和三相四线制，而无论哪种输电方式，线端电量与相间电量之间的关系都决定于电源和负载采用的是三角形接法还是星形接法。

11．对称三相电源和对称三相负载在接成星形连接时，线电压与相电压的关系是 $U_1 = \sqrt{3}U_p$；而接成三角形连接时，线电压的大小与相电压的大小相等，即 $U_1 = U_p$。只要利用相量图，各相电压、电流的关系就能轻而易举地求解出来。

本 章 习 题

一、填空题

1．正弦交流电的 3 个基本要素是_____、_____和_____。

2．我国生活中使用的交流电频率为____，周期为____。

3．已知正弦交流电压 $u = 220\sqrt{2}\sin(314t + 60°)\text{V}$，它的最大值为___，有效值为___，角频率为____，相位为____，初相位为____。

4．已知两交流电流分别为 $i_1 = 15\sin(314t + 45°)\,\text{A}$、$i_2 = 10\sin(314t - 30°)\,\text{A}$，它们的相位差为_____。

5．已知 $Z_1 = 15\angle 30°$、$Z_2 = 20\angle 20°$，则 $Z_1 \cdot Z_2 =$ _____、$Z_1 / Z_2 =$ _____。

6．已知某正弦交流电压 $u = U_m \sin(\omega t - \varphi_u)\text{V}$，则其相量形式为_____。

7．在纯电阻交流电路中，电压与电流的相位关系是_____。

8．把 110V 的交流电压加在 55Ω 的电阻上，则电阻上 $U =$ ____V，电流 $I =$ ____A。

9. 在纯电感交流电路中，电压与电流的相位关系是电压_____电流90°，感抗 $X_L =$ _____，单位是____。

10. 在正弦交流电路中，已知流过纯电感元件的电流 $I = 5A$，电压 $u = 20\sqrt{2}\sin 314t V$，若 u、i 取关联方向，则 $X_L =$ ____Ω，$L =$ ____H。

11. 在纯电容交流电路中，电压与电流的相位关系是电压___电流90°，容抗 $X_C =$ _____，单位是____。

12. 在纯电容正弦交流电路中，已知 $I = 5A$，电压 $u = 10\sqrt{2}\sin 314t V$，容抗 $X_C =$ ____，电容量 $C =$ _____。

13. 有一个电容器，电容为 $50 \times 10^{-6}F$，如将它接在 220V、50Hz 交流电源时，它的容抗为_____，通过电容的电流为_____。

14. 在交流电路中，用电压表测 R、L 串联电路的电压，当 R 两端读数为 3V，L 两端读数为 4V 时，则电路总电压是_____；用电流表测量 R、C 并联电路的电流，若 R 支路读数为 4A，C 支路为 3A，则电路的总电流是_____A。

15. R、C 串联的正弦交流电路，若 $R=X_C$，则该电路的功率因数为_____。

16. R、L 串联正弦交流电路，已知总电压与总电流的相位差为 30°，感抗 $X_L = 100Ω$，电阻 $R=$ _____Ω。

17. 某一负载的复数阻抗为 $Z=20–j30Ω$，则该负载电路可等效为一个电阻元件和一个_____元件串联的电路。

18. 在 RLC 串联电路中，当 $X_L > X_C$ 时，电路呈_____性；当 $X_L < X_C$ 时，电路呈_____性；当 $X_L = X_C$ 时，电路呈_____性。

19. 把 RLC 串连接到 $u = 20\sin 314t V$ 的交流电源上，$R = 3Ω$，$L = 1mH$，$C = 500\mu F$，则电路的总阻抗 $Z =$ ___Ω、电流 $i =$ ___A、电路呈___性。

20. 串联正弦交流电路发生谐振的条件是_____，谐振时，谐振频率 $f =$ _____，品质因数 $Q =$ _____。

21. 当发生串联谐振时，电路中的感抗与容抗_____，总阻抗 $Z =$ _____，电流最____。

22. 由功率三角形写出交流电路中 P、Q、S、φ 之间的关系式：$P =$ _____，$Q =$ _____，$S =$ _____。

23. 当电源电压和负载有功功率一定时，功率因数越低，电源提供的电流就_____；线路的电压降就____。

24. 电力工业中为了提高功率因数，常采用人工补偿法，即在通常广泛应用的感性电路中，人为地加入____负载。

25. 三个电动势的_____相等，_____相同，_____互差 120°，就称为对称三相电动势。

26. 对称三相电源，设 U 相电压为 $u_U = 220\sqrt{2}\sin 314t V$，则 V 相电压电压为 $u_V =$ _____，W 相电压为 $u_W =$ _____。

27. 在三相电路中，对称三相电源一般连接成_____或_____两种特定的方式。

28. 市用照明电的电压是 220V，这是指电压的_____值，接入一个标有"220V, 100W"的白炽灯后，灯丝上通过的电流的有效值是_____A。

29. 对称三相负载为星形连接，当线电压为 220V 时，相电压等于_____；线电压为 380V 时，相电压等于_____。

30．在三角形连接的对称三相电路中，负载线电压有效值和相电压有效值的关系是_____，线电流有效值和相电流有效值的关系是_____，线电流的相位上滞后相电流_____。

31．在对称三相电路中，若相电压、相电流分别用 U_P、I_P 表示，φ 表示每相负载的阻抗角，则每相平均功率 P_P =_____，总的平均功率 P 与 P_P 的关系式 P =_____。

二、选择题

1．两个同频率正弦交流电的相位差等于180°时，则它们相位关系是（ ）。

A．同相 　　　　　 B．反相 　　　　　 C．相等

2．正弦交流电的最大值等于有效值的（ ）倍。

A．$\sqrt{2}$ 　　　　　 B．2 　　　　　 C．1/2

3．白炽灯的额定工作电压为220V，它允许承受的最大电压是（ ）。

A．220V 　　 B．311V 　　 C．380V 　　 D．$20\sqrt{2}\sin 314tV$

4．已知流过2Ω电阻的电流 $i = 6\sin(314t + 45°)A$，当 u、i 为关联方向时，u=（ ）V。

A．$12\sin(314t + 30°)$ 　　　　　 B．$12\sqrt{2}\sin(314t + 45°)$

C．$12\sin(314t + 45°)$

5．加在一个感抗是20Ω的纯电感两端的电压是 $u = 10\sin(\omega t + 30°)V$，则通过它的电流瞬时值为（ ）A。

A．$i = 0.5\sin(2\omega t - 30°)$ 　　　　　 B．$i = 0.5\sin(\omega t - 60°)$

C．$i = 0.5\sin(\omega t + 60°)$

6．若电路中某元件的端电压为 $u = 5\sin(314t + 35°)V$，电流 $i = 2\sin(314t + 125°)A$，u、i 为关联方向，则该元件是（ ）。

A．电阻 　　　　　 B．电感 　　　　　 C．电容

7．在 RLC 串联的正弦交流电路中，电压电流为关联方向，总电压为（ ）。

A．$U = U_R + U_L + U_C$ 　　　　　 B．$U = \sqrt{U_R^2 + (U_L - U_C)^2}$

C．$U = U_R + U_L - U_C$

8．在 RLC 串联正弦交流电路中，有功功率为 P=（ ）。

A．$P = I^2R$ 　　 B．$P = U_RI\cos\varphi$ 　　 C．$P = UI$ 　　 D．$P = S - Q$

9．在 RLC 并联谐振电路中，电阻 R 越小，其影响是（ ）。

A．谐振频率升高 　　　　　 B．谐振频率降低

C．电路总电流增大 　　　　　 D．电路总电流减小

10．已知某元件的电压 $\dot{U}$ =10∠90°V，电流 $\dot{I}$ =5∠120°V，则该元件消耗的功率 P 为（ ）。

A．50W 　　 B．25W 　　 C．$25\sqrt{3}$ W 　　 D．$25\sqrt{3}$ VA

11．一台三相电动机，每组绕组的额定电压为220V，对称三相电源的线电压 U_l =380V，则三相绕组应采用（ ）。

A．星形连接，不接中性线 　　　　　 B．星形连接，并接中性线

C．A、B 均可 　　　　　 D．三角形连接

12．对称三相负载三角形连接，电源线电压 $\dot{U}_{UV}$ =220∠0°V，如不考虑输电线上的阻抗，则负载相电压 $\dot{U}_{UV}$ =（ ）V。

A．220∠-120° 　　 B．220∠0° 　　 C．220∠120° 　　 D．220∠150°

13．三相四线制电路，电源线电压为 380V，则负载的相电压为（　　）V。

A．380　　　　　　　　　B．220

C．$190\sqrt{2}$　　　　　　　D．负载的阻值未知，无法确定

14．对称负载作三角形连接，其线电压 $\dot{I}_{\text{W}} =10\angle30°\text{A}$ ，线电压 $\dot{U}_{\text{UV}} =220\angle0°\text{V}$ ，则三相总功率 $P=$ （　　）W。

A．1905　　　　B．3300　　　　C．6600　　　　D．3811

15．如题图 2.1 所示，C=1μF，u=500sin1000t V，则 i 为（　　）A。

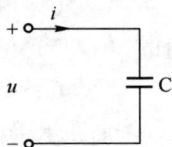

题图 2.1

A．500sin(1000t+90°)　　　　　　　B．500sin(1000t–90°)

C．0.5sin(1000t+90°)　　　　　　　D．0.5 sin(1000t–90°)

16．在 R、L、C 串联电路中，已知 $U_{\text{R}} =100\text{V}$ ，$U_{\text{L}} =100\text{V}$ ，$U_{\text{C}} =100\text{V}$ ，则电路的端电压有效值 $U=$（　　）。

A．100V　　　　　B．$100\sqrt{2}$ V　　　　C．300V

17．在正弦交流电路中，理想电感元件感抗 $X_{\text{L}} =4\Omega$ ，流过的电流 I=5A，其有功功率为（　　）。

A．20W　　　　B．100W　　　　C．0W　　　　D．60W

18．用额定电压为 220V 的两支灯泡串联，一支为 100W，另一支为 40W，串联后加 380V 电压，则（　　）。

A．100W 灯泡烧坏　　　　　　　B．100W、40W 灯泡都烧坏

C．两支灯泡完好　　　　　　　　D．40W 灯泡烧坏

19．在交流电路中，接入纯电感线圈，则该电路的（　　）。

A．有功功率等于零　　　　　　　B．无功功率等于零

C．视在功率等于零　　　　　　　D．所有功率皆不等于零

20．有一感抗 X_{L} 为 10Ω 的负载，接在 220V、50Hz 的交流电源上，如果在负载两端并联一个容抗 X_{C} 为 20Ω 的电容，则该电路的总电流将（　　）。

A．增大　　　　B．减小　　　　C．不变　　　　D．等于零

三、判断题

1．正弦量的初相角与起始时间的选择有关，而相位差则与起始时间无关。（　　）

2．两个不同频率的正弦量可以求相位差。（　　）

3．由题图 2.2 所示相量图可知，$\dot{U}_{1}$ 超前 $\dot{U}_{2}$ 30°。（　　）

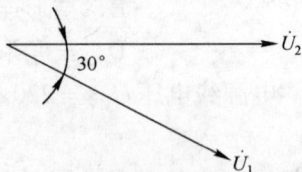

题图 2.2

4．在 RLC 串联交流电路中，各元件上电压总是小于总电压。 （　　）

5．在交流电路中，电阻是耗能元件，而纯电感或纯电容元件只有能量的往复交换，没有能量的消耗。 （　　）

6．在功率三角形中，如果 S 为 5kVA、P 为 4kW，则 Q 应为 3kVar。 （　　）

7．在交流电路中，用电流表测得 RC 并联电路的电流分别为：电阻支路 I_R、电容支路 I_C，则总电流为 $I_R + I_C$。 （　　）

8．通常将电容器并接在感性负载两端来提高电路的功率因数。因此，电路的平均功率 $P = UI \cos \phi$ 也随之改变。 （　　）

9．在 RLC 串联电路中，若 $X_L < X_C$，这时电路的端电压滞后电流一个角度。 （　　）

10．在同一交流电压作用下，电容越大，电容中的电流就越小。 （　　）

11．在正弦交流电路中，总的有功功率 $P = P_1 + P_2 + P_3 + \cdots$ （　　）

12．在正弦交流电路中，总的无功功率 $Q = Q_1 + Q_2 + Q_3 + \cdots$ （　　）

13．并联谐振时，支路电流可能比总电流大，所以又称为电流谐振。 （　　）

14．对称三相电源星形连接时 $U_1 = \sqrt{3} U_p$，三角形连接时 $I_1 = \sqrt{3} I_p$。 （　　）

15．对称三相电压和对称三相电流的特点是同一时刻它们的瞬时值总和恒等于零。 （　　）

16．凡负载作星形连接，线电压必等于相电压的 $\sqrt{3}$ 倍。 （　　）

17．在三相四线制供电系统中，为确保安全中性线及火线上必须装熔断器。 （　　）

四、分析计算题

1．已知 $i_1 = 5\sqrt{2} \sin(\omega t + 30°)$A、$i_2 = 10\sqrt{2} \sin(\omega t + 60°)$A、求：$\dot{I}_1$、$\dot{I}_2$，$\dot{I}_1 + \dot{I}_2$，$i_1 + i_2$，作相量图。

2．在 5Ω 电阻的两端加上电压 $u = 310 \sin 314t$V，求：流过电阻的电流有效值，电流瞬时值，有功功率，画相量图。

3．有一电感 $L = 0.626$H，加正弦交流电压 $U = 220$V、$f = 50$Hz，求：电感中的电流 I_m、I 和 i，无功功率 Q_L，画电流电压相量图。

4．在关联参考方向下，已知加于电感元件两端的电压为 $u_L = 100 \sin(100t + 30°)$V，通过的电流为 $i_L = 10 \sin(100t + \varphi_i)$A，试求电感的参数 L 及电流的初相 φ_i。

5．一个 $C = 50\mu$F 的电容接于 $u = 220\sqrt{2} \sin(314t + 60°)$V 的电源上，求 i_C 及 Q_C，并画出电流和电压的相量图。

6．在如题图 2.3 所示电路中，已知 $\dot{U} = 10\angle 0°$V、$Z_1 = 3\Omega$、$Z_2 = 1 + j3\Omega$，求电路电流 $\dot{I}$ 和各元件上的电压 $\dot{U}_1$、$\dot{U}_2$。

7．RL 串联电路如题图 2.4 所示，已知 $R = 200\Omega$、$L = 0.1$mH、$u_R = \sqrt{2} \sin 10^6 t$V，试求 $u(t)$ 和 $u_2(t)$，并画出相量图。

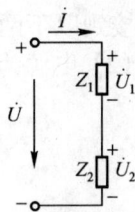

题图 2.3

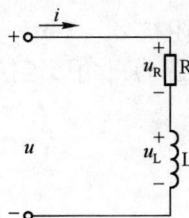

题图 2.4

8．把一个电阻为6Ω、电感为50mH的线圈接到$u = 300\sin(200t + \pi/2)$V的电源上，求电路的阻抗、电流、有功功率、无功功率、视在功率。

9．把一个电阻为6Ω、电容为120μF的电容串接在$u = 220\sqrt{2}\sin(314t + \pi/2)$V的电源上，求电路的阻抗、电流、有功功率、无功功率及视在功率。

10．RC并联电路如题图2.5所示，已知$R = 10\text{k}\Omega$、$C = 0.2\mu\text{F}$、$i_C = \sqrt{2}\sin 10^3 t\,\text{mA}$，试求电流$i(t)$，并画出相量图。

11．在如题图2.6所示电路中，$X_L = X_C = R$，已知安培表A_1的读数为3A，问A_2和A_3的读数各是多少？（提示：先画出相量图）

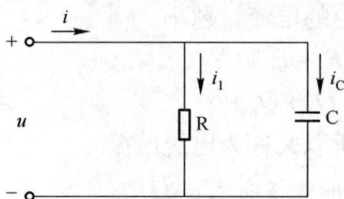

题图2.5

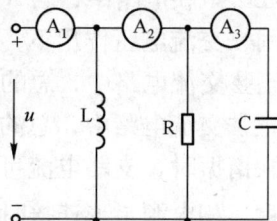

题图2.6

12．在如题图2.7所示电路中，$\dot{U} = 100\angle -30°\text{V}$、$R = 4\Omega$、$X_L = 5\Omega$、$X_C = 15\Omega$，试求电流$\dot{I}_1$、$\dot{I}_2$和$\dot{I}$，并画出相量图。

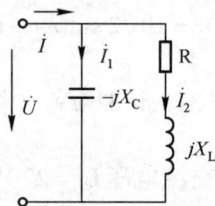

题图2.7

13．当电路端电压为230V，电流为33A时，有功功率为6.9kW，求负载功率因数。

14．有一台电动机，输入功率为1.21kW，接在220V的交流电源上，通入电动机的电流是11A，试计算电动机的功率因数。如要把电路的功率因数提高到0.9，则应该为电动机并联多大容量的电容器？

15．若已知对称三相交流电源U相电压为$u_U = 220\sqrt{2}\sin(\omega t + 30°)$V，根据习惯相序写出其他两相电压的瞬时值表达式及三相电源的相量式，并画出波形图及相量图。

16．三相对称负载星形连接，每相为电阻$R = 4\Omega$、感抗$X_L = 3\Omega$的串联负载，接于线电压$U_l = 380$V的三相电源上，试求相电流$\dot{I}_U$、$\dot{I}_V$、$\dot{I}_W$。

17．3个相等的复阻抗$Z_P = (40 + j30)\Omega$，按三角形连接到以下两种三相电源上，求总的三相功率。（1）已知电源为三角形连接，线电压为220V；（2）电源为星形连接，其相电压为220V。

第3章 变压器与电动机

➲ **教学目标**

（1）理解变压器的基本结构和工作原理。
（2）熟悉实用变压器的工作特性。
（3）了解电动机的特性和铭牌。
（4）理解电动机控制电路的控制原理。
（5）了解其他电动机的特性。
（6）了解导线在控制电路中的作用。

怎样看待变压器？

生产系统由不同类型的电源和各种负载设备组成，其中不同的电压离不开变压器。图 3.1 中展示了各类变压器，从某个角度来说，变压器的结构、特性可以专门开一门课来分析，但这里介绍变压器，只是希望大家能了解变压器的基本特性。

（a）单相电源变压器

（b）电力变压器

（c）隔离变压器

（d）自耦变压器

（e）仪用电流互感器

（f）数控机床伺服变压器

图 3.1 各类变压器

3.1 变压器的基本特性

3.1.1 变压器的基本结构和工作原理

1. 变压器的基本结构

如图 3.1.1 所示，不同类型的变压器，由于使用场合、工作要求的不同，它们的外型、体积和重量有很大的差别，但是它们的基本结构都是由铁芯和线圈（或称绕组）组成的。

铁芯的作用是构成磁路，集中磁通，减小变压器体积和铁芯损耗。为了提高磁路的磁导率和减小铁芯功率损耗，铁芯通常由厚度为 0.2～0.5mm 的硅钢片叠成。

从铁芯与绕组的相对位置看，变压器有心式和壳式两种。绕组包着铁芯的称为心式变压器，铁芯包着绕组的称为壳式变压器，如图 3.1.1 所示。单相或三相电力变压器多为心式，小容量的单相变压器常制成壳式。

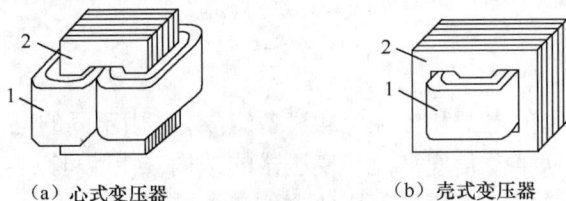

(a) 心式变压器　　　　　　　　(b) 壳式变压器

图 3.1.1　铁芯结构不同的变压器
1—绕组；2—铁芯

铁芯损耗和硅钢片。

线圈通交流电时，铁芯中产生的交变磁场将造成磁滞和涡流现象。磁滞和涡流在铁芯中造成的能量损耗，在电机或电器中统称为铁损耗。

（1）磁滞。交变电流使铁芯被反复磁化，然而由于磁通存在"惯性"，磁通 ϕ 的变化将滞后于电流 i 的变化，如图 3.1.2 所示，即当电流减小时，铁芯中磁通减少较慢，i 变到 0 时，铁芯中仍保留部分剩磁（正方向时为 OC，反方向时为 OF），必须在电流变化到相反方向并具有一定数值时，剩磁才会消失(D 点和 G 点)。上述现象称为磁滞。图中的封闭曲线 BCDEFG 称为磁滞回线。

磁滞损耗将使铁芯发热。使用交流电的设备应尽量选用磁滞现象不明显的铁磁材料来制作铁芯，这类材料称为软磁材料，如硅钢、铸钢、铁镍合金等。

（2）涡流。铁芯也是导体，相当于电阻很小的闭合导线，根据电磁感应原理，交变电流产生的磁场能在铁芯中感应产生涡流，如图 3.1.3（a）所示。涡流将使铁芯发热并消耗能量，称为涡流损耗。为减小涡流损耗，常采用片间绝缘的叠片铁芯，这样可使涡流被限制在很小的截面上，如图 3.1.3（b）所示。同时设法增大铁芯的电阻率以进一步减小涡流，如硅钢中所含的硅即可提高电阻率。硅钢片制成的铁芯，广泛用于工频交流设备。

变压器中的线圈通常又称为绕组，它是变压器的电路部分，由铜或铝导线绕成一定形状、一定匝数的线圈组成。线圈有一次线圈（也称原边绕组）和二次线圈（也称副边绕组）。一次线圈与电源连接，二次线圈与负载连接。

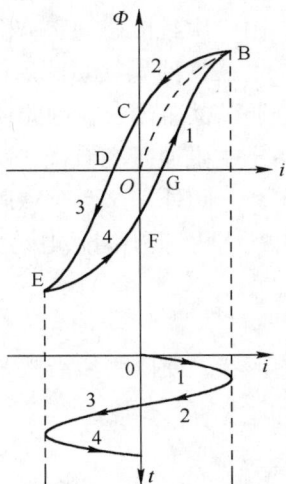

图 3.1.2 磁滞回线

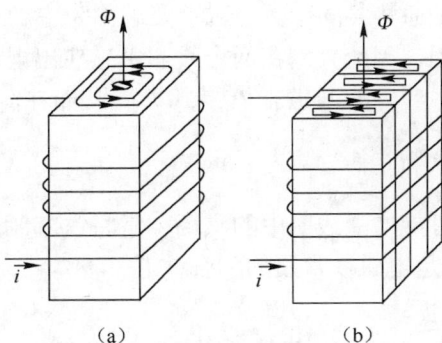

（a）　　　　（b）

图 3.1.3 铁芯中的涡流

变压器的高、低压绕组在铁芯柱上有同心式和交迭式两种安装方式。同心式绕组一般为低压线圈在内，高压线圈在外，便于绝缘，如图 3.1.4（a）所示。交迭式绕组是把高、低压线圈分成若干部分，每部分呈盘状，沿铁芯柱交错套装，如图 3.1.4（b）所示，这种安装方式比较牢固，但绝缘比较复杂，我国电力变压器一般都采用同心式安装方式。

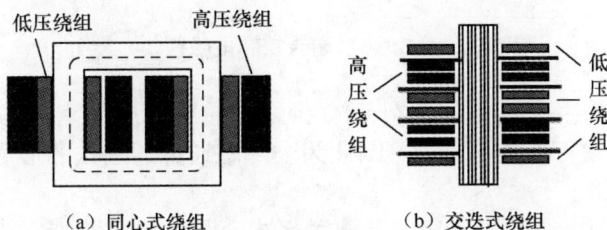

（a）同心式绕组　　　　（b）交迭式绕组

图 3.1.4 高、低压绕组的安装方式

变压器除了有完成电磁感应的基本部分和绕组外，较大容量的变压器还具有冷却设备和保护装置，图 3.1（b）所示的电力变压器即带有冷却管。

2. 变压器的工作原理

无论变压器的外形差异多大，变压器的主要功能都是把某一数值的交流电压转换成同频率的另一数值的交流电压。这里以最简单的单相变压器为例，来分析它的工作原理。图 3.1.5 为变压器原理示意图，为便于分析，把两个线圈分别画在两个铁芯柱上。一次线圈和二次线圈的匝数分别为 N_1 和 N_2。

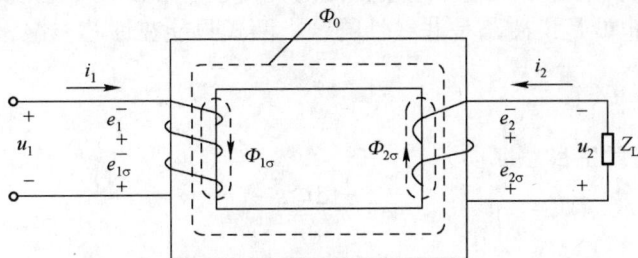

图 3.1.5 变压器原理示意图

一次线圈在交流电压 u_1 的作用下，便有电流 i_1 通过，由一次线圈磁通势 $N_1 i_1$，产生的磁通 Φ_0 绝大部分通过铁芯闭合，在二次线圈上感应电动势 e_2，二次线圈接负载后便有电流 i_2 流过二次线圈，二次线圈磁通势 $N_2 i_2$ 产生的磁通也绝大部分通过铁芯闭合，因此铁芯中的磁通由一、二次磁通势共同产生，这个磁通称为主磁通 Φ_2。由于主磁通既交链于一次线圈，又交链于二次线圈，因此分别在两个线圈中感应出电动势 e_1 和 e_2。此外，这两个磁通势又分别产生只交链于本线圈的漏磁通 $\Phi_{1\sigma}$ 和 $\Phi_{2\sigma}$，从而在各自线圈中分别感应出漏感电动势 $e_{1\sigma}$ 和 $e_{2\sigma}$。

磁路欧姆定律。

为了尽可能增强线圈中的磁场，常将铁芯制成闭合的形状，使磁力线沿铁芯构成回路。如图 3.1.6 就是电磁铁常用的闭合铁芯。

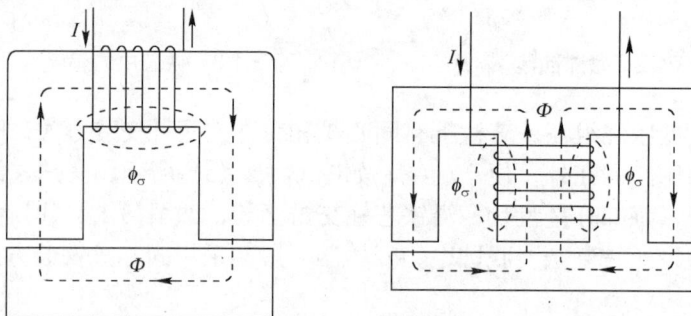

图 3.1.6　闭合铁芯电磁铁

铁芯中的磁通称为主磁通 Φ，另外还有少量磁通过周围空气构成回路，称为漏磁通 Φ_σ，它与主磁通相比常可忽略不计。可以认为全部磁通都通过铁芯形成回路，这个被铁芯限定的磁通回路称为磁路。

在磁路中也有类似电路欧姆定律的基本关系式，称为磁路欧姆定律

$$\Phi = \frac{IN}{R_m} \tag{3.1.1}$$

式中，Φ 是磁通，IN 是线圈中电流 I 与线圈匝数 N 的乘积，称为磁通势；R_m 是磁阻。磁阻在计算时也有类似电阻计算的关系式

$$R_m = \frac{l}{\mu A} \tag{3.1.2}$$

式中，l 是磁路的长度，A 是磁路的截面积，μ 是材料的导磁率。铁磁材料的导磁率要比空气大几百倍甚至几千倍，所以磁路中只要有一小段空气隙就会使磁阻大大增加。

铁磁材料的磁通和电流并不是永远成正比的，因为一旦磁化接近饱和，导磁率就要降低，所以 R_m 不是常量，也就是说磁路是非线性的，上两式只能在铁芯未饱和时应用。

铁芯线圈交流电路。

线圈通交流电将产生自感电动势

$$e_L = -N \frac{d\Phi}{dt} \tag{3.1.3}$$

铁芯中正弦交变磁通可表示为

$$\Phi = \Phi_{\mathrm{m}} \sin \omega t \tag{3.1.4}$$

代入式 (3.1.3), 得

$$e_{\mathrm{L}} = \omega N \Phi_{\mathrm{m}} \sin(\omega t - \frac{\pi}{2}) \tag{3.1.5}$$

其中

$$E_{\mathrm{Lm}} = \omega N \Phi_{\mathrm{m}} \tag{3.1.6}$$

其有效值

$$E_{\mathrm{L}} = \frac{2\pi}{\sqrt{2}} f N \Phi_{\mathrm{m}} = 4.44 f N \Phi_{\mathrm{m}} \tag{3.1.7}$$

若不计线圈电阻和漏磁通的影响, 则

$$U = E_{\mathrm{L}} = 4.44 f N \Phi_{\mathrm{m}} \tag{3.1.8}$$

对变压器进行磁路分析发现

概念: 变压器的变比

若将一次、二次线圈感应电动势之比定义为变压器的变比 K, 则

$$K = \frac{E_1}{E_2} = \frac{N_1}{N_2} \approx \frac{U_1}{U_2} \tag{3.1.9}$$

因此变压器的变比也为空载运行时, 一次、二次线圈的电压比, 它也等于一次、二次线圈的匝数比。

概念: 变压器的变压原理

当电源电压一定时, 只要改变两线圈匝数比, 就可得到不同的输出电压, 从而达到变电压的目的, 这就是变压器的变压原理。由式 (3.1.9) 可知, 电压近似与匝数成正比, 匝数多电压就高, 匝数少电压就低。降压时 $N_1 > N_2$, 升压时 $N_1 < N_2$。

概念: 变压器的变流原理

变压器空载时 (相当于一个铁芯线圈), 流经一次线圈的电流 i_0 称为空载电流, 变压器空载电流 i_0 主要用来励磁。由于铁芯的磁导率 μ 很大, 故空载电流 i_0 很小, 常可忽略不计, 因此带负载时, 变压器一、二次线圈电流的大小关系为

$$\frac{I_1}{I_2} \approx \frac{N_2}{N_1} = \frac{1}{K} \tag{3.1.10}$$

式 (3.1.10) 表明一、二次线圈电流近似与线圈匝数成反比, 它反映了变压器除有变换电压的功能外, 还有变换电流的功能。匝数多的一侧电压高、电流小, 而匝数少的一侧电压低、电流大。

变压器一、二次线圈之间的磁耦合实现了能量的传递。当负载增加时, i_2 和 $N_2 i_2$ 随之增大, 为保持铁芯中磁通不变, 一次侧必须产生这样一个电流, 由它产生的磁通来抵消二次电流和磁通势对主磁通的影响。因此, 一次电流 i_1 实质上由两部分组成, 一部分用来产生主磁通, 另一部分用来抵消二次磁通势的影响。前者大小不变 (因为主磁通大小不变), 而后者随二次电流的增减而增减, 所以当负载电流 (二次电流) 增加时, 一次电流也就随之增加, 从而实现了能量的传递。

变压器不仅能起变换电压和变换电流的作用, 还具有变换负载阻抗的作用。在如图 3.1.7 (a) 所示的变压器二次侧接有负载阻抗 $|Z|$, 而图中虚线框部分可用一个阻抗 $|Z'|$ 等效代替。所谓等效, 就是输入电压、电流和功率不变。也就是说, 直接接在电源上的阻抗 $|Z'|$ 和接在变压器二次侧的负载阻抗 $|Z|$ 是等效的。$|Z'|$ 是一次侧的等效阻抗, 也称为变压器的转移阻抗,

即负载阻抗通过变压器转移到输入端口的等效阻抗。

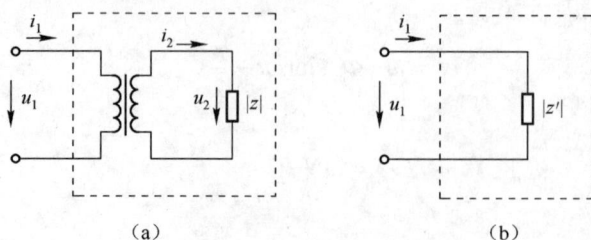

图 3.1.7 变压器阻抗变换

根据变压器一次侧、二次侧电压和电流的关系，可以得

$$\frac{U_1}{I_1} = \frac{\dfrac{N_1}{N_2}U_2}{\dfrac{N_2}{N_1}I_2} = (\frac{N_1}{N_2})^2\frac{U_2}{I_2} = k^2\frac{U_2}{I_2} \tag{3.1.11}$$

$$\frac{U_1}{I_1} = |Z'|, \quad \frac{U_2}{I_2} = |Z| \tag{3.1.12}$$

概念：变压器的负载阻抗变换作用

$$|Z'| = (\frac{N_1}{N_2})^2|Z| = k^2|Z| \tag{3.1.13}$$

上式说明一个变压器的副边接有负载 $|Z|$ 后，对原边来说，相当于接上阻抗为 $k^2|Z|$ 的负载，可以采用不同的匝数之比，把负载阻抗的数值变换为所需要的、比较合适的数值。由于变压器具有这种阻抗变换的作用，因此在电子线路中常利用变压器达到阻抗匹配的目的。

【例 3.1.1】 有一机床照明变压器，一次侧绕组电压 $U_1 = 380\text{V}$，二次侧绕组电压 $U_2 = 36\text{V}$，如果接入一个 36V、60W 的灯泡，求：

（1）原、副边的电流各是多少？

（2）相当于原边接上一个多少 Ω 的电阻？

解： 灯泡可看成纯电阻，功率因数为 1，因此副边电流为

$$I_2 = \frac{P}{U_2} = \frac{60}{36} = 1.67(\text{A})$$

$$\because k = \frac{U_1}{U_2} = \frac{380}{36} \approx 10.56$$

则原边电流为

$$I_1 = \frac{I_2}{k} = \frac{1.67}{10.56} = 0.158(\text{A})$$

灯泡的电阻为

$$R = \frac{U_2^2}{P} = \frac{36^2}{60} = 21.6(\Omega)$$

则原边的等效电阻为

$$R' = k^2R = (10.56)^2 \times 21.6 = 2408.7(\Omega)$$

3.1.2　变压器的使用

1. 变压器的主要技术参数

变压器的技术指标表示了制造厂根据设计或试验数据，对变压器正常运行状态所作的规定值，它们是运行人员正确、合理使用变压器的依据。

概念：额定电压 U_{1N}/U_{2N}

单位为 V 或 kV。一次额定电压 U_{1N} 为变压器一次侧长时间运行所能承受的工作电压，二次额定电压 U_{2N} 定义为一次侧加额定电压、二次线圈开路（空载状态）时的端电压。三相变压器的额定电压一律指线电压，且均以有效值表示。

变压器的额定电压应与相连接的输变电线路电压相符合。

概念：额定容量 S_N

单位为 VA、kVA 或 MVA。变压器在出厂前，不可能预先知道在使用过程中要接什么性质的负载，功率因数要视其所接负载情况而定，因此不可能标注额定功率 P_N。通常标注额定视在功率 S_N 以说明变压器的额定容量，它等于变压器二次线圈的额定电压和额定电流的乘积。

$$S_N = U_{2N}I_{2N} \tag{3.1.14}$$

通常把变压器一、二次侧的额定容量设计为相同，即

对单相变压器：
$$S_N = U_{1N}I_{1N} = U_{2N}I_{2N} \tag{3.1.15}$$

对三相变压器：
$$S_N = \sqrt{3}U_{1N}I_{1N} = \sqrt{3}U_{2N}I_{2N} \tag{3.1.16}$$

概念：额定电流 I_{1N}/I_{2N}

指变压器在额定容量和允许温升的条件下，长时间通过的电流。三相变压器额定电流一律指线电流。

此外，生产厂家还会给出三相连接组别以及相数 m、阻抗电压 U_k、型号、运行方式、冷却方式和重量等数据。

变压器的三相连接组别。

三相连接组别反映了变压器高、低压侧绕组的连接方式，以及在正相序电源时，高、低压侧绕组对应线电势的相位关系，使用时钟表示法表示相位关系，如 Y/d_3 表示低压侧电势滞后对应高压侧电势 $3 \times 30°$。

2. 变压器的特性

在输入电压不变的情况下，变压器输出电压 U_2，$U_2 = f(I_2)$，称为变压器的特性。一般情况下，其输出特性如图 3.1.8 所示，功率因数（感性）越低，输出电压下降越多，副边电流达到额定值 I_{2N} 时的电压变化率表示为

$$\Delta U = \frac{U_{20} - U_2}{U_{20}} \times 100\% \tag{3.1.17}$$

一般电力变压器的电压变化率 $<5\%$。

3. 变压器的损耗与效率

变压器运行时有两种损耗，即铁损耗和铜损耗。铁损耗 ΔP_{Fe} 包括磁滞损耗 ΔP_{Fe1} 和涡流损耗 ΔP_{Fe2}

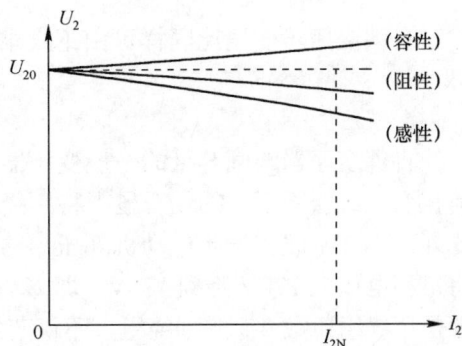

图 3.1.8　变压器的特性

两部分，它仅与主磁通 Φ_m 相关，电源电压不变时，Φ_m 基本不变，故 ΔP_{Fe} 也基本不变，称为不变损耗。铜损耗 ΔP_{Cu} 是指变压器线圈电阻的损耗，它与负载大小有关（与电流平方成正比），叫作可变损耗。

变压器总损耗为

$$\sum P = \Delta P_{Cu} + \Delta P_{Fe} \tag{3.1.18}$$

效率为

$$\eta = \frac{P_2}{P_1} = \frac{P_2}{P_2 + \sum P} \tag{3.1.19}$$

式中，P_2 为输出功率；P_1 为输入功率。

由于变压器是静止电器，相对来说其损耗较小，因此其效率很高。效率是变压器的一个重要技术指标。控制装置中的小型电源变压器效率在 80% 以上，而电力变压器效率一般平均在 95% 以上。

运行中需注意的是，变压器并非是运行在额定负载时效率最高，常规变压器 40% ~ 50% 额定负载时效率最高，此后又略低；对于电力变压器，一般在 50% ~ 75% 的额定负载时效率最高。

3.2 常用变压器

变压器被广泛用于电力系统和电子线路中，除实现最基本的变换电压、电流和阻抗的功能外，变压器还被用于耦合电路、电气隔离等场合。

1. 自耦变压器

自耦变压器初级和次级共同用一个绕组，其结构和符号如图 3.2.1 所示。

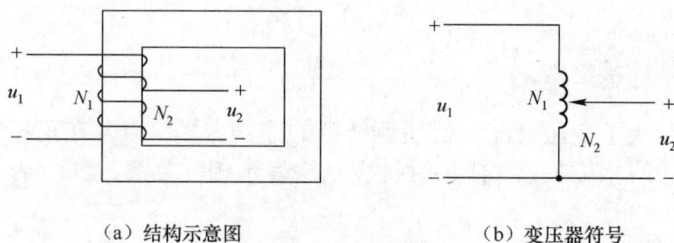

（a）结构示意图　　　　　　（b）变压器符号

图 3.2.1　自耦变压器

自耦变压器变压比同样可由下式求出

$$\frac{U_1}{U_2} = \frac{N_1}{N_2} = k$$

自耦变压器与同容量的一般变压器相比较，具有结构简单、用料省、体积小等优点，尤其在变压比接近于 1 的场合显得特别经济，所以在电压相近的大功率输电变压器中用得较多，此外在 10kW 以上异步电动机降压启动器中得到广泛使用。例如三相交流电动机启动时需要将每相电压从 220V 降到 176V（即 220×80%），这时如果用自耦变压器，就可以省掉一个匝数是原绕组匝数 4/5 的副绕组，不仅节约了材料，变压器结构也大大简化；而 220V 和 176V 属于同一电压等级，从电路上隔开的必要性也不大。

　　自耦变压器存在的问题：变压器的原、副边不仅通过磁路耦合，而且在电路上也直接连通，这是不安全的。如果变压比很大，原、副边两侧电压相差悬殊，就必须从电路上予以隔离，这时不能使用自耦变压器。例如供电用的降压变压器，其变压比为10kV/400V，就不允许用自耦变压器，又如，给携带式照明灯供电，因维修人员要经常持灯进行工作，需将电压降至12V以保证安全。这时绝不允许用自耦变压器降压，这是因为原边的 220V 电压与副边的 12V 相比，从安全角度看是完全不同的两个电压等级，如果在电路上直接连通就可能出现如图 3.2.2 所示的情况。副边两线之间的电压是12V，灯也能正常发光，但每根线对地的电压都在 200V 以上，这对持灯的人是极不安全的。

　　自耦变压器也能制成三相结构，常用于三相电动机启动，图 3.2.3 所示为三相自耦变压器的外形和接线示意图。

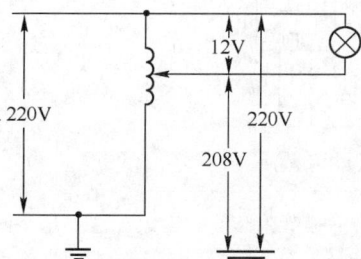

图 3.2.2　自耦变压器的不安全状况

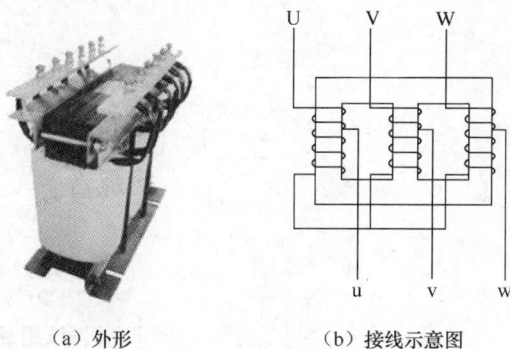

（a）外形　　　　（b）接线示意图

图 3.2.3　三相自耦变压器

2．隔离变压器

　　隔离变压器的首要任务是将高压与低压分开或者是将强电与弱电分开，而变压并不是它的首要任务，因此对它的最基本要求是保证原副边绝缘性能。

　　隔离变压器的次级不与大地相连，它的任意两线与大地之间没有电位差。人接触任意一条导线不会触电，所以比较安全。

　　隔离变压器适用于交流 50Hz～400Hz，电压 1000V 以下安全、隔离、漏电流小、净化电源、消除三次谐波及抑制共模干扰的场合，广泛用于照明、机床电器、机械电子设备、医疗设备、整流装置等，电工电子类实验室的实验台为安全目的多安装隔离变压器。

　　隔离变压器按用途分为两类：一类是防止触电事故发生而对电源进行隔离的安全电源变压器；另一类隔离变压器是对电磁干扰信号进行隔离，它广泛用于电子电路中，起抑制噪声和电磁干扰的作用。

　　图 3.2.4 所示为常见的单相、三相隔离变压器。

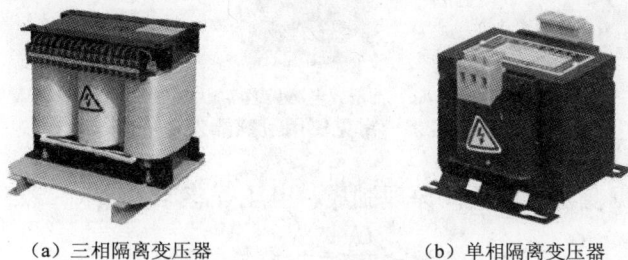

（a）三相隔离变压器　　　　（b）单相隔离变压器

图 3.2.4　隔离变压器

3. 仪用互感器

仪用互感器分电压互感器和电流互感器两类。它们可以把待测电压、电流按一定比率变小以便于测量；同时由于原、副边是磁耦合，从而把高压线路与测量仪表电路隔离，以保证观测者的安全。实质上它们是损耗低、变比精确的小型变压器。

图 3.2.5 是接有电压互感器和电流互感器的单相电路，从图中可以看出，10kV 高压电路与测量仪表电路通过互感器隔离。在大型露天变电站中，电压互感器和电流互感器都装在户外，只把它们的副边引线接到室内配电屏的仪表上。从图 3.2.5 中还可以看到，为防止高压侧绝缘损坏造成危险，互感器铁芯和副绕组的一端应当接地。

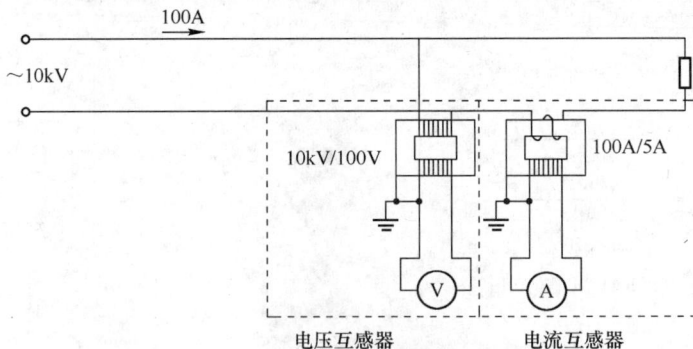

图 3.2.5　仪用互感器电路

图 3.2.6 所示是常见的电压互感器和电流互感器外形。

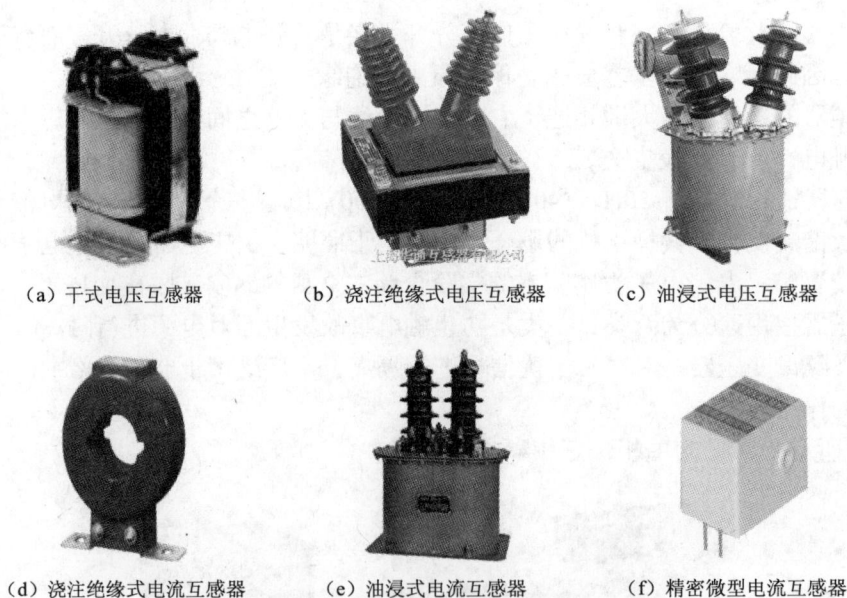

（a）干式电压互感器　　（b）浇注绝缘式电压互感器　　（c）油浸式电压互感器

（d）浇注绝缘式电流互感器　　（e）油浸式电流互感器　　（f）精密微型电流互感器

图 3.2.6　常见仪用互感器外形

电压互感器是根据变压器变压的原理制成，电压互感器一次、二次线圈中的电压关系为

$$\frac{U_1}{U_2} = \frac{N_1}{N_2}$$

为了降低电压，应使 $N_2 < N_1$，一般规定副边额定电压为 100V。

电流互感器是根据变压器变流的原理制成，电流互感器一次、二次线圈中的电流关系为

$$\frac{I_1}{I_2} = \frac{N_2}{N_1}$$

为了减小电流，应使 $N_2 > N_1$，一般规定副边额定电流为 5A。

实际使用时，电流互感器禁止二次开路，开路将产生高压危险；电压互感器也严禁二次短路。

利用电流互感器的原理可以制作便携式钳形电流表，如图 3.2.7 所示。在低压电路测量电流时，将它的闭合铁芯张开，将被测的载流导线嵌入铁芯窗口中，使这根导线成为电流互感器的单匝原绕组，铁芯上已绕好的副绕组直接与测量仪表连接，可以随即读出电流的数值。用此测量方法测电流可以不断开电路，非常方便，因此广泛用于生产中。

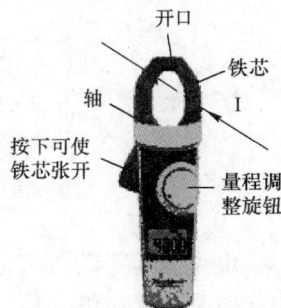

图 3.2.7 钳形电流表

4. 伺服变压器和智能伺服变压器

伺服变压器属于隔离变压器的一种，专门用于各类数控机床、加工中心、自动化控制、数控设备的伺服系统和主轴电机的电压变换及控制电源。

智能伺服变压器完全颠覆了传统铁芯变压器的概念，采用半导体元件、传感器和智能控制系统组合实现了电压变换作用，能够通过智能传感元件对负载进行动态跟踪，伺服电机需要多少能量，伺服变压器就输出多少能量，进而达到节能降耗的目的。智能伺服变压器还具有体积小、适用电压范围广等优点。

图 3.2.8 所示为常见伺服变压器。

5. 整流变压器

整流变压器是由硅整流电源和单相变压器整合后构成的使交流电压变为直流电源的装置，适用于给数控机床机械的电器部件供电。图 3.2.9 所示即为整流变压器。

（a）三相伺服变压器 　　　（b）智能伺服变压器

图 3.2.8 常见伺服变压器　　　　　　图 3.2.9 整流变压器

6. 电焊变压器

电弧焊是设备制造、维修最常用的焊接方法。电弧焊使用的变压器必须能输出焊接所需的大电流，同时还需要具有陡降的特性。

普通电焊机的工作原理和变压器相似，是一个降压变压器，且由一个能提供大电流的变压器和一个可调电抗器串联组成，如图 3.2.10 所示。在变压器次级线圈的两端是被焊接工件和焊条，在电弧未起燃之前，有较高的空载电压，一般为 60～80V，这样可使起弧比较容易。电弧引燃后，焊接电流通过电抗器产生电压降，使焊接电压降至 25～30V，维持电弧工作，

在电弧的高温中将工件的缝隙和焊条熔接。

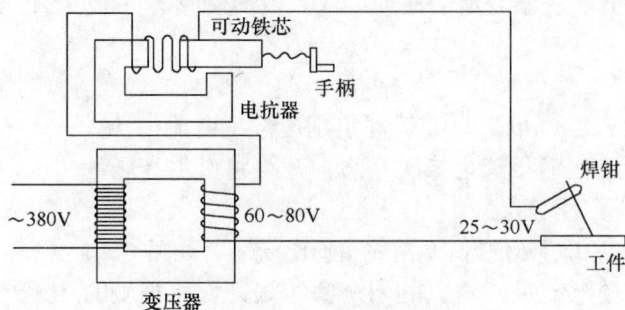

图 3.2.10　交流电弧焊电源

电抗器的可动铁芯可以通过手柄和丝杠带动左右调节，改变电抗的大小可以调节焊接电流，通常手工电弧焊使用的电流范围是 50～500A。

如何购买变压器？

变压器的型号多种多样，购买变压器需要提交哪些技术参数？

如果需要和设备原有变压器相一致，找到原厂家，提供原变压器型号是明智的选择，但生产中往往事与愿违，不是厂家转型了，就是原型号没有了，这时，就需要明确以下参数：额定容量、初次级额定电压、连接组别、频率，另外还要注意诸如应用场合、环境温度、绝缘等级甚至外形尺寸、重量等特殊要求。

3.3　认识电动机

电动机是将电能转换为机械能的设备，目前的生产机械绝大部分都用电动机拖动。图 3.3.1 中列举了学生可能接触到的一些产品，电动机是这些产品功能实现的基本要素。

（a）电风扇（单相交流电机）

（b）电动车（直流电机）

（c）车床（三相交流电机）

（d）数控加工中心

（e）台钻

（f）汽车

图 3.3.1　电动机应用的产品

根据工作电源的不同，电动机可分为直流电动机和交流电动机。其中交流电动机还分为单相电动机和三相电动机。从电动机的转速与电网电源频率之间的关系来分类，电动机可分为异步电动机和同步电动机。按转子的结构不同，电动机可分为笼型感应电动机（旧标准称为鼠笼型异步电动机）和绕线转子感应电动机（旧标准称为绕线型异步电动机）。电动机按运转速度又可分为高速电动机、低速电动机、恒速电动机和调速电动机。

电动机按用途分类可分为驱动用电动机和控制用电动机。驱动用电动机又分为电动工具（包括钻孔、抛光、磨光、开槽、切割、扩孔等工具）用电动机、家电（包括洗衣机、电风扇、电冰箱、空调器、录音机、录像机、影碟机、吸尘器、照相机、电吹风、电动剃须刀等）用电动机及其他通用小型机械设备（包括各种小型机床、小型机械、医疗器械、电子仪器等）用电动机。控制用电动机又分为步进电动机和伺服电动机等。图 3.3.2 列举了一些常见的电动机外形。

(a) 三相异步电动机　　　(b) 感应式电动机　　　(c) 永磁直流电动机　　(d) 汽车座椅电机

图 3.3.2　电动机外形

三相交流电动机是应用范围最广的电动机，而同步电动机多适合于大型机械的电力拖动和很小功率的仪器仪表，一般功率的电动机都采用异步电动机。因此，我们这里重点介绍三相异步电动机。

3.4　三相异步电动机的特性和铭牌

三相异步电动机主要由两部分组成，固定不动的部分称为电动机定子；旋转并拖动机械负载的部分称为电动机转子。转子和定子之间有一个非常小的空气气隙将转子和定子隔离开来，根据电动机的容量的大小不同，气隙一般在 0.4~4mm 的范围内，电动机转子和定子之间没有任何电气上的联系，能量的传递全靠电磁感应作用。

三相交流电动机的定子是绕在铁芯上的三相绕组，它固定在机座上，其作用是通电后产生旋转磁场；转子则有笼型和绕线型几种不同的形式。图 3.4.1 所示为三相笼型异步电动机的总体结构。

三相异步电动机要旋转起来的先决条件是具有一个旋转磁场，三相异步电动机的定子绕组就是用来产生旋转磁场的。电源相与相之间的电压在相位上是相差 120° 的，三相异步电动机定子中的三个绕组在空间方位上也互差 120°，这样，当在定子绕组中通入三相电源时，定子绕组就会产生一个旋转磁场，其产生的过程如图 3.4.2 所示。图中分 4 个时刻来描述旋转磁场的产生过程。电流每变化一个周期，旋转磁场在空间就旋转一周，即旋转磁场的旋转速度与电流的变化是同步的。旋转磁场的转速为

$$n_1 = \frac{60 f_1}{p} \quad (\text{r/min})$$

式中，f 为电源频率，p 是磁场的磁极对数，n 是每分钟的转数。不同极对数的旋转磁场

转速如表 3.4.1 所示。

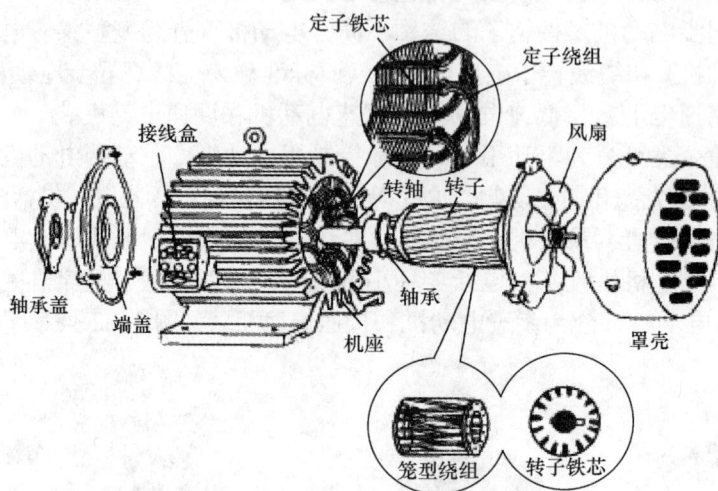

图 3.4.1　异步电动机的总体结构

表 3.4.1　　　　　　　　　不同极数的旋转磁场转速

磁极数 $2p$（极）	2	4	6	8	10	12
旋转磁场转速 n_1/（r/min）	3000	1500	1000	750	600	500

观察图 3.4.2 可发现，旋转磁场的旋转方向与绕组中电流的相序有关。相序 A、B、C 顺时针排列，磁场顺时针方向旋转，若把三根电源线中的任意两根对调，例如将 B 相电流通入 C 相绕组中，C 相电流通入 B 相绕组中，则相序变为 C、B、A，则磁场必然逆时针方向旋转。利用这一特性可以很方便地改变三相电动机的旋转方向。

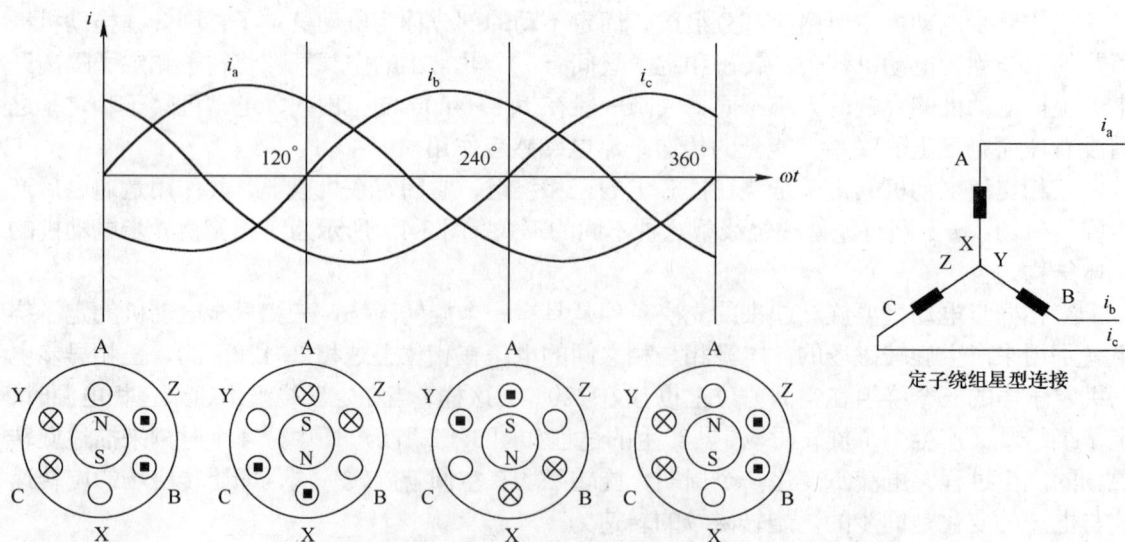

图 3.4.2　电动机定子绕组旋转磁场的产生过程

定子绕组产生旋转磁场后，转子导条（鼠笼条）将切割旋转磁场的磁力线而产生感应电流，转子导条中的电流又与旋转磁场相互作用产生电磁力，电磁力产生的电磁转矩驱动转子沿旋转磁场方向以 n_1 的转速旋转起来。一般情况下，电动机的实际转速 n_2 低于旋转磁场的转速 n_1 。因为假设 $n_1 = n_2$ ，则转子导条与旋转磁场就没有相对运动，就不会切割磁力线，也就不会产生电磁转矩，所以转子的转速 n_2 必然小于 n_1 。因此称三相电动机为异步电动机。

概念：转差率

n_1 与 n_2 之差与 n_1 之比称为异步电动机的转差率，用 s 表示

$$s = \frac{n_1 - n_2}{n_1} \tag{3.4.1}$$

s 是分析异步电动机运行的一个重要参数，它与负载情况有关。当转子尚未转动时（如启动瞬间），则 $n_2 = 0$ 、$s = 1$ ；当转子转速接近于同步转速（空载运行）时，则 $n_2 \approx n_1$ 、$s = 0$ 。异步电动机负载越大，转速越慢，转差率就越大。负载越小，转速越快，转差率就越小。

一般情况下，运行中的三相异步电动机的额定转速与同步转速相近，所以转差率很小。通常不同容量的异步电动机在额定负载时的转差率为 1% ～ 9% 。

【例 3.4.1】设有一台额定转速 $n_N = 1450 \text{r/min}$ 的三相异步电动机，试求它额定负载运行时的转差率 s_N 。

解：由表 3.4.1 知，该电动机的 $n_1 = 1500 \text{r/min}$ 。根据式（3.4.1）得

$$s_N = \frac{n_1 - n_2}{n_1} = \frac{1500 - 1450}{1500} = 0.033$$

不同的电动机，拥有不同的工作特性，首先需要从铭牌来了解设备的额定参数。在网络资源异常丰富的今天，众多的电动机生产厂家在网上提供了大量的关于产品外形、特性、铭牌数据等资料，因此，我们毋需在这里列举过多的型号，仅重点说明与实际使用相关的主要参数。

三相异步电动机			
型号： Y112M-4		编号	
4.0　　KW		8.8　　A	
380 V	1440　　r/min	LW	82dB
接法　△	防护等级 IP44	50Hz	45kg
标准编号	工作制 S1	B级绝缘	2000年8月
中原电机厂			

图 3.4.3　三相异步电动机铭牌

图 3.4.3 为某三相异步电动机的铭牌，从铭牌上可以看到以下信息。

型号是为了便于业务联系和简化技术文件对产品名称、规格等方面的叙述而引用的一种代号，由汉语拼音字母、国际通用符号和阿拉伯数字 3 部分组成。

Y　112M-4　　规格代号：中心高112mm，中机座，4极（磁极数）
　　　　　　　　（短机座：S；中机座：M；长机座：L）
　　　　　　　 产品代号：Y系列鼠笼式异步电动机
　　　　　　　　（YR表示绕线式异步电动机）

电动机按铭牌上所规定的条件运行时，就称为电动机的额定运行状态。从铭牌中可以获得以下额定参数。

概念：额定功率 P_N（W 或 kW）

指电动机在制造厂（铭牌）所规定额定运行状态下运行时，轴端输出的机械功率。

概念：定子额定电压 U_N（V 或 kV）

指电动机在额定状态下运行时，定子绕组应加的线电压。

概念：定子额定电流 I_N（A）

指电动机在额定电压下运行，输出额定功率时，流入定子绕组的电流。

对三相异步电动机，额定功率为

$$P_N = \sqrt{3}U_N I_N \cos\varphi_N \eta_N \tag{3.4.2}$$

式中 η_N 为额定运行时异步电动机的效率，$\cos\varphi_N$ 为额定运行时异步电动机的功率因数，对 380V 低压异步电动机，其 $\cos\varphi_N$ 和 η_N 的乘积约为 0.8，代入上式得

$$I_N \approx 2P_N \tag{3.4.3}$$

式中，P_N 的单位为 kW，I_N 的单位为 A，由式（3.4.3）可根据电动机功率估算额定电流值。

概念：额定转速 n_N

指电动机在额定状态下运行时，转子的转速，单位为 r/min。

概念：额定频率 f_N

我国电力系统工作频率（简称工频）为 50Hz。

除上述数据外，铭牌上有时还标明定子相数和绕组接法、额定运行时电动机的功率因数、效率、温升或绝缘等级、工作方式等。下面对绕组接法、温升、绝缘等级和工作方式作简要说明。

绕组接法：电动机定子三相绕组有 Y 形连接和三角形连接两种，三相绕组的接线端分别标注为：首端 U_1、V_1、W_1、末端 U_2、V_2、W_2。图 3.4.4 所示分别为 Y 形连接和三角形连接原理图和外接线图。

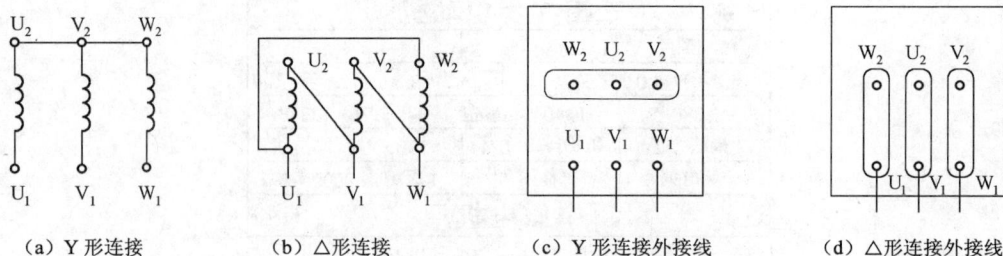

（a）Y 形连接　　（b）△形连接　　（c）Y 形连接外接线　　（d）△形连接外接线

图 3.4.4　三相异步电动机的接线

绝缘等级：电动机绕组所用绝缘材料按耐热能力分为 Y、A、E、B、F、H、C 共 7 个等级，其极限工作温度分别为 90℃、105℃、120℃、130℃、155℃、180℃及 180℃以上。绝缘材料的极限工作温度，是指电动机在设计预期寿命内，运行时绕组绝缘中最热点的温度。根据经验，A 级材料在 105℃、B 级材料在 130℃的情况下寿命可达 10 年，但在实际情况下，环境温度和温升均不会长期达到设计值，因此一般寿命在 15～20 年。如果运行温度长期超过材料的极限工作温度时，则绝缘的老化加剧，寿命严重缩短。所以电动机在运行中，温度是影响寿命的主要因素之一。事实上，当电动机的温度超过极限工作温度时，往往意味着有故障发生。

温升：温升是电动机与环境的温度差，是由电动机发热引起的。运行中的电动机铁芯处在交变磁场中会产生铁损，绕组通电后会产生铜损，还有其他杂散损耗等，这些都会使电动

机温度升高。另一方面电动机也会散热，当发热与散热相等时即达到平衡状态，温度不再上升而稳定在一个水平上。温升是电动机设计及运行中的一项重要指标，标志着电动机的发热程度。在运行中，如果电动机温升突然增大，说明电动机有故障，风道阻塞或负荷太重。

工作方式：我国电动机的工作方式分为连续工作制、短时工作制和断续周期工作制。连续工作制是指电动机按铭牌规定的数据长期连续运行。短时工作制和断续周期工作制均属于间歇运行方式，即运行一段时间后就停止运行一段时间。可见，短时工作制和断续周期工作制方式下，有一段时间电动机不发热，所以，容量相同时这类电动机的体积可以做得小一些，或者连续工作制的电动机用作短时工作制或断续周期工作制运行时，所带的负载可以超过铭牌上规定的数值。但是，短时工作制和断续周期工作制的电动机不能按其容量做连续运行，否则会使电动机过热而损坏。

电动机的工作体现在对负载（大多是生产机械）的拖动能力。为更好地理解电压、负载变化等因素对电动机工作状态的影响，有必要了解电动机的机械特性。

概念：电动机机械特性

电动机的转子转速 n_2 随其产生的电磁转矩 T 变化的关系，即 $n_2=f(T)$ 称为电动机的机械特性，如图 3.4.5 所示。

分析机械特性，必须明确以下两个概念。

第一，电动机产生的电磁转矩必须与其轴上负载的阻转矩相平衡。电磁转矩大于阻转矩则电动机加速；电磁转矩小于阻转矩则电动机减速；在电动机正常匀速转动时，二者必定相等。

第二，电动机产生的电磁转矩与定子旋转磁场的工作磁通和转子电流的有功分量成正比，用公式表示为

$$T=C_T \phi I_2 \cos \varphi_2 \qquad (3.4.4)$$

式中，T 是电磁转矩，C_T 是比例常数，ϕ 是旋转磁场的工作磁通，$I_2 \cos \varphi_2$ 是转子电流的有功分量。

为便于分析，可以暂时略去电动机轴上的摩擦阻转矩，产生的电磁转矩即为输出用于带动负载的转矩。

电动机启动时总要从转速为零起逐步加速，电动机转速为零时，虽然转子绕组感应电流最大，但因为此时转子电流频率也最高，感抗最大，$\cos \varphi_2$ 很低，所以产生转矩并不很大，如图 3.4.5 所示中的 D 点即为电动机的启动转矩 T_{st}。在电动机启动时，轴上负载的阻转矩必须小于启动转矩，否则不能启动。启动转矩 T_{st} 与额定转矩 T_N 之比，称为电动机的启动能力，一般电动机的启动能力为

$$\frac{T_{st}}{T_N} = 1.4 \sim 2.2 \qquad (3.4.5)$$

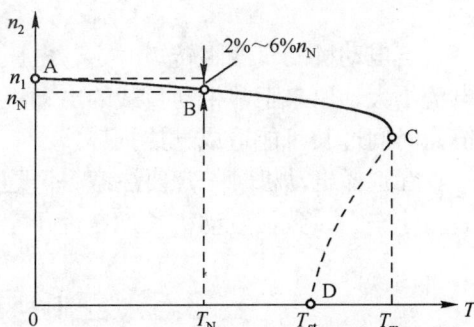

图 3.4.5 三相异步电动机机械特性

从图 3.4.5 可以看到，随着转速的快速升高，电动机转矩将沿着机械特性曲线变化，但是直到 $n_2 = n_N$ 时，特性曲线才与负载曲线相交于 B 点，此时电动机向负载输出的转矩是额定转矩，用 T_N 表示。

正常运行过程中，当负载发生变化时，异步电动机的转速将随之变化，但将在 A、C 点间移动，所产生的转速降并不明显。从理想空载状态（无负载、无摩擦阻力，$n_2=n_1$）的 A 点

到电动机满载运行的 B 点，转速仅下降 2%～6%。这是因为，转子绕组是短路的，只要转速略有降低，转子感应电动势略有增大，电流就有较大的增长，从而使产生的电磁转矩能够带动负载。从空载到满载转速大体恒定的特性，叫做硬机械特性。这种特性适合大多数生产机械对拖动的要求，这也是三相异步电动机获得广泛应用的原因之一。

特性曲线上的 C 点称为最大转矩，用 T_m 表示，随着转速的降低，电动机产生的电磁转矩不断增大，但是到达 C 点转矩即达到最大值，此后转速再下降，产生的电磁转矩反而减小，这是因为，转子转速不断降低，转子绕组与旋转磁场之间的相对转速不断增大，虽然使转子绕组感应电流 I_2 不断增大，但感应电流的频率也不断增高，造成转子绕组感抗增大，功率因数 $\cos\varphi_2$ 降低，在乘积 $I_2\cos\varphi_2$ 中，I_2 的增大不足以弥补 $\cos\varphi_2$ 的降低时，电磁转矩将减小。

电动机的最大转矩大于额定转矩，意味着在使用中留出了一定的余量。最大转矩与额定转矩之比称为过载能力。一般电动机的过载能力为

$$\frac{T_m}{T_N} = 1.6 \sim 2.5 \tag{3.4.6}$$

电动机轴上的阻转矩若超过了最大转矩，电动机将被迫停转，处于堵转状态，电动机将严重过热，极易烧毁，这是不允许的。

需要注意的是，电动机产生的电磁转矩要有一部分用于克服空载时就已存在的摩擦阻转矩 T_0，实际输出带动负载的转矩 T_2 应为

$$T_2 = T - T_0 \tag{3.4.7}$$

这一转矩与输出给负载的机械功率 P_2 具有以下关系

$$T_2 = 9550\frac{P_2}{n_2} \quad \text{N·m} \tag{3.4.8}$$

式中的 P_2 以 kW 为单位，n_2 以 r/min 为单位，T_2 的单位是 N·m。公式可从力学知识推导得出。

三相异步电动机在运行中，其电磁转矩对电压波动十分敏感。从式（3.4.4）可看出，若电源电压降低，工作磁通 ϕ 将减小，感应的 I_2 也要减小，电磁转矩与电压的平方成正比，即

$$T \propto U^2 \tag{3.4.9}$$

若电动机的负载阻转矩一定，电压降低，电动机将带不动原来的负载，于是转速下降，电流增大，原来正常带动负载的电动机因电源电压降低可能处于过载状态，电流超过了额定值，时间过长可能造成过热损坏。

在选择电动机时一定要注意，不要用大容量的电动机去拖动小功率的机械负载（俗称"大马拉小车"），致使电动机长期在近于空载的轻载状态下工作，功率因数和效率都很低。

3.5　三相异步电动机的控制方式

通常电动机启动时所产生的电流，都是常规开关所无法承受的，因此，电动机的供电控制、运行控制、保护等问题涉及一系列相关的设备。

首先电动机供电线路的通断，需要由触点容量足够大的接触器或继电器控制，而对接触器或继电器的动作，则取决于实际工艺需要的控制方式和电动机对启动或制动的要求。因此，使用按钮、时间继电器、速度继电器等设备按控制要求连接成控制线路，实现对接触器或继电器线圈的控制，可以间接获得电动机的控制权。它们之间的关系如图 3.5.1 所示。

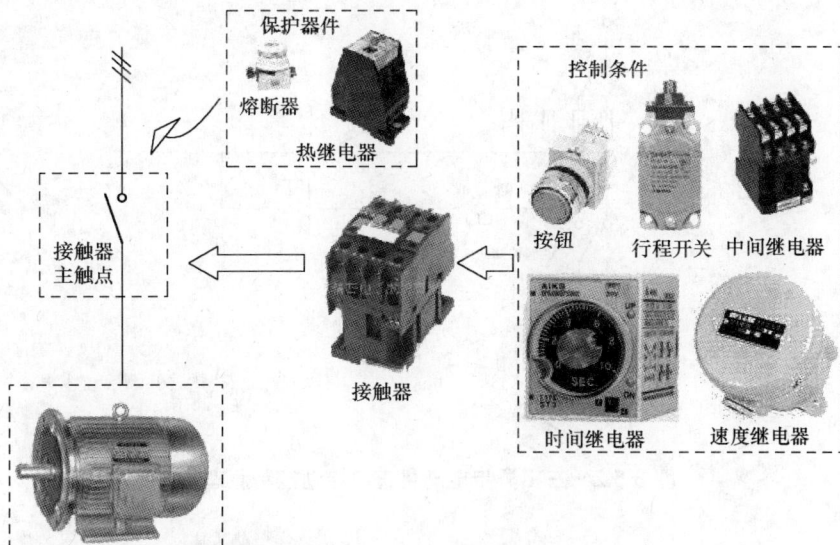

图 3.5.1　电动机运行控制关系示意图

电动机的运行需要处理下面的问题。

（1）运行控制条件。

（2）启动的方式。

（3）制动的速度。

（4）运行过程中的保护措施。

实现电动机控制时，应该先了解电动机在什么工艺条件下才能启动，受功率影响，电动机应该采用什么样的启动方式，在停止时，电动机惯性停车是否能满足要求。下面来了解几个常见的电动机控制方案。

3.5.1　鼠笼式三相异步电动机直接启动控制线路

电动机定子绕组的启动电流可达额定值的 4~7 倍。启动时，短时大电流会使供电线路上的电流超过正常值，线路电压降增大，供电电压降低，使同一供电线路上的其他用电设备不能正常工作。从通电开始到电动机达到正常转速，这一过程的时间长短与电动机转子的惯性和启动时轴上所带负载的大小有关，一般希望持续时间尽可能短。而对电动机而言，频繁启动可能使电动机过热。实际工作中，电动机采用何种启动方式大多取决于该电动机的功率，但也要根据具体情况适当选择。

如图 3.5.2 为三相异步电动机直接启动控制线路的控制原理图。图中，使用了接触器、按钮、开关、熔断器、热继电器等控制器件。而在实际的工业现场，往往会看到如图 3.5.3 所示的场景，即生产现场电动机带动设备运行，其运行的控制系统则安装在控制柜中，而提供人机交互信息的按钮、信号灯、开关等设备安装在控制柜面板上，不仅便于操作，还避免了控制人员直接接触裸露导线；控制线路的其他设备则遵照电器设备安装准则安装在控制柜的内部，并利用端子排与电源和电动机相接。

下面了解一下图 3.5.2 的控制电路所涉及的设备。

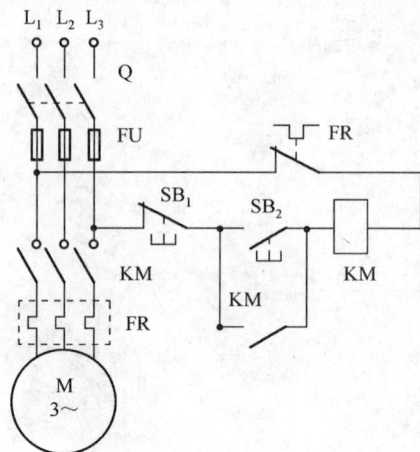

图 3.5.2 三相异步电动机直接启动控制原理图

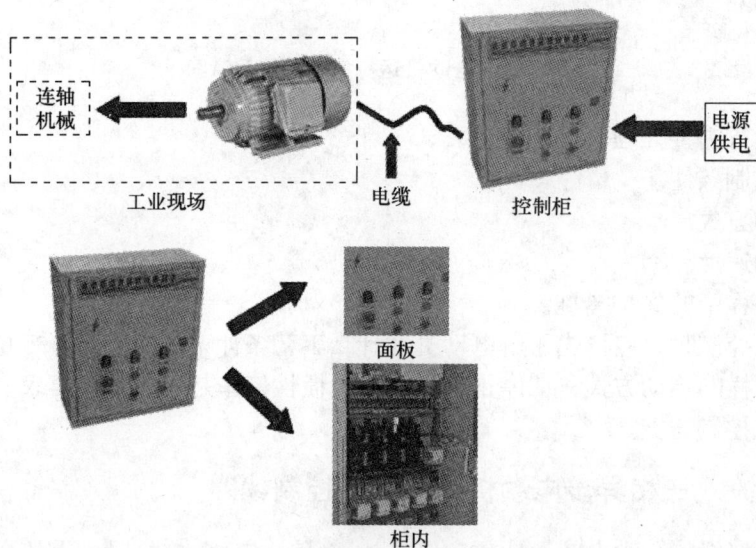

图 3.5.3 工业现场设备情况示意图

1. 闸刀开关

闸刀开关是一种结构最简单的手动电器，它的动作特点是动合型，称动合触点或常开触点。用来通、断手动不频繁的负载电路，有的闸刀开关也用来直接起、停小容量的电动机。闸刀的开关可以分为单刀、双刀和三刀 3 种，每种又有单掷和双掷之分。图 3.5.4 所示为双刀单掷开关的外形、图形符号和文字符号，而图 3.5.2 中的闸刀开关为三刀闸刀开关，用于通断三相电路。闸刀开关的额定电压通常为 250V 或 500V，额定电流为 10～500A。

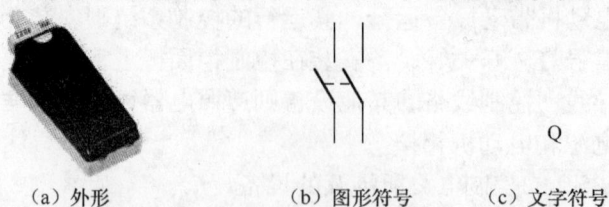

（a）外形 （b）图形符号 （c）文字符号

图 3.5.4 双刀单掷开关

2. 熔断器

熔断器是电路中的短路保护装置。熔断器装有一个低熔点的熔体，串接在被保护的电路中。在电流小于或等于额定电流时熔体不会被熔断，当发生短路时，熔体迅速熔断，从而保护了线路的设备。

常用的熔断器有插入式熔断器、螺旋式熔断器、管壁式熔断器和填料式熔断器。其常见外形、图形和文字符号如图 3.5.5 所示。

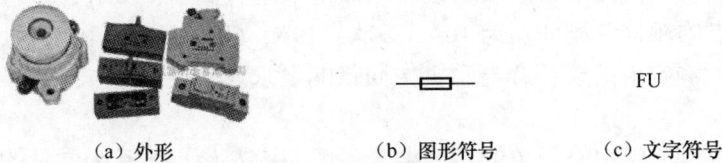

（a）外形　　　　　　（b）图形符号　　　　　　（c）文字符号

图 3.5.5　熔断器

熔体是熔断器的主要部分，选择熔断器时必须按下述方法选择熔体的额定电流。

（1）电炉、电灯等电阻性负载的用电设备，其保护熔断器的熔体额定电流要略大于实际电流。

（2）用于单台电动机电路的熔体额定电流是电动机额定电流的 1.5～3 倍。

（3）多台电动机合用电路的熔体额定电流按下式计算

$$I_{FU} \geqslant \frac{I_{stm} + \sum_1^{n-1} I_N}{2.5} \tag{3.5.1}$$

式中，I_{FU} 为熔体额定电流，I_{stm} 为最大容量电动机的启动电流，$\sum_1^{n-1} I_N$ 为其余电动机的额定电流之和。

3. 交流接触器

交流接触器常用来接通和断开带有负荷的主电路，每小时可开闭好几百次，图 3.5.6（a）所示为常见的接触器外形。从图 3.5.6（b）所示的接触器结构原理图可以看到，交流接触器主要由电磁铁和触点部分组成。当套在固定磁铁上的吸引线圈通电后，铁芯吸合使得触点动作（常开触点闭合，常闭触点断开）。当吸引线圈断电后，电磁铁和触点均恢复到原态。

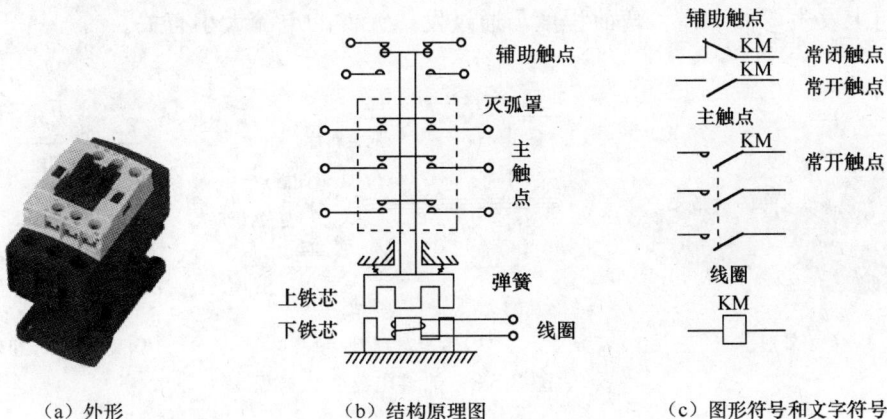

（a）外形　　　　　（b）结构原理图　　　　　（c）图形符号和文字符号

图 3.5.6　交流接触器

　　根据不同的用途，接触器触点又分为主触点（通常为三对）和辅助触点，图 3.5.2 所示的控制线路中使用了接触器的三对主触点和一对常开辅助触点。主触点常接于控制系统的主线路中，辅助触点通过的电流较小，常接在控制电路中。在使用交流接触器时一定要看清铭牌上的数据。铭牌上的额定电压和额定电流均指的是主触点的额定电压和额定电流，在选择交流接触器时，应使之与用电设备（如电动机）的额定电压和额定电流相符。吸引线圈的额定电压和额定电流一般标在线圈上，选择时应使之与控制电路的电源相符。

　　目前我国生产的交流接触器的吸引线圈的额定电压有 36V、127V、220V 和 380V 四个等级，接触器主触点的额定电流分别为 10A、20A、40A、60A、100A 和 150A 六个等级。实际工作中，主触点的额定电流要符合电动机主回路的要求。

　　4. 按钮

　　按钮是电气控制系统中最简单的主令电器。图 3.5.7（a）所示为常见的按钮。通常用它来接通或断开控制电路，与接触器的吸引线圈及其触点相互配合，便能远距离控制电动机的启动或停止。按钮结构原理图如图 3.5.7（b）所示，当按下按钮时，一对原来闭合的触点（称为常闭或动断触点）被断开，一对原来断开的触点（称为常开触点或动合触点）闭合。当松手时，触点靠弹簧的作用又恢复到原来的状态。

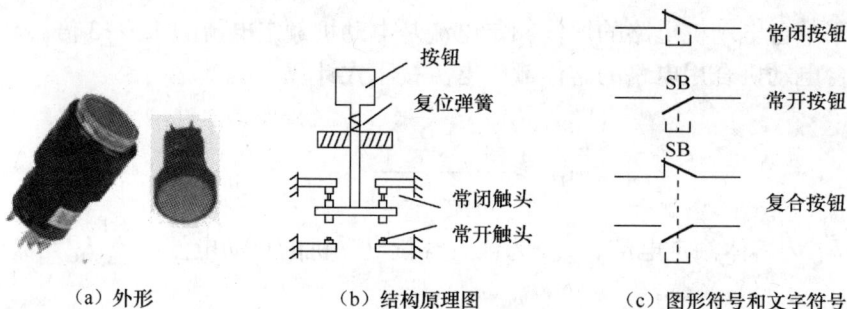

（a）外形　　　　　　（b）结构原理图　　　　　（c）图形符号和文字符号

图 3.5.7　按钮

　　5. 热继电器

　　热继电器用于电动机的过载保护，是利用电流的热效应工作的。从如图 3.5.8（b）所示的结构原理图可以看到，双金属片的一端固定，由于膨胀系数的不同，下层金属膨胀系数大，上层金属膨胀系数小，当串接在主电路中的发热元件通电发热时，双金属片的温度上升，双金属片就向上发生弯曲动作，弯曲程度与通过发热元件的电流大小有关。

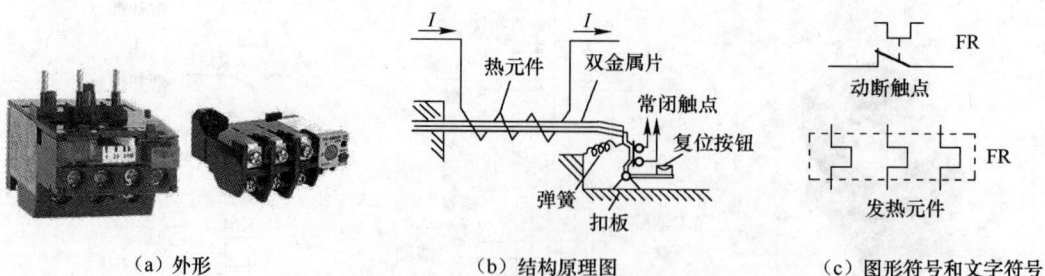

（a）外形　　　　　　（b）结构原理图　　　　　（c）图形符号和文字符号

图 3.5.8　热继电器

　　当电动机启动时，由于启动时间短，双金属片的弯曲程度很小，不致引起热继电器的动作；当电动机过载时间较长，双金属片温度升高到一定温度时引起脱扣，扣板在弹簧的作用下左移，使动断触点断开。动断触点常接在控制电路中，动断触点断开使控制电动机的接触器断电，则电动机脱离电源而起到过载保护作用。

热继电器工作以后，经过一段时间的冷却，即可按下复位按钮使继电器复位。热继电器一般有两到三个发热元件。现常用的继电器型号有 JR0、JR5、JR15、JR16 等。其主要技术参数为额定电流，但是由于被保护对象的额定电流范围较大，热继电器的等级优势有限，因此，热继电器具有整定电流的调节装置，它的调节范围是 66%～100%。例如整定电流为 16A 的热继电器，最小可以调节整定为 10A。

从原理来看，在图 3.5.2 中，开关 Q 作为电动机进线电源的控制器件，SB$_2$ 和 SB$_1$ 作为整个控制系统面向人员操作的器件，在工艺允许时实现启动和停止功能，控制接触器线圈的通、断电。开关 Q 合上后，SB$_2$ 按下时，接触器 KM 的线圈通电，铁芯吸合，辅助常开触点和主触点闭合，电动机启动，同时 KM 由辅助常开触点实现自锁；若按下 SB$_1$，接触器线圈失电，电动机停止。这是电动机的正常工作过程。

连在主电动机电路的熔断器和热元件连接在主电路的热继电器，则分别动作于电动机的短路故障和过载故障。

降压启动方式。

20～30kW 以下的异步电动机一般都采用直接启动。如果电动机直接启动所引起的线路电压较大，则必须采用降压启动。电动机的降压启动有如下几种方法。

（1）星形-三角形（Y-三角形）换接启动。如果电动机在工作时其定子绕组是连接成三角形的，那么在启动时可把它连接成星形，等到转速接近额定值时再接成三角形，这样，在启动时就把定子每相绕组上的电压降到正常工作电压的 $\dfrac{1}{\sqrt{3}}$。但启动转矩也相应减少，因此星形-三角形（Y-三角形）换接启动，只适用于轻载或空载启动的场合。

（2）自耦降压启动。自耦降压启动是利用三相自耦变压器将电动机在启动过程中的端电压降低，自耦变压器备有抽头，以便得到不同的电压。

采用自耦变压器降压启动，同时能使启动电流和启动转矩减小，自耦变压器降压启动适用于容量较大的或正常运行时连接成星形不能采用星形-三角形启动的鼠笼式异步电动机。

（3）串电阻启动。绕线式电动机的启动，只要在转子电路中接入大小适当的启动电阻，就可以达到减小启动电流的目的，启动后，随着转速的上升将启动电阻逐段切除。

3.5.2 鼠笼式三相异步电动机能耗制动控制线路

制动方式。

（1）能耗制动。在电动机切断电源后，设法把转子及其拖动系统的惯性动能转换为电能并在转子电路中以热能形式迅速消耗掉的制动方式，称为能耗制动。

（2）反接制动。在电动机停车时，可将接电源的三根导线中的任意两根的一端对调位置，使旋转磁场反向旋转，而转子由于惯性仍在原方向转动，这时的转矩方向与电动机的转动方向相反，因此起制动的作用。

能耗制动是在三相异步电动机工作结束，断开三相电源的同时，接通直流电源，促使电动机开始制动。如图 3.5.9 所示，电路中应用了断电延时时间继电器的延时断开常开触点，而直流电源由桥式整流电路供给。

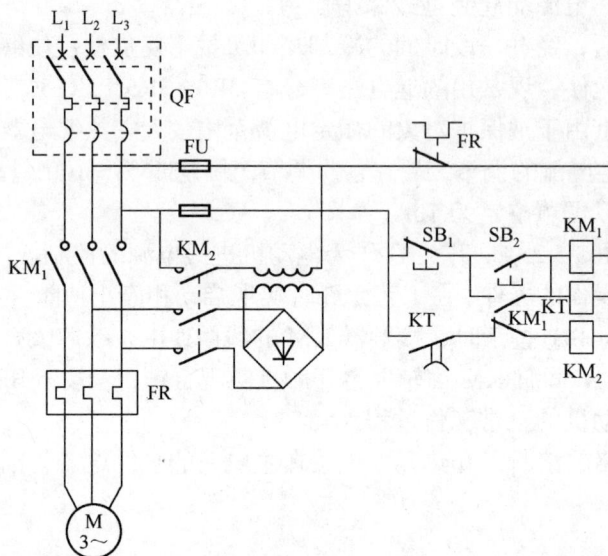

图 3.5.9　鼠笼式三相异步电动机能耗制动控制线路

低压电动机损坏事故有相当一部分是由断相运行造成的，而熔断器熔断是断相运行故障的主要原因，此外，熔断器触头接触不良、熔体选择不当及熔体熔断特性的分散性等也会导致故障。因此不少电动机的主电路采用了空气断路器作为短路保护电器。可以通过图 3.5.9 所示电路来了解空气断路器的工作原理。

时间继电器是从输入信号（线圈的得电或失电）起，经过一定时间延时后，触点才动作的继电器，有通电延时和断电延时两种。如图 3.5.10 所示，延时动作触点的符号在一般触点符号的动臂上添加了一个标记，标记中圆弧的方向示意着触点延时动作的方向，时间继电器还具有瞬时动作触点。时间继电器的延时范围较大，工作时根据工艺要求进行确定。

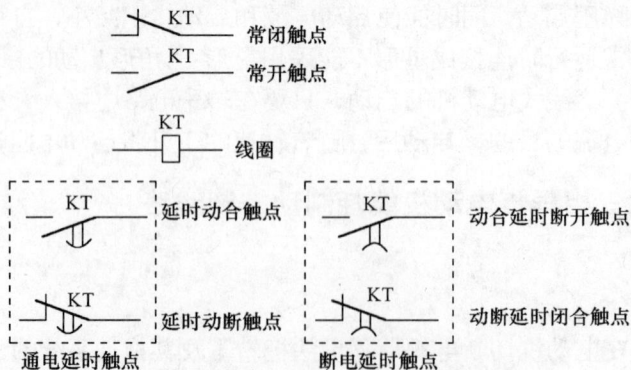

图 3.5.10　时间继电器的文字符号和图形符号

自动空气断路器也叫自动开关，是常用的电压保护电器，可以实现短路保护、过载保护和失压保护，因此在电动机主电路中用它来实现分合闸和短路保护，其外形和图形符号如图 3.5.11 所示。

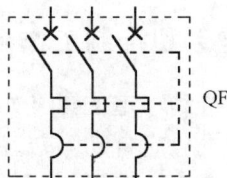

（a）外形　　　　　（b）图形符号和文字符号

图 3.5.11　自动空气断路器

一般小型断路器规格主要以额定电流区分，主要有 6A、10A、16A、20A、25A、32A、40A、50A、63A、80A、100A 等规格。断路器的规格与负载电流的大小有关，通常需计算各分支电流，总负荷电流即为各分支电流之和。为了确保安全可靠，电气部件的额定工作电流一般应大于所需的最大负荷电流 2 倍；电动机如果是直接启动，利用接触器控制通断，而采用电动机保护型断路器作短路保护，则断路器的额定电流等于或大于电动机额定电流即可。此外，在设计、选择电气部件时，还要考虑到以后用电负荷增加的可能性，为以后需求留有余量。

如果用线路保护型断路器，由于电动机直接启动时的最大电流瞬时值有可能达到额定电流值的 10 倍以上，会造成启动时断路器跳闸，因此要用 1.2 倍额定电流以上的断路器。常用的塑壳断路器都是线路保护型的。

自动空气断路器的工作原理。

如图 3.5.12 所示为自动空气断路器的原理图。可以看到，主触点通常是通过手动结构闭合的，开关的脱扣机构是一套连杆装置，当主触点闭合后就被锁钩锁住。如果电路中发生故障，脱扣机构就在有关脱扣器的作用下将锁钩脱开，于是主触点在释放弹簧的作用下迅速分断。脱扣器有过流脱扣器和欠压脱扣器等，它们都是电磁铁。在正常情况下，过流脱扣器的衔铁是释放的，一旦发生严重过载或短路故障时，与主电路串联的线圈就将产生较强的电磁吸力把衔铁往下吸而顶开锁钩，使主触点断开。欠压脱扣器的工作原理恰好相反，在电压正常时，吸住衔铁，主触点才得以闭合；一旦电压严重下降或断电时，衔铁就被释放而使触点断开。当电源电压恢复正常时，必须重新合闸才能工作，从而实现了失压保护。

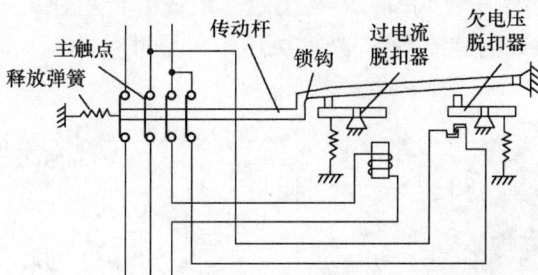

图 3.5.12　自动空气断路器的原理图

电动机断电，能耗制动电路的控制过程分析如下。

按下 SB₁ 停止按钮，KM1 线圈通电，KM2 主触点闭合，将全波整流后的直流信号接入电动机，电动机 M 开始进行能耗制动；与此同时，KT 线圈断电，断电延时继电器开始工作，断电延时时间到时，KT 延时触点恢复原状，KM2 主触点断开，电动机 M 的制动结束。

3.5.3 三相异步电动机控制工作台往返的控制线路

工厂车间起重行车运行到一定位置（如接近两边墙面或重物被提升至横梁附近）时，即使不按下停止按钮，电动机也应自动停转。否则，便会发生事故。在这种情况下，一般都要采用行程控制以保证生产安全。行程控制（也称为限位控制）就是当运动部件到达一定位置时采用行程开关来进行的控制。图 3.5.13 所示为电动机控制工作台往返的限位示意图和控制原理图。

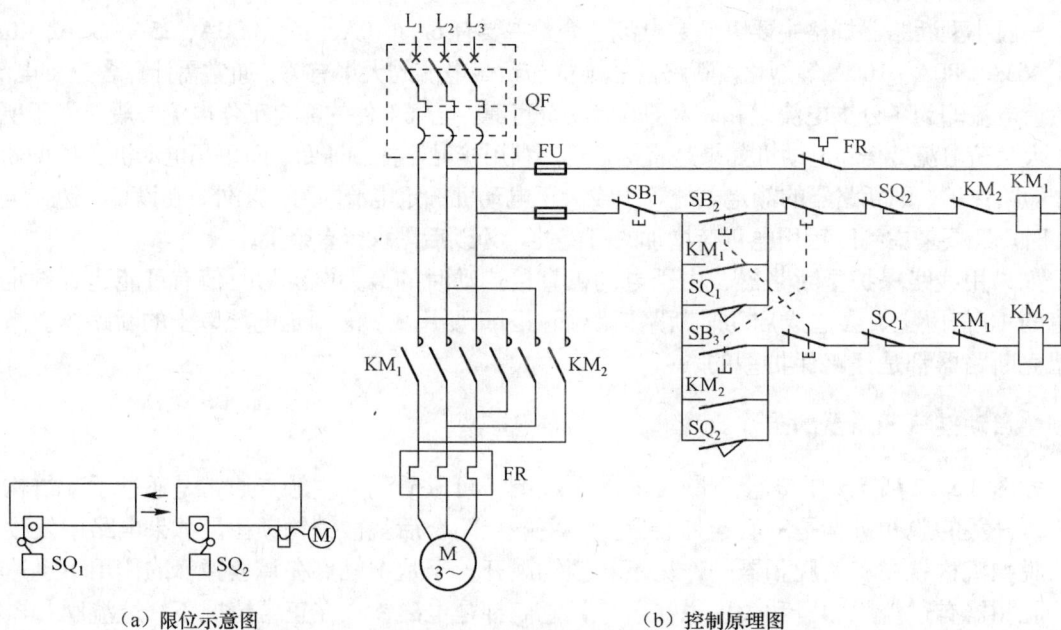

(a) 限位示意图　　　　　(b) 控制原理图

图 3.5.13　三相异步电动机控制工作台往返的控制线路

首先需要认识一下行程开关。

行程开关又叫限位开关，它种类较多，图 3.5.14（b）是一种组合按钮式的行程开关结构示意图，它由压头、一对常开触点和一对常闭触点组成。行程开关一般装在某一固定的位置上，被它控制的生产机械装有"撞块"，当撞块压下行程开关的压头时，便产生触点通、断的动作。

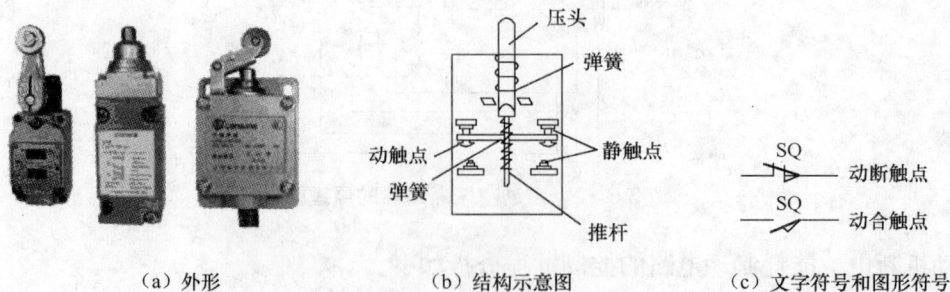

(a) 外形　　　　　(b) 结构示意图　　　　　(c) 文字符号和图形符号

图 3.5.14　行程开关

控制工作台往返的主电路是由接触器 KM$_1$ 和 KM$_2$ 控制的电动机正、反转电路。行程开关 SQ$_1$ 是起点限位开关，SQ$_2$ 是终点限位开关，分别串联在控制电路中。

工作过程如下：按正转按钮 SQ$_2$，使接触器线圈 KM$_1$ 通电，电动机正转，机械前行，同时自锁触点 KM$_1$ 闭合，互锁触点 KM$_1$ 断开。当机械运行到 SQ$_2$ 位置时，机械撞块压下行程 SQ$_2$ 的压头，使 SQ$_2$ 的动断触点断开，动合触点闭合，致使接触器线圈 KM$_1$ 断电，电动机停止正转，机械停止前行。同时和线圈 KM$_2$ 串联的 KM$_1$ 常闭互锁触点闭合，因此接触器线圈 KM$_2$ 带电，自锁触点 KM$_2$ 闭合，电动机开始反转，机械开始返回。当撞块离开行程开关 SQ$_2$ 后，SQ$_2$ 的触点自动复位。当机械上的撞块压下行程开关 SQ$_1$ 的压头时，SQ$_1$ 的触点动作，从而切断 KM$_2$ 线圈，电动机停止反转。KM$_1$ 线圈带电，电动机又开始正转。实现了机械自动往返运动。

3.6 其他电动机

3.6.1 单相电动机

单相交流电通过单一的电动机定子绕组，将产生按正弦规律变化的交变磁场，它在空间只沿正、反两个方向反复改变，因此也称为脉振磁场。在这样的磁场作用下转子不能产生启动转矩。应用单相交流电源产生旋转磁场，常用的方法有以下两种。

1. 分相法

在定子铁芯上绕两个互成 90° 的绕组，其中一个绕组直接接单相交流电源，另一个则在串联电容器之后再接到同一电源上，如图 3.6.1（a）所示。前者为感性，绕组中的电流将滞后于电压 φ_1；后者为容性，绕组中的电流将超前于电压 φ_2。适当地选择电容器的容量，可使 $\varphi_1 + \varphi_2 \approx 90°$，如图 3.6.1（b）所示，这就使空间相隔 90° 的二绕组通入相位差为 90° 的二相电流，以产生二相旋转磁场。

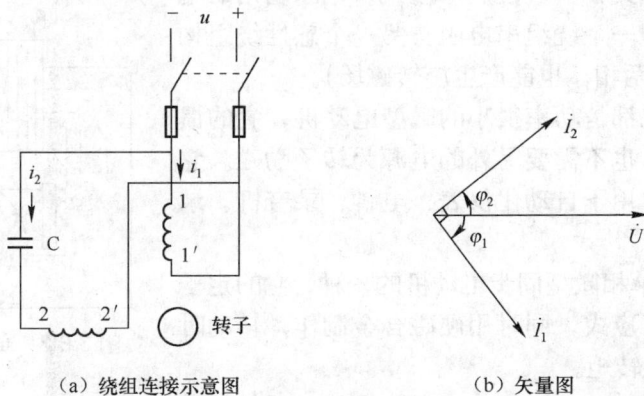

（a）绕组连接示意图　　　　　　　（b）矢量图

图 3.6.1　分相法产生二相旋转磁场

要想改变旋转磁场的方向，可以把两个绕组中的一个始、末端电源接线互换，即把这个绕组中的电流反相，这就改变了两个绕组电流的导前、滞后关系，从而使旋转磁场反转。若两个绕组是相同的，还可以把电容器改接到另一个绕组的支路中，实现旋转磁场反转。

2. 罩极法

把定子做成凸极式并在极上开槽，在极面一侧嵌入短路铜环称为罩极，如图 3.6.2（a）所示。励磁绕组通过单相交流电流产生交变磁场时，根据楞次定律，铜环中的感应电流总是阻碍磁场的变化，这就使磁极的被罩一侧磁场的变化总是滞后于另一侧，从总体上看犹如磁场在旋转，如图 3.6.2（b）所示。因为铜环工作时感应电流发热，有能量损耗，所以效率相对较低。

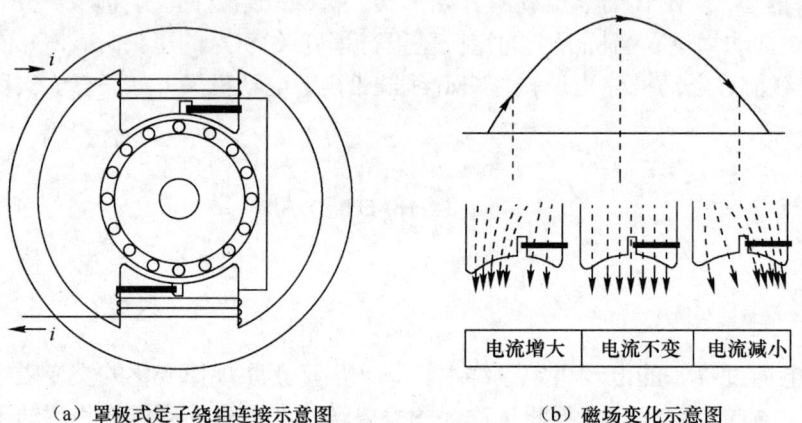

(a) 罩极式定子绕组连接示意图   (b) 磁场变化示意图
图 3.6.2   罩极式定子及其旋转磁场

在上述的两种单相交流旋转磁场中，放置不同形式的转子即可构成单相交流异步电动机和单相交流同步电动机。

单相异步电动机都采用笼型转子，它不需要三相电源，因此在实验室、办公场所、家庭住宅等场合使用非常方便。但它比同容量的三相电动机效率低，所以常用于实验室仪器、电动小型工具、排风扇及家用电器中的电风扇、洗衣机、电冰箱等，一般容量在 0.75kW 以下，大多数使用电容分相式，少数使用罩极式。电冰箱用的电机采用电阻分相（即一个绕组串电阻与另一个感性绕组构成相位差接近90°的两相，也能产生旋转磁场）。

单相同步电动机都是功率很小的微型电动机，它的惯性很小，容易启动，也不需要另外的电源为转子励磁。它的转速恒定不变，常用于自动化仪表、电钟、录音机、录像机等设备中。

图 3.6.3 所示是单相微型同步电动机的一种，它的定子是罩极式，转子是反应式，同时用硬磁合金制作，转动时兼有磁滞转矩和磁阻转矩。

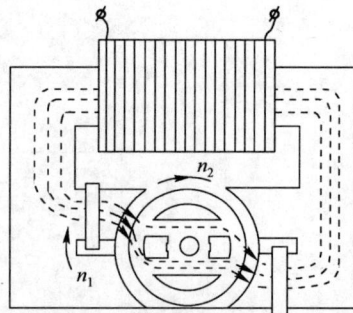

图 3.6.3   单相微型同步电动机

3.6.2   直流电动机

直流电动机的调速性能和启动性能都优于交流电动机，但结构比较复杂，目前在要求宽范围、平滑调速的场合仍常常采用，如交通、冶金、轻工、纺织、印染等行业仍需要使用直流电动机，图 3.6.4 所示为直流电动机的外形。

直流电动机在直流电源供电情况下，需要能产生固定磁场的磁极、可以转动的绕组（通常称为电枢）以及将绕组与电源相连接的换向器和电刷。如图 3.6.5 所示，当电枢绕组中通入直流电时，受磁极的磁场作用而发生翻转，当绕组旋转 180° 时，由于换向器和电刷的共同作用，电枢绕组中的电流换向，使绕组受力方向保持不变，电动机能连续向一个方向转动。

图 3.6.4 工业用直流电动机

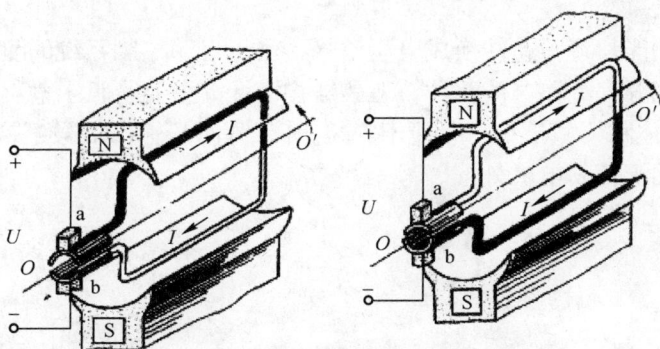

图 3.6.5 直流电动机旋转原理示意图

实际的直流电动机定子主磁极利用励磁绕组作用产生磁场，按其励磁绕组的接线方式可分为他励、并励、串励和复励，具体电路如图 3.6.6 所示。他（并）励电动机具有"硬"的机械特性，适用于拖动有转速恒定要求的生产机械；而串励电动机具有"软"的机械特性，电机的过载能力强，适用于拖动牵引和起重机械。

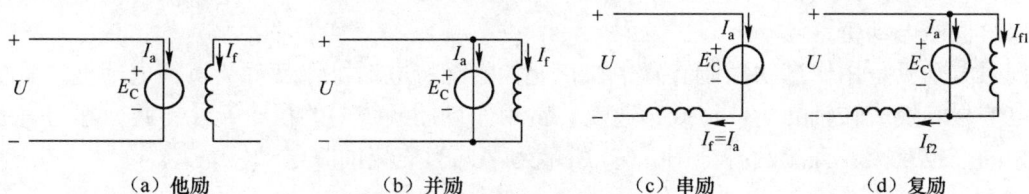

（a）他励 （b）并励 （c）串励 （d）复励

图 3.6.6 直流电机的励磁方式

直流电动机直接启动的电枢电流将为额定电流的 10～20 倍，因此绝不允许直接启动，一般都采用降压启动。用专用电源供电的，可以降低电源电压；用公共电源供电的，可以在电枢电路串联启动电阻。一般控制启动电流为额定电流的 1.5～2.5 倍，相应启动转矩也就是额定转矩的 1.5～2.5 倍。因此，直流电动机与交流异步电动机相比，它比较容易做到启动电流较小，启动转矩较大，有着良好的启动性能。

直流电动机改变旋转方向，通过改变电枢电流方向或改变励磁电流方向均能实现。

实际应用中，直流电动机都由专用的整流装置供电，因此直流电动机调速以改变电源电压为主，辅以弱磁调速，从而获得较宽范围的平滑调速。

直流电动机的转子制造工艺复杂，换向器维修困难，电刷磨损要常更换，价格较高，但由于它具有优越的调速性能，因此在电力拖动领域仍占有重要地位。

3.6.3 控制微电动机

控制微电动机是从普通旋转电动机原理的基础上派生出来的各种具有特殊功能的小功率电动机。

普通电动机主要作为动力设备使用，它的主要任务是能量转换并输出机械能以拖动负载，因此在设计时关键着眼于能量转换的效率和有关力能指标。控制微电动机主要用于自动控制系统中信号的测量、转换、传递和驱动执行机构，要求它可靠性高、精确度高和反应灵敏。

这里只介绍控制微电动机的几种主要类型。

（1）测速发电机

测速发电机的功能是将转速转换成电压信号，用于自动控制系统的测量环节。其原理与一般发电机相同，也分直流和交流两种，但其结构设计则主要着眼于输出电压与转速成正比并具有较高的精度，体积要尽量小巧以便于安装。在工作时只输出信号不带其他负载。图 3.6.7 所示为工业中使用的测速发电机外形。

图 3.6.7 测速发电机

选择测速发电机时应考虑适用转子的内径和转速的范围，并可视实际情况选择编码器和减速箱。

（2）伺服电动机

伺服电动机是用作自动控制装置中执行元件的微特电动机，又称为执行电动机。其功能是将电信号转换成转轴的角位移或角速度，常用作自控系统中的执行元件，其原理与普通电动机相同，也有交、直流两种。图 3.6.8 所示为常见的交流伺服电动机。

图 3.6.8 交流伺服电动机

（3）步进电动机

步进电动机的功能是将电信号转换为轴的转角。它输入的是脉冲信号，每输入一个脉冲，电动机就转一个固定的角度，好像往前走了一步，所以叫步进电动机。它随脉冲信号的输入一步步前进，具有很高的精度，在数控系统中用作执行元件，也常用于驱动指针式数字钟表。图 3.6.9 所示为常见的步进电动机。

图 3.6.9 步进电动机

3.7 导　线

从器件选型来说，熔断器、闸刀开关、接触器和热继电器的型号都应该由电动机的功率决定。除此之外，还要注意一个更为重要的问题，这就是连接器件、电源和电动机所需要的导线的选择。导线的线径也与电动机运行电流有密切联系，同时还与应用场合有关。这里仅作简单说明。

常用绝缘导线有以下几种。

1. 橡皮绝缘

导线按材料不同有铜芯、铝芯之分，目前已较少使用铝芯导线。按导线线芯数量不同有单芯导线、双芯导线及多芯导线之分。橡皮绝缘导线多用于室内布线，工作电压一般不超过 500V。常见橡皮绝缘导线的技术指标如表 3.7.1 所示。图 3.7.1 （a）所示为多芯铜芯橡皮绝缘线。

（a）铜芯橡皮绝缘线 BX　　　　（b）铜芯塑料线 BV　　　　（c）重型橡套电缆 YHC

图 3.7.1 常用绝缘导线

表 3.7.1　　　　　　　　　　　　常用橡皮绝缘导线技术指标

产品名称	型号	电压等级（V）	芯数	规格（mm²）	主 要 用 途
铜芯橡皮绝缘（棉纱或其他相当于纤维编织）电线	BX	300/500	1	0.75～300	固定敷设，可明、暗敷设
铝芯橡皮（绝缘棉纱或其他相当于纤维编织）电线	BLX	300/500	1	2.5～300	
铜芯橡皮（绝缘棉纱或其他相当于纤维编织）软电线	BXR	300/500	1	0.75～240	室内安装，要求环境较柔软时用

2. 聚氯乙烯绝缘导线

图 3.7.1（b）所示为常见的铜芯塑料线，表 3.7.2 列出了常见的聚氯乙烯绝缘导线的技术指标，而表 3.7.3 和表 3.7.4 分别就型号和规格的格式作了说明。

3. 橡皮电缆

常见的橡皮电缆有重型橡套电缆 YHC（如图 3.7.1（c）所示）和农用氯丁橡套拖拽电缆 NYHF。

表 3.7.2　　　　　　　　　　　常用聚氯乙烯绝缘导线技术指标

产品名称	型号	规　格	标称截面（m²）	主　要　用　途
单芯硬线	BV	1×1/1.13	1	暗线布线
塑料护套线	BVVB	3×1/1.78	2.5	明线布线
灯头线	RVS	2×16/0.15	0.3	不移动电器的连接
三芯软护套线	RVV	3×24/0.2	0.75	移动式电器的连接

表 3.7.3　　　　　　　　　　　标准产品型号表示法

说　　明	图　示
用途：硬线 B；软线 R	R
材料：绝缘聚氯乙烯 V	V
材料：护套聚氯乙烯 V	V
结构：平型 B；绞型 S	S

表 3.7.4　　　　　　　　　　　标准产品规格表示法

说　　明	图　示
——	□×□／□
导线芯数	
每芯内铜丝股数	
每股铜丝的直径	

常用聚氯乙烯绝缘导线如图 3.7.2 所示。

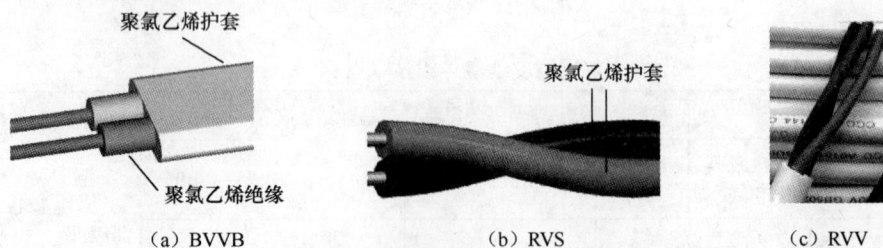

（a）BVVB　　　　　　　　（b）RVS　　　　　　　　（c）RVV

图 3.7.2　常用聚氯乙烯绝缘导线

不同类型的导线用于不同场合，同样，负载不同，所选导线的直径也不相同。通常铜线按不大于 6A/mm² 选择线径，而铝线按不大于 5A/mm² 选择线径。

注意：

（1）护套线不能直接"入墙"敷设，这样做不仅安全载运量减少，同时容易发生触电事故；

（2）明线改为暗线，必须"穿管"敷设；一般家用电器电源线宜采用三芯软护套线；不允许集中单路传送大电流；

（3）通常接地线选择 $4mm^2$ 的多股软铜线为宜，用黄绿相间颜色标志。

本 章 小 结

1. 变压器的铁芯与线圈隔离，铁芯构成磁路，线圈与外电源和负载组成电路，产生对交流信号的变压效果；变压器具有变压和变流作用，一次电压、电流与二次电压、电流的关系与一、二次线圈匝数有直接关系；理想状态下，一次输入功率与二次输出功率相等；带载后，由于铁损耗和铜损耗的存在，变压器输出效率会降低。

2. 在实际工作场合中，应关注不同类型的变压器应用范围不同，使用时也有各自不同的注意事项。

3. 按工作电源、转子结构、运转速度和用途等的不同，电动机分为很多种类型，使用时应关注电动机的电源类型、负载类型、电动机与负载的联动机构。

4. 三相异步电动机是机械拖动中使用较多的电动机，因此，要理解电动机的同步转速、转差率的计算，了解电动机的额定电压 U_N 及接法、额定电流 I_N、额定功率 P_N、额定负载下的转速 n_N、功率因数 $\cos\varphi_N$ 和效率 η_N 等主要参数；了解电动机的机械特性曲线，理解运行中长期空载、轻载或发生过载、堵转时引发的问题。

5. 电动机启动瞬间会产生较大的启动电流，不同的负载要求不同的停车方式，因此电动机利用按钮、继电器、接触器、空气断路器、热继电器、熔断器等器件配合实现了不同运行方式的控制和保护。这些器件的选择与导线选择一样，其型号由承受电压和电流决定，且各有选型要求，不能随意更换。

本 章 习 题

一、填空题

1. 复合按钮被按下时_____先断开，_____后闭合。（提示：填"常开触点"和"常闭触点"）

2. 自动空气断路器中的_____、_____对电路完成欠压保护和过载保护的功能。（提示：填脱扣器类型）

3. 直流电动机根据励磁方式的不同可分为_____电动机、_____电动机、_____电动机和_____电动机。直流电动机不能_____启动。

4. 可以通过改变直流电动机的_____或_____来改变电动机的转向。

二、选择题

1. 变压器的铭牌上标有变压器的（   ）。

A．最小输出功率　　　B．效率　　　　　C．技术参数

2. 变压器匝数少的一侧电压低，电流（   ）。

A．小　　　　　　　　B．大　　　　　　C．不确定

3．变压器的铁芯是变压器的（　　）部分。

A．磁路　　　　　　B．电路　　　　　　C．线圈

4．如果忽略变压器的内部损耗，则变压器二次绕组的输出功率等于一次绕组（　　）。

A．输入功率　　　　B．损耗功率　　　　C．无功功率

5．变压器利用电磁感应作用实现电压变换的根本方法是（　　）。

A．一次与二次绕组的匝数相同　　　　B．一次与二次绕组有电的联系

C．一次与二次绕组的匝数不相同　　　D．一次与二次绕组互相绝缘

6．一台单相变压器，其额定电压为 $U_{1N}/U_{2N}=10/0.4\text{kV}$，额定电流为 $I_{1N}/I_{2N}=25/625\text{A}$，则变压器的额定容量为（　　）kVA。

A．10　　　　　　　B．250　　　　　　　C．6250

7．电压互感器工作时相当于一台（　　）的降压变压器。

A．空载运行　　　　B．负载运行　　　　C．短路运行

8．电流互感器的额定二次电流一般为（　　）A。

A．5　　　　　　　　B．10　　　　　　　C．15

9．几万伏或几十万伏高压输送到负荷区后，必须经过不同的降压变压器将高电压降低为（　　），以满足各种负荷的需要。

A．不同等级的频率　　　　　　　　　B．不同等级的电压

C．不同频率的电流

10．在单相变压器的两个绕组中，与电源连接的一侧叫做（　　）。

A．一次侧绕组　　　B．二次侧绕组　　　C．高压绕组　　　　D．低压绕组

11．三相变压器的额定电流等于（　　）。

A．变压器额定容量除以额定电压的 3 倍

B．变压器额定容量除以额定电压的 $\sqrt{3}$ 倍

C．变压器额定容量除以工作相电压的 3 倍

12．三相异步电动机主回路装配的熔丝所起的主要作用是（　　）。

A．过载保护　　　　　　　　　　　　B．短路保护

C．失压保护　　　　　　　　　　　　D．过载与短路双重保护

13．在电动机的继电器、接触器控制电路中，热继电器的正确连接方法是（　　）。

A．热继电器的发热元件串接在主电路内，而它的动合触点与接触器的线圈串联接在控制电路内

B．热继电器的发热元件串接在主电路内，而把它的动断触点与接触器的线圈串联接在控制电路内

C．热继电器的发热元件并接在主电路内，而把它的动断触点与接触器的线圈并联接在控制电路内

14．直流电动机启动时电枢回路串入电阻是为了（　　）。

A．增加启动转矩　　　　　　　　　　B．限制启动电流

C．增加主磁通　　　　　　　　　　　D．减少启动时间

三、判断题

1．变压器的二次绕组就是低压绕组。　　　　　　　　　　　　　　　　　　　（　　）

2．电流互感器的二次绕组中应该装设熔断器或隔离开关。　　　　　　　　　　（　　）

3．变压器是利用电磁感应原理将一种电压等级的直流电能转变为另一种电压等级的直流电能。 （ ）

4．变压器匝数多的一侧电流小，电压高。 （ ）

5．电流互感器的铁芯应该接地。 （ ）

6．电动机稳定运行时，其电磁转矩与负载转矩基本相等。 （ ）

7．步进电机的最高转速通常比直流伺服电动机和交流伺服电动机低，且在低速时容易产生振动。 （ ）

8．步进电动机步距角越大，系统控制精度越高。 （ ）

四、分析计算题

1．某铁芯变压器接上电源运行正常，有人为减小铁芯损耗而抽去铁芯，结果一接上电源，线圈就烧毁，为什么？

2．在变压器一次电压不变的情况下，以下哪些措施能增大变压器的输入功率？

（1）把一次线圈加粗。

（2）增加一次线圈匝数。

（3）增大铁芯截面积。

（4）减小二次侧负载阻抗。

3．一台额定电压为 220V/110V 的单相变压器，欲获得 440V 的电压，能否把它的交流电源接在变压器低压侧，而从高压侧取 440V 电压？

4．变压器能否用来变换直流电压？如将变压器接到与它的额定电压相同的直流电源上，会怎么样？

5．一台 220V/110V 的单相变压器，$N_1 = 2000$ 匝、$N_2 = 1000$ 匝，变比 $k = \dfrac{N_1}{N_2} = 2$，有人为省线，将一次、二次线圈匝数减为 20 匝和 10 匝，可以吗？为什么？

6．一台 220V/36V 的行灯变压器，已知一次线圈匝数 $N_1 = 1100$ 匝，试求二次线圈匝数。若在二次侧接一盏 36V、100W 的白炽灯，问一次电流为多少？（忽略空载电流和漏阻抗压降）

7．一台 $S_N = 10 \text{kV} \cdot \text{A}$、$U_1 / U_2 = 3300 / 22\text{V}$ 的单相照明变压器，现要在二次侧接 60W、229V 白炽灯，如果要求变压器在额定状态下运行，可接多少盏灯？一次、二次额定电流是多少？

8．阻抗为 8Ω 的扬声器，通过一台变压器，接到信号源电路上，使阻抗完全匹配，设变压器一次线圈匝数 $N_1 = 500$ 匝，二次线圈匝数 $N_2 = 100$ 匝，求变压器一次侧输入阻抗。

9．某收音机的输出变压器，一次绕组的匝数为 230，二次绕组的匝数为 80，原配接 8Ω 的扬声器，现改用 4Ω 的扬声器，问二次绕组的匝数应改为多少？

10．某单相变压器容量为 10kV·A，额定电压为 3300V/220V，如果向 220V、60W 的白炽灯供电，白炽灯能装多少盏？如果向 220V、40W、功率因数为 0.5 的日光灯供电，日光灯能装多少盏？

11．电度表通过 10kV/100V 的电压互感器和 100A/5A 的电流互感器，读出某月耗电量为 3356kW·h，问当月的实际耗电量是多少？

12．交流电弧焊电源的电抗器活动铁芯如果向右移，焊接电流是增大还是减小？为什么？

13．如何使三相异步电动机反转？

14．三相异步电动机在正常运行时，如转子被突然卡住而不能转动，有何危险，为什么？

15．有一台三相异步电动机，其额定转速 $n_N = 975\text{r/min}$，电源频率 $f_1 = 50\text{Hz}$，试求电动

机的磁极对数和额定负载时的转差率。

16．由电动机产品目录查得一台 Y160L-6 型三相异步电动机的数据，如下表所示。

额定功率 (kW)	额定电压 (V)	满载时			启动电流 额定电流	启动转矩 额定转矩	最大转矩 额定转矩
		转速 (r/min)	效率%	功率因数 $\cos\varphi$			
11	380	970	87	0.78	6.5	2.0	2.0

求同步转速、额定转差率、额定电流、额定输入功率和启动电流。

17．电动机主电路中装有空气断路器和热继电器，各有什么作用？

第 4 章 模拟电子电路

○ **教学目标**

(1) 熟悉半导体二极管的单向导电性、图形符号、伏安特性和主要参数。

(2) 理解单相半波整流、桥式整流电路的组成及工作原理，了解集成稳压电源的特性。

(3) 了解半导体三极管的图形符号、电流放大作用、特性曲线和主要参数。

(4) 理解放大电路的组成、工作原理，理解共射极基本放大电路、分压式射极偏置电路静态参数和动态参数的估算方法。

(5) 了解功率放大电路的特点及分类，了解 OCL、OTL 电路的组成、工作原理和性能参数；了解集成功率放大电路。

(6) 理解集成运算放大器（简称运放）的主要性能指标和电压传输特性，理解运放的线性应用，了解运放的非线性应用。

半导体。

导线中间的铜芯是性能良好的导体，外皮的橡胶或塑料则是绝缘体。一种材料是否能当作导体，与其原子结构的最外层电子数有关系，铜元素最外层电子数为 "2"，铝元素最外层电子数为 "3"，常见的导线多使用这两种材料。由于铜导电性比铝要好，性价比较高，目前已很少用铝线。"硅"和"锗"是半导体，它们的最外层电子数为 "4"，形成了比较牢固的共价键结构，如图 4.1 所示。

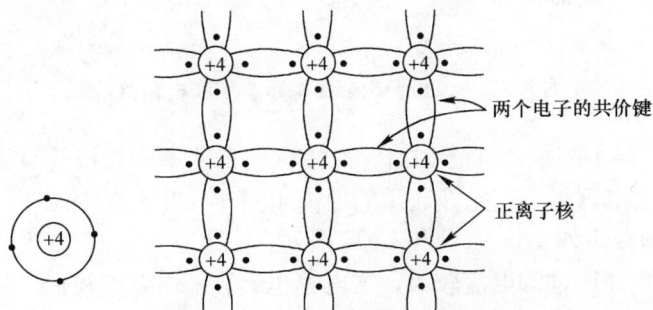

图 4.1 半导体共价键结构示意图

半导体导电能力比较弱，原因就在于各原子间互相束缚，只有在得到足够的能量时，半导体的导电性才会趋向于导体。

4.1　二极管和整流电路

PN 结。

对半导体材料而言，虽然掺杂其他元素能增强其导电性，但是掺杂浓度毕竟有限。为了得到更强的导电性，在对半导体材料掺杂后，一般将掺入三价元素的半导体称为 P 型半导体，把掺入五价元素的半导体称为 N 型半导体，把 P 型半导体和 N 型半导体结合在一起，它们的交界处就会形成一个具有单向导电性的薄层，这就是 PN 结。

4.1.1　半导体二极管

1. 半导体二极管的结构和符号

以 PN 结为管芯，在 P 区和 N 区均接上电极引线，并以外壳封装，就制成了半导体二极管，简称二极管。图 4.1.1 所示为几种普通二极管的外形。

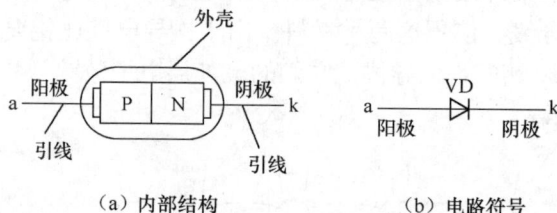

图 4.1.2 所示为二极管内部结构示意图和二极管的电路符号，用箭头方向表示二极管导通时的电流方向，即由阳极 a 指向阴极 k，文字符号用 VD 表示。

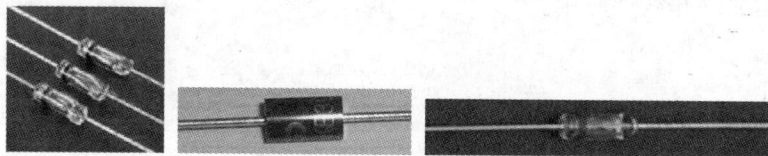

图 4.1.1　普通二极管外形

图 4.1.2　二极管内部结构示意图和电路符号

二极管按所用材料不同分为硅管和锗管。按制造工艺不同二极管可分为以下几种。

① 点接触型：结电容很小，允许通过的电流也很小（几十毫安以下），适用于高频检波、变频、高频振荡等场合，如 2AP 系列和 2AK 系列。

② 面接触型：允许通过的电流较大，结电容也大，工作频率较低，用作整流器件，如国产硅二极管 2CP 和 2CZ 系列。

③ 硅平面型，2CK 系列开关管。二极管结构如图 4.1.3 所示。

2. 伏安特性

二极管一个很重要的特性就是单向导电性。可以用一个非常简单的实验说明这个问题。在如图 4.1.4（a）所示电路中，3V 电源给灯泡供电，因为电阻没有极性，灯泡也没有极性，如果把电源反接，对亮灯不会有任何影响。假如在电路中串入了一个二极管，这时会发现，把二极管阳极接电源正极，阴极与负载串联，如图 4.1.4（b）所示，灯泡仍然发光；但如果二极管反过来接，即二极管的阴极接电源正极，阳极串接到负载的一端，如图 4.1.4（c）所示，灯泡不再发光。由此可得出结论：二极管的导电性与加在其两端的电压极性有关。

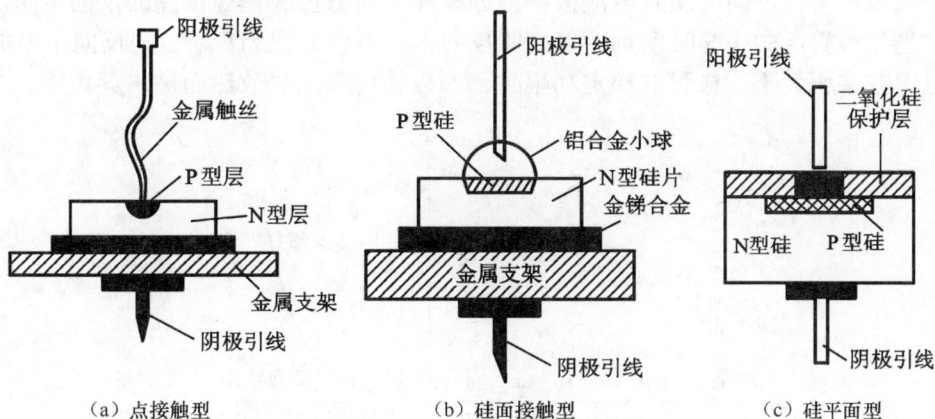

（a）点接触型　　　　　　　　（b）硅面接触型　　　　　　　　（c）硅平面型

图 4.1.3　二极管结构

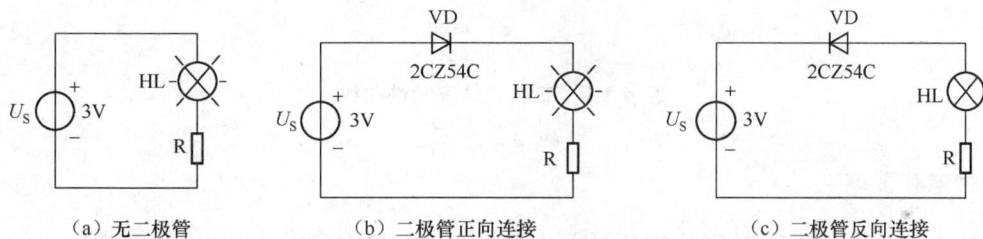

（a）无二极管　　　　　　　（b）二极管正向连接　　　　　　　（c）二极管反向连接

图 4.1.4　二极管单向导电性实验电路

概念：单向导电性

当二极管阳极电位高于阴极电位，即正向偏置时，产生较大的正向电流，二极管导通；当二极管阳极电位低于阴极电位，即反向偏置时，二极管几乎没有反向电流，二极管截止。这种特性就称为单向导电性。

概念：伏安特性

二极管的单向导电性，可用流过它的电流 I 与它两端电压 U 的关系来描述，这就是伏安特性。伏安特性在 I-U 坐标平面上以曲线的形式描绘出来，称为伏安特性曲线。

图 4.1.5 是通过实验测定的某锗材料二极管和硅材料二极管的伏安特性曲线。二极管的伏安特性呈现非常明显的非线性特征。我们以图 4.1.5 中硅二极管的伏安特性曲线为例来看，二极管在承受较小的正向电压时，正向电流很小，几乎为零，这时二极管处于死区；随着正向电压的逐渐增大，电流迅速增长，此时二极管进入正向导通区。当二极管承受反向电压时，反向电流极小（这一点从电流正向坐标轴单位 mA 与反向坐标轴单位 μA 可以看出来），这时二极管处于反向截止区，当反向电压大于一定程度（这个电压与正向导通电压相比大了很多），二极管电流会出现疾速增长，呈现较大的导通电流，此时二极管进入反向击穿区。

因此，我们总结出二极管伏安特性的特点。

（1）二极管承受正向电压时存在死区，通常硅管的死区电压约为 0.5V，锗管的死区电压约为 0.1V。

（2）二极管正向导通时正向压降几乎不变，表现为特性曲线几乎与电压轴垂直，即电压稍有变化将引起电流的极大变化，普通硅管的导通电压为 0.6～0.8V，锗管的导通电压为 0.2～0.3V。

（3）二极管承受反向电压时电流极小，因此在反向截止区呈现很高的反向电阻。

（4）当二极管反向击穿时所加的电压叫反向击穿电压，记为 U_{BR}，当反向击穿电流与反向击穿电压的乘积大于二极管的额定功率时，二极管将因无法散热而被击穿短路。

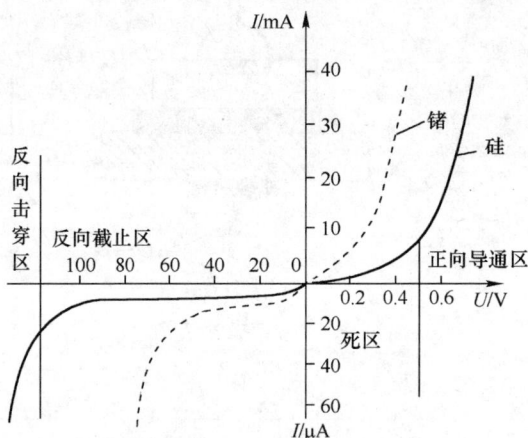

图 4.1.5　二极管伏安特性曲线

强电和弱电。

一般来说强电的处理对象是能源（电力），其特点是电压高、电流大、功率大、频率低，主要考虑的问题是减少损耗、提高效率；弱电的处理对象主要是信息，即信息的传送和控制，其特点是电压低、电流小、功率小、频率高，主要考虑的是信息传送的效果问题。在日常工作、生活中存在大量强电环境。

弱电电路对元器件的功率需求低，自身功耗也低，便于集成，常见的分体式空调室内机挂在墙上，体积不小，但其中的控制电路的面积只有 $10cm^2$ 左右。数控机床的控制核心（PLC内部）也是弱电电路，为了控制机械设备，电路输出另加了功率驱动电路。

需要注意的是，不能说半导体元件只能用于"弱电"场合，实际上二极管也有大功率管，其体积较大，导通电流高达千安，多用在电力电子系统中，实现斩波、逆变、整流等功能。

硅和锗。

从硅和锗的偏旁部首似乎就可以感觉到，虽然同为四价元素，"金字旁"和"石字旁"相比，锗的特性应比硅更活跃一些。事实确实如此，图 4.1.5 中虚线所示为锗管的伏安特性曲线，因为特性较活跃，所以在相同电压情况下，锗管的电流就比硅管大很多，同样，反向截止时锗管的导通电流较硅管大，且较小的反向电压就会将锗管击穿。

3. 二极管的主要参数

（1）正向电流 I_F。I_F 是指二极管长期工作时允许通过的最大正向平均电流值，即二极管的正向电流大于 I_F 时，二极管极易因管子过热而损坏。

（2）最高反向工作电压 U_{RM}。U_{RM} 是指二极管不击穿所允许加的最高反向电压。超过此值二极管就有被反向击穿的危险。U_{RM} 通常为反向击穿电压的 1/2，以确保二极管安全工作。

（3）最大反向电流 I_R 。I_R 是指二极管在常温下承受最高反向工作电压 U_{RM} 时的反向漏电流，一般很小，但其受温度影响较大。当温度升高时，I_R 显著增大。

选择二极管时，主要考虑 I_F 和 U_{RM} 两个参数，为什么？

国产二极管的命名方法（见表4.1.1）。

表 4.1.1　　　　　　　　　　　　　　　国产二极管的命名方法

第一部分（数字）		第二部分（字母）		第三部分（字母）		第四部分（数字）
电极数		材料和特性		二极管类型		同类管子序号
符号	含义	符号	含义	符号	含义	
2	二极管	A B C D E	N 型锗 P 型锗 N 型硅 P 型硅 化合物	P Z K W L C U	普通管 整流管 开关管 稳压管 整流堆 参量管 光电器件	表示同类型管中某些性能参数上有差别

例如：2AP9 ，"2"表示电极数为2，"A"表示 N 型锗材料，"P"表示普通管，"9"表示序号。

二极管的分类。

在电子设备中较常用的二极管有 4 类。

（1）普通二极管，如 2AP 等系列，它的 I_F 较小，f_m 一般较高，主要用于信号检测、取样，小电流整流等。

（2）整流二极管，如 2CZ 、2DZ 等系列，它的 I_F 较大，f_m 很低，广泛使用在各种电源设备中。

（3）开关二极管，如 2AK 、2CK 等系列，一般 f_m 较高，用于数字电路和控制电路。

（4）硅稳压二极管，如 2CW 、2DW 等系列，用于各种稳压电源电路。

使用时，应根据二极管的用途合理选择。

4. 二极管的应用

【例 4.1.1】如果把硅二极管直接接在电源两端，试问电源电压多大时，二极管处于导通状态？如果电源电压为 +5V ，试问能否直接把二极管接在电源两端？

解：根据二极管的伏安特性曲线，要使二极管处于导通状态，二极管两端电压在 0.7V 左右，因此，电源电压同样在 0.7V 。

如果电源电压为 +5V ，二极管导通电压略大于 0.7V ，电流已有极大增长，若按伏安特性曲线向上延长，当电源直接接在二极管两端时，二极管已无法承受电流的增长，将过热烧毁。因此，应为二极管串入电阻分压限流，接线图如图 4.1.6 所示，

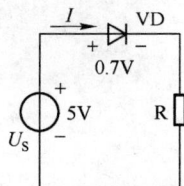

图 4.1.6　二极管通电接线图

限流电阻按下式求解

$$\frac{5-0.7}{R} < I_F$$

在无法满足足够的裕量时，二极管的"正向电流 I_F"参数至少应是电路电流的 $1.5 \sim 2$ 倍，即 $I_F > (1.5 \sim 2)\dfrac{5-0.7}{R}$。

若采用 1N4007 整流二极管，该二极管的 I_F 为 1A，则限流电阻至少要大于 8.6Ω。若是常用的 1N4148 开关二极管，其正向重复峰值电流为 450mA，则限流电阻至少大于 17Ω。但是这里需要考虑一个问题，在这样的电阻作用下，流过电路的电流均较大，限流电阻上的消耗功率也较大，普通电阻的功率只有 1/8W，大功率、小阻值的电阻较难找，因此这里通常要增大限流电阻的阻值，降低二极管的导通电流，但仍保持二极管的导通状态。可以计算一下，当限流电阻为 150Ω 时，图 4.1.6 中的电流 I 为 29mA，此时限流电阻的功率

$P = I^2 R = 0.126W$，用普通电阻基本没有问题。

二极管使用注意事项。

（1）二极管工作时的电流、电压及环境温度等都不应超过产品手册中所规定的极限值。

（2）整流二极管不应直接串联或并联使用。如需串联使用，每个二极管应并联一个均压电阻。若并联使用时，每个二极管应串联一个小阻值的均流电阻，以免器件过载损坏。

（3）对于工作电流较大的二极管，需按产品要求加装散热器。

（4）在安装时，二极管元件应尽量避免靠近发热元件。

（5）要求导通电压低时选锗管，要求反向电流小时选取硅管。

（6）要求耐高温时可选用硅管。

【例 4.1.2】 拿到一个二极管，如何判断二极管的阳极和阴极？如何判断二极管是好的还是坏的？

解： 通常二极管阳极和阴极的判别，可以采用肉眼观察法，比如图 4.1.7 所示的常见二极管，都有深色或银色的线条指示出阴极管脚；图中的大电流管的辫子则是阴极管脚所在。也可以根据二极管的单向导电特性来判断，二极管正向电流大，必然等效电阻小；反向电流小，必然等效电阻大。利用这一点，不仅能判断出二极管的阳极和阴极，同时能测出二极管的好坏。

（a）稳压二极管

（b）整流二极管

（c）贴片二极管

（d）大电流二极管

图 4.1.7　二极管管脚识别

用指针式万用表测量二极管的极性时，如图 4.1.8 所示，把万用表的开关置于 R×1kΩ 或

R×100Ω 挡（注意调零），各测二极管的正、反向电阻一次。测得阻值小的一次，黑表笔（接内电池的正极）所接的管脚为二极管的阳极，反之，测得阻值大的一次，红表笔（接内电池负极）所接的管脚为二极管的阴极。

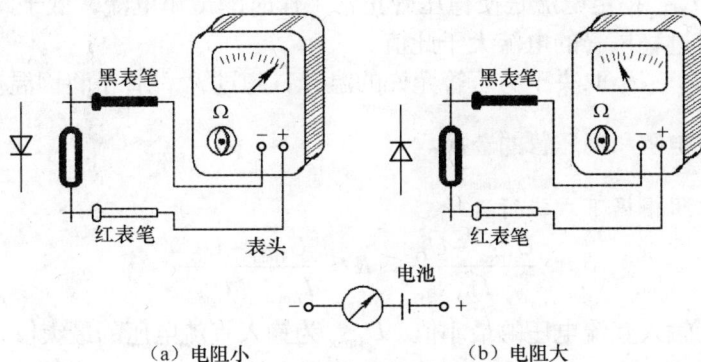

（a）电阻小　　　　　（b）电阻大

图 4.1.8　万用表简易测试二极管示意图

在判别二极管的极性时，测得正、反向的阻值相差越大，表示二极管的单向导电性越好。一般二极管的正向电阻约几千欧，反向电阻约几百千欧甚至几兆欧。若测得二极管的正、反向电阻阻值相近，表示二极管已坏。若测得二极管正、反向阻值很小或为零，表示管子已被击穿，两电极已短路。若测得正、反向阻值都很大，则表明管子内部已断路，不能再使用。

若用数字万用表进行检测，可以直接使用数字万用表的二极管挡。对于硅二极管，若显示数字在 500～700 之间，则红表笔接的是管子的阳极，黑表笔接的是管子的阴极；若无数字读出，则黑表笔接的是管子的正极，红表笔接的是管子的负极。同理，对于锗二极管，显示数字小于 300 为正常。如果两次测量，均无数字显示，说明二极管开路；两次测量均为零或接近于零，说明二极管短路。

5．特种二极管

（1）稳压二极管。稳压二极管是用特殊工艺制成的二极管，它的伏安特性曲线、图形符号及稳压管电路如图 4.1.9 所示，它的正向特性曲线与普通二极管相似，而反向击穿特性曲线很陡。在正常情况下稳压管工作在反向击穿区（A、B 点之间）。由于曲线很陡，反向电流在很大范围内变化时，端电压变化很小，因此具有稳压作用。只要反向电流不超过其最大稳定电流，就不会形成破坏性的热击穿。因此，在电路中应将稳压管串联一个具有适当阻值的限流电阻。

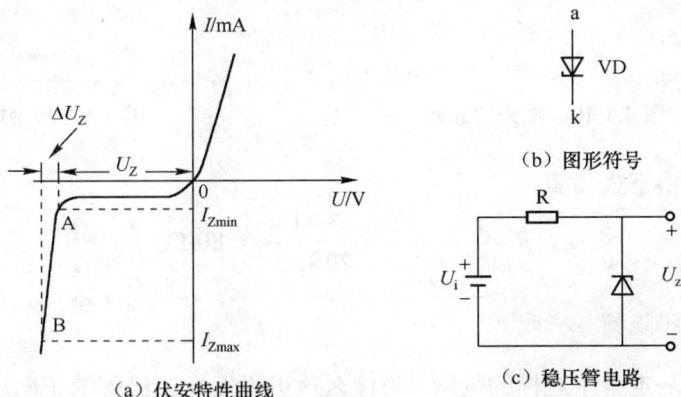

（a）伏安特性曲线　　　　　（c）稳压管电路

图 4.1.9　稳压管的伏安特性曲线、图形符号及稳压管电路

稳压管的主要参数与普通二极管的参数不太一样，它的参数主要与稳压特性相关，因此表述的是击穿区的技术指标。

① 稳定电压 U_Z：稳定电压是稳压管中电流为规定电流时，稳压管两端的电压。

② 稳定电流 I_Z：稳定电流是使稳压管正常工作时的最小电流，低于此值时稳压效果较差。工作时应使流过稳压管的电流大于此值。

③ 额定功耗 P_Z：P_Z 取决于稳压管允许的温升；超过 P_Z，管子将因温度过高而损坏。

 **稳压管限流电阻和稳压管的选择。**

稳压管限流电阻根据下式进行选择

$$\frac{U_{Imax} - U_O}{I_{ZM}} \leq R \leq \frac{U_{Imin} - U_O}{I_{Zmin} + I_{Lmax}}$$

式中，U_{Imin} 为输入直流电压的最小值，U_{Imax} 为输入直流电压的最大值，U_O 为输出电压，I_{Lmax} 为负载电流的最大值，I_{ZM} 为稳压管最大稳定电流，I_{Zmin} 为稳压管稳定工作电流。

稳压管的选型主要考虑稳定电压 U_Z 和最大稳定电流 I_{ZM} 两个参数。稳定电压按所要求的负载电压选取，即 $U_Z = U_O$。如一个管子稳压值不够，可用两个或多个稳压管串联。最大稳定电流 I_{ZM} 应取最大负载电流 I_{Lmax} 的 2～3 倍，即

$$I_{ZM} = (2 \sim 3) I_{Lmax}$$

（2）发光二极管。发光二极管与普通二极管一样，也是由 PN 结构成的，同样具有单向导电性。但它在正向导通时能发光，所以它是一种把电能转换成光能的半导体器件，常见外形和电路符号如图 4.1.10 所示。

发光二极管在应用时也要串接限流电阻，若电源电压为 U_S，二极管的正向压降为 U_F，工作电流为 I_F，则限流电阻的阻值为 $R = \dfrac{U_S - U_F}{I_F}$。

【例 4.1.3】 在如图 4.1.11 所示电路中，电源电压为 V_{CC}=3V，发光二极管在正向工作电流 I_F=20mA 时的正向压降 U_F=1.4V，试求电路中限流电阻值 R 的大小。

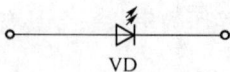

（a）常见外形 　　　（b）电路符号

图 4.1.10 　发光二极管

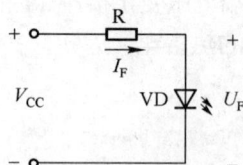

图 4.1.11 　例 4.1.3 图

解： 限流电阻由下式估算

$$R = \frac{V_{CC} - U_F}{I_F} = \frac{3 - 1.4}{20 \times 10^{-3}} = 80(\Omega)$$

 **二极管正向压降都一样吗？**

看了例 4.1.3，一定有了这样的疑问，为什么这里说发光二极管的正向压降不是 0.7V？实际上，不同的二极管其正向压降各不相同，如开关二极管 1N4148 的正向压降 $U_F \leq 1$V，而

肖特基二极管 1N5817 的正向压降 $U_{FM}=0.45V$，常用的整流二极管 1N4007 的正向压降 $U_F \le 1V$，不同颜色、不同尺寸的发光二极管的正向压降各不相同，如直径为 5mm 的红色发光二极管 2EF401 的正向压降就达到了 1.7V。没有特殊说明的硅二极管，其正向压降为 0.7V。因此，使用二极管时，要查看技术手册。

发光二极管究竟怎么使用？

在实际使用中，设备的状态指示等常用发光二极管来实现。因此，在使用中应注意以下问题。

① 发光二极管的管压降比普通二极管大，约为 2V，高亮度的发光二极管管压降更高，电源电压必须大于管压降，发光二极管才能工作。

② 发光二极管的亮度与其工作电流 I_F 有关，一般当 $I_F=1mA$ 时启动，随着 I_F 的增加亮度不断增大。但当 $I_F \ge 5mA$ 后，亮度增加不显著。另外，发光二极管的最大工作电流一般为 20～30mA，超过此值将损坏发光二极管。因此，工作电流 I_F 应在 5～20mA 范围内选择，为节省电能，一般选择 $I_F=5mA$。从经验来看，透明的发光二极管工作电流为 20mA，有颜色的发光二极管工作电流为 10mA，发光二极管亮度正常且基本上没有发热。

③ 发光二极管的反向击穿电压一般不超过 7V，相对于普通二极管来说，这个值偏小，在使用中应该注意，否则发光二极管将被击穿损坏。

【例 4.1.4】设计一个简易电路，测量发光二极管的正向压降。

解：设计思路很简单，首先电源电压要大于正向压降，再考虑电路限流在 10mA，估算限流电阻，最终电阻取值可略大，把发光二极管串入电路即可。因此，可以选择两节电池，将一个 100Ω 的电阻与发光二极管串接，接线如图 4.1.11 所示。

（3）光电二极管。光电二极管的结构与普通二极管的结构基本相同，只是在它的 PN 结处，通过管壳上的一个玻璃窗口能接收外部的光照。光电二极管的 PN 结在反向偏置状态下运行，其反向电流随光照强度的增加而上升，因此它是一种把光能转换成电能的半导体器件。光电二极管的常见外形和电路符号如图 4.1.12 所示。

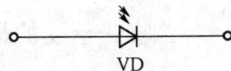

（a）常见外形　　（b）电路符号

图 4.1.12　光电二极管

4.1.2　二极管整流滤波电路

概念：整流

利用二极管的单向导电性，将交流电压变为单向脉动电压的过程称为整流。

概念：滤波

利用电容或电感的储能特性，去除整流后的脉动电压中的杂波的过程称为滤波。

整流是二极管最常见的一种应用。

1．单相半波整流电路

单相半波整流电路如图 4.1.13 所示，图中 T 为电源变压器，R_L 为电阻性负载，VD 为整流二极管。u_1 表示电网电压，u_2 表示变压器二次侧电压，设 $u_2=\sqrt{2}U_2\sin\omega t$，式中，$U_2$ 为二次电压有效值。

单相半波整流电路的工作原理如下。

要使二极管导通，必须满足"阳极电位高于阴极电位"的条件，因此，当 u_2 在正半周时，

VD 正偏导通，$u_o = u_2 = \sqrt{2}U_2\sin\omega t$（在 U_2 远大于二极管导通压降时，二极管导通压降可忽略不计）。当 u_2 负半周时，VD 明显反偏截止，因此输出电压 $u_o = 0$。u_2 全部加在了整流二极管的两端，它所承受的反向电压为 $u_D = u_2$。

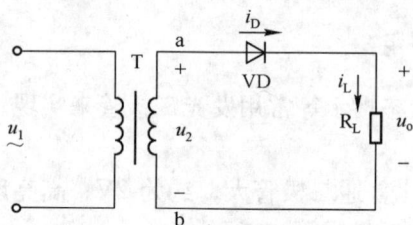

图 4.1.13　单相半波整流电路

根据以上分析，在图 4.1.14 中画出了整流电路输入电压、负载电压、负载电流波形以及对应的二极管电压波形。由图可见，负载电压为 u_2 的半个周期，故称为半波整流电路。负载上得到的整流电压 u_o 是单方向的，但大小是变化的，通常把此种电压叫做脉动直流电压。

负载上的直流电压是指一个周期内脉动电压的平均值，因此计算出半波整流电路输出直流电压的平均值为

$$U_O = \frac{1}{2\pi}\int_0^{2\pi} u_o \,d(\omega t) = \int_0^{\pi}\sqrt{2}U_2\sin\omega t\,d(\omega t) = \frac{\sqrt{2}}{\pi}U_2 \approx 0.45U_2 \tag{4.1.1}$$

负载电流的平均值为

$$I_L = \frac{U_O}{R_L} \approx 0.45\frac{U_2}{R_L} \tag{4.1.2}$$

流过二极管的平均电流与负载电流相等，即

$$I_D = I_L \tag{4.1.3}$$

二极管承受的最大反向电压为

$$U_{DM} = \sqrt{2}U_2 \tag{4.1.4}$$

在实际中，通常要根据整流电路的技术指标选择合适的整流二极管，一般选管子的最大允许平均电流大于 I_D，管子的最大反向工作电压大于 U_{RM}，同时有一定裕量，即

$$I_F \geqslant (1.5 \sim 2)I_D$$
$$U_{RM} \geqslant (1.5 \sim 2)U_{DM} = (1.5 \sim 2)\sqrt{2}U_2$$

半波整流电路结构简单但整流效率较低，输出电压平均值低、脉动较大。因此，它一般只适用于参数要求不高的场合。

2. 单相桥式整流电路

为了克服半波整流电路电源利用率低、整流电压脉动程度大的缺点，常采用单相桥式整流电路。

桥式整流电路由变压器和 4 个二极管组成，如图 4.1.15 所示。由图可见，4 个二极管接成了桥式，在 4 个顶点中，相同极性接在一起的一对顶点接直流负载 R_L，不同极性接在一起的一对顶点接交流电源。

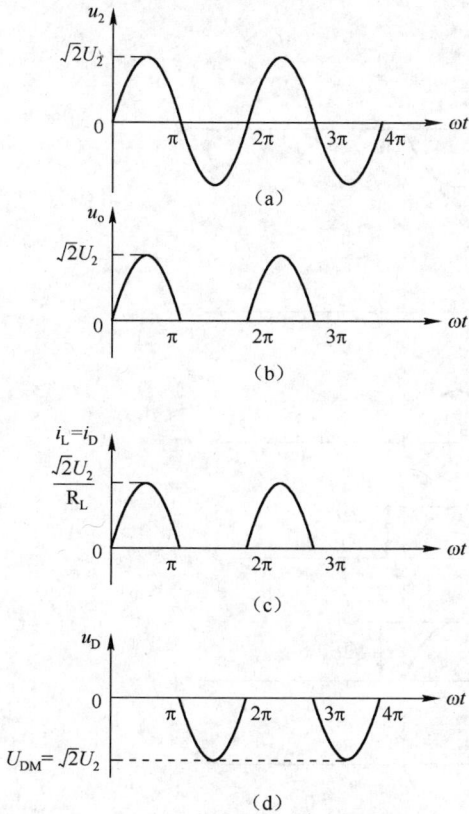

图 4.1.14 半波整流电路波形图

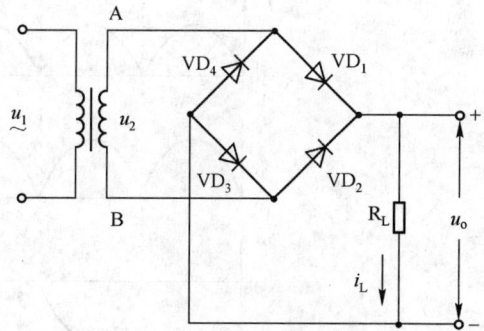

图 4.1.15 单相桥式整流电路

单相桥式整流电路的工作原理如下。

当 u_2 为正半周时，其极性为上正下负，整流二极管 VD_1 与 VD_3 正偏导通，而 VD_2 与 VD_4 反偏截止，整流电路中的电流流经途径为 A 端-VD_1-R_L-VD_3-B 端-A 端，因此，负载 R_L 上产生一上正下负的输出电压，此时，输出电压 $u_o = u_2$。电流通路如图 4.1.16（a）所示。

当 u_2 为负半周时，其极性为上负下正，整流二极管 VD_2 和 VD_4 正偏导通，而二极管 VD_1 与 VD_3 反偏截止，整流电路中的电流流经途径为 B 端-VD_2-R_L-VD_4-A 端-B 端，因此，负载 R_L 上也同样产生一上正下负的输出电压，但此时，输出电压 $u_o = -u_2$。电流通路如图 4.1.16（b）所示。

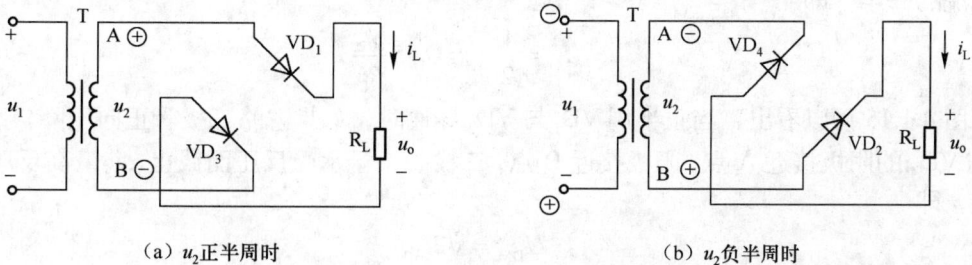

（a）u_2 正半周时　　　　　　　　（b）u_2 负半周时

图 4.1.16 单相桥式电路的电流通路

根据上述分析得到了桥式整流电路各电压、电流波形如图 4.1.17 所示。

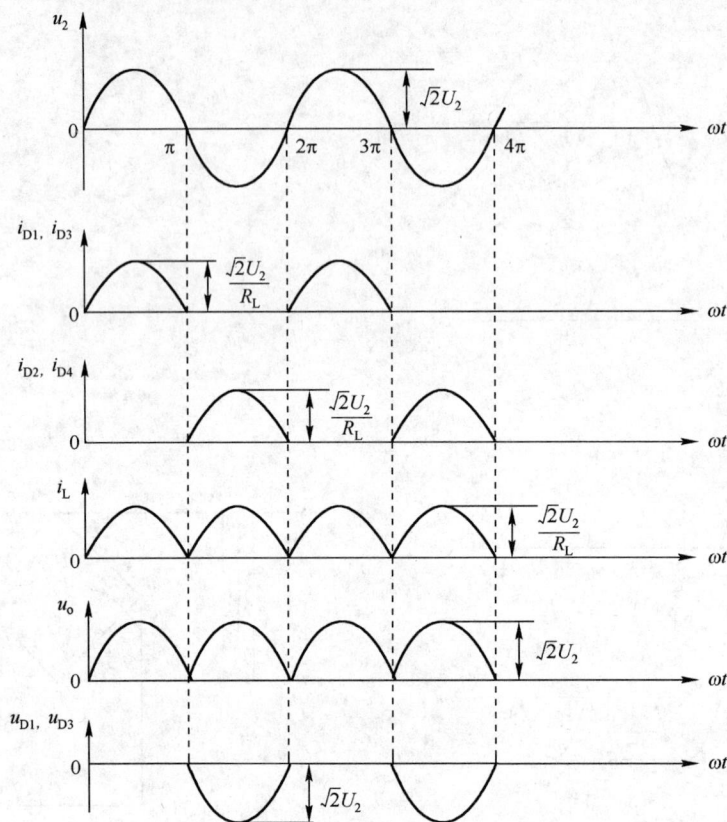

图 4.1.17　单相桥式整流电路电压与电流波形

由输出波形可看出，全波整流输出波形是半波整流时的两倍，所以输出直流电压也为半波时的两倍，即

$$U_O = \frac{2\sqrt{2}}{\pi}U_2 \approx 0.9U_2 \tag{4.1.5}$$

负载电流的平均值为

$$I_L = \frac{U_O}{R_L} = 0.9\frac{U_2}{R_L} \tag{4.1.6}$$

在 u_1 整个周期内，4 个二极管分两批轮流导通，所以流过每个二极管的平均电流是负载平均电流的一半，即

$$I_D = \frac{1}{2}I_L = 0.45\frac{U_2}{R_L} \tag{4.1.7}$$

由图 4.1.15 可以看出，当正半周 VD_1 与 VD_3 导通时，如果忽略二极管正向压降，此时，VD_2 与 VD_4 的阴极接近 A 点，阳极接近 B 点，二极管由于承受反压而截止，其最高反压为 u_2 的峰值，即

$$U_{DM} = \sqrt{2}U_2 \tag{4.1.8}$$

在选择整流二极管时，应满足

$$I_F \geqslant (1.5 \sim 2)I_D = (1.5 \sim 2)0.45\frac{U_2}{R_L}$$

$$U_{RM} \geq (1.5 \sim 2)U_{DM} = (1.5 \sim 2)\sqrt{2}U_2$$

这个电路的缺点是二极管用得较多，电路连接复杂，容易出错，为了解决这一问题，生产厂家常将 4 个整流二极管集成在一起构成桥堆，其外形和图形符号如图 4.1.18 所示。

【例 4.1.5】桥式整流电路如图 4.1.19 所示，要求输出直流电压 U_O 为 25V，输出直流电流为 200mA，试问：变压器次级绕组输出电压的有效值为多大？整流管如何选择？

 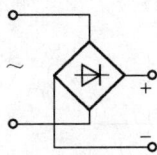

（a）外形　　（b）电路符号

图 4.1.18　桥堆

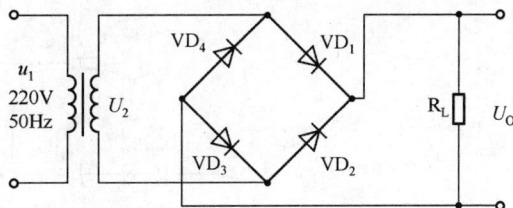

图 4.1.19　例 4.1.5 图

解：（1）根据式（4.1.5）可求出变压器副边电压有效值

$$U_2 = \frac{U_O}{0.9} = 27.78(V)$$

（2）流过管子的平均电流为 $I_D = \frac{1}{2}I_L = 100(mA)$

整流二极管承受的最大反向电压 $U_{DM} = \sqrt{2}U_2 = 39.3(V)$ 。

选择二极管时，应使 $I_F \geq 2I_D = 200mA$ ，$U_{RM} \geq 2U_{RM} = 78.6V$ 。

可选 $I_F = 1A$ 、$U_{RM} = 100V$ 的整流二极管 1N4002。

3. 电容滤波桥式整流电路

各种滤波形式。

无论是半波整流或是桥式整流，输出电压都是单方向脉动电压，虽然是直流，但脉动较大，在要求直流电平滑的场合就不适用了。为了改善电压的脉动程度，可在整流电路后串联电感[阻碍电流的脉动变化如图 4.1.20（a）所示]或并联电容[短路交流成分如图 4.1.20（b）所示]的形式，也可采用高通、低通、带通等有源滤波电路，如图 4.1.20（c）所示。这里仅介绍应用最多的电容滤波。

电容滤波桥式整流电路如图 4.1.21（a）所示。由于电容的存在，电源对电容充电，电容通过负载放电，当充放电时间常数足够大（$\tau = R_L C$）时，电容放电速度缓慢，从而使输出电压更加平滑，输出波形如图 4.1.21（b）所示。

输出电压平均值 U_O 为

$$U_O \approx 1.2U_2 \tag{4.1.9}$$

流过二极管的平均电流为

$$I_D = \frac{U_O}{2R_L} \tag{4.1.10}$$

二极管承受的最大反向电压为

$$U_{DM} = \sqrt{2}U_2 \tag{4.1.11}$$

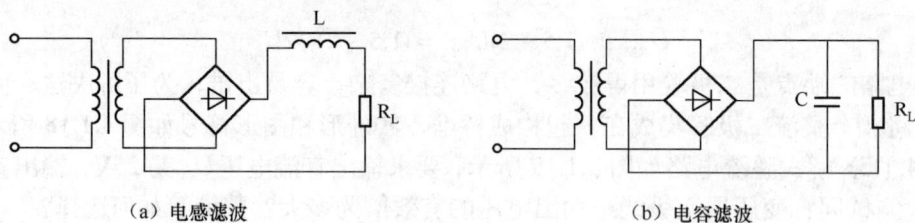

（a）电感滤波 （b）电容滤波

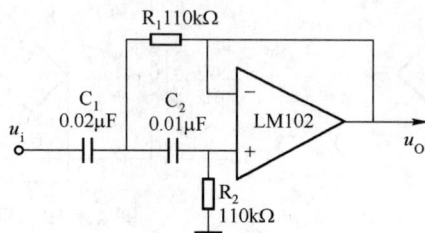

（c）有源高通滤波

图 4.1.20 常见滤波电路

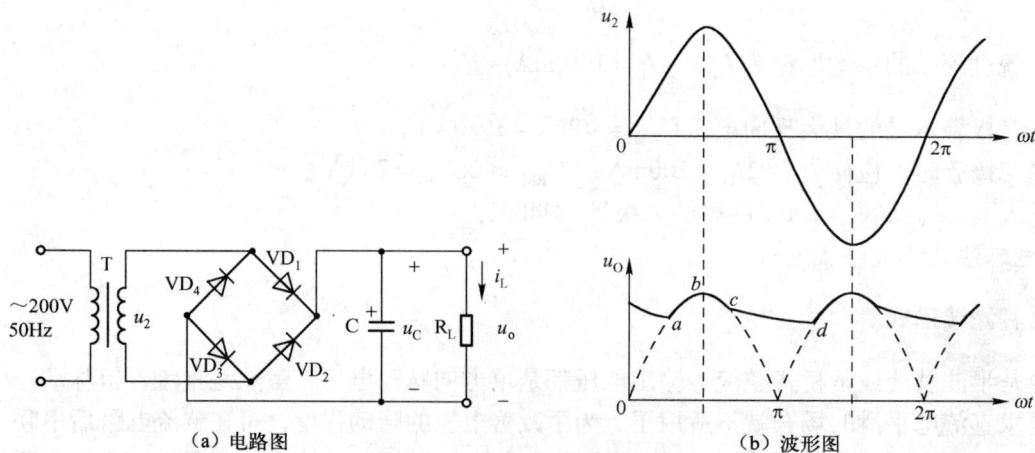

（a）电路图 （b）波形图

图 4.1.21 桥式整流电容滤波电路及波形

考虑冲击电流对二极管的影响，选 $I_F = (3 \sim 4)I_D$。

整流二极管承受的最大反向电压为

$$U_{RM} \geqslant (1.5 \sim 2)U_{DM} = (1.5 \sim 2)\sqrt{2}U_2$$

滤波电容容量较大，一般用电解电容，滤波电容 C 的大小按下式选取

$$R_L C \geqslant (3 \sim 5)\frac{T}{2}$$

耐压值一般取输入电压的 1.5 倍。

【例 4.1.6】桥式整流滤波电路如图 4.1.22 所示，要求输出直流电压 U_O 为 25V，输出直流电流为 200mA，试问：

（1）输出电压是正压还是负压？电解电容 C 的极性如何连接？

（2）变压器次级绕组输出电压的有效值为多大？

（3）电容 C 应如何选择？

（4）整流管如何选择？

144

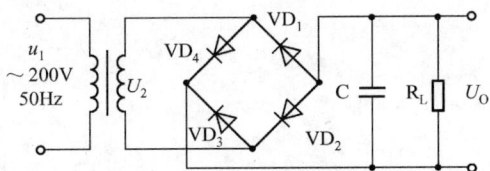

图 4.1.22　桥式整流电路

解： （1）根据二极管的排列方向，电流由负载下端流往上端，负载上输出为负压，电解电容 C 的极性为上负下正。

（2）按桥式整流电容滤波的关系 $U_O \approx 1.2 U_2$，可得变压器副边电压有效值

$$U_2 \approx \frac{U_O}{1.2} \approx 20.1\text{V}$$

（3）按照下式选择电容

$$R_L C \geqslant (3 \sim 5)\frac{T}{2}$$

其中 $T = \dfrac{1}{f} = \dfrac{1}{50} = 20\text{ms}$ ，$R_L = \dfrac{U_O}{I_L} = \dfrac{25}{200} = 0.125\text{k}\Omega$

所以 $C \geqslant \dfrac{(3 \sim 5)\dfrac{T}{2}}{R_L} = \dfrac{(3 \sim 5) \times 10 \times 10^{-3}}{0.125 \times 10^3} = (240 \sim 400)\mu\text{F}$

电容的耐压值 $U_{CN} \geqslant 1.5 U_O = 37.5\text{V}$

可取标称值耐压 50V、电容量 470 μF 的电解电容。

（4）流过管子的平均电流为 $I_D = \dfrac{1}{2}I_L = 100\text{mA}$ ，

整流二极管承受的最大反向电压 $U_{RM} \geqslant (1.5 \sim 2)U_{DM} = (1.5 \sim 2)\sqrt{2}U_2 \approx (42 \sim 56)\text{V}$

考虑冲击电流对二极管的影响，选 $I_F = (3 \sim 4)I_D = (300 \sim 400)\text{mA}$

根据 I_F 和 U_{RM} 选管，可选取 2CZ54B 二极管 4 个，其 $I_F = 0.5\text{A}$ ，$U_{RM} = 50\text{V}$ 。（如果这个型号找不到，也可以选择 1N4007）

4.1.3　二极管其他典型应用

二极管在工程中的应用非常广泛，前面所述的二极管整流电路是二极管的一种典型应用，除此之外，利用二极管的单向导电性还可以组成限幅电路、钳位电路等。

1. 限幅电路

当输入信号电压在一定范围内变化时，输出电压随输入电压相应变化；而当输入电压超出该范围时，输出电压保持不变，这就是限幅电路。

图 4.1.23 （a）所示为二极管限幅电路，试问如何得到二极管的导通条件？可以先把二极管从电路中断开，并在电路中设置合适的参考零电位点，如图 4.1.23 （b）所示，在没有电流通过时电阻上不会产生压降，因此有 $U_a = u_i$、$U_b = E$ ，为使二极管导通，需 $U_a > U_b$ ，即 $u_i > E$ 时，二极管导通，$u_o = E$ ；$u_i < E$ 时，二极管截止，$u_o = u_i$ ，波形图如图 4.1.23 （c）所示。（这里有个隐含条件：$|E| < U_{im}$ ）

【例 4.1.7】二极管电路如图 4.1.24 所示，已知输入电压 $u_i = 30\sin \omega t\text{V}$ ，二极管的正向压降和反向电流均可忽略，试画出输出电压 u_o 的波形。

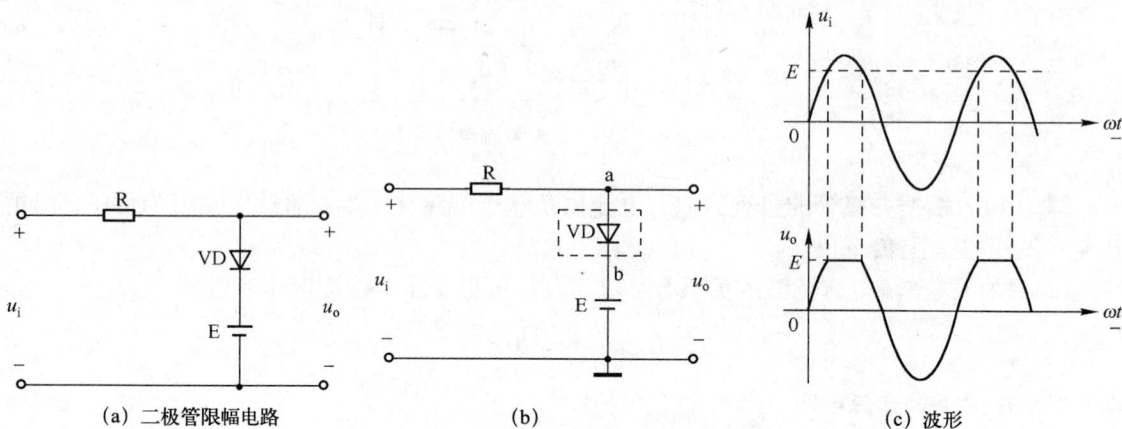

(a) 二极管限幅电路   (b)   (c) 波形

图 4.1.23   二极管限幅电路及波形

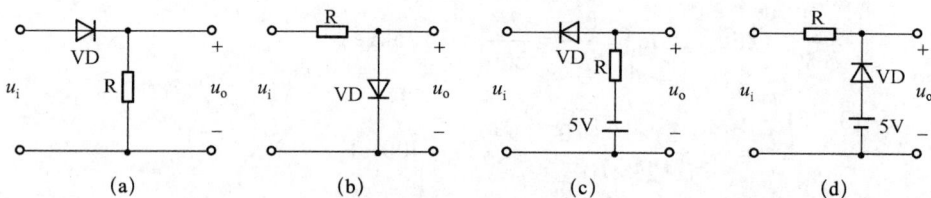

(a)   (b)   (c)   (d)

图 4.1.24   例 4.1.7 图

解： 应先逐一判断二极管的导通条件。

(a) 当 $u_i > 0$ 时，二极管导通，二极管压降忽略不计，可视为短路，$u_o = u_i$；当 $u_i < 0$ 时，二极管截止，电阻上没有电流，也就没有压降，$u_o = 0$。输出波形如图 4.1.25 (a) 所示。

(b) 当 $u_i > 0$ 时，二极管导通，$u_o \approx 0$；当 $u_i < 0$ 时，二极管截止，电阻上没有压降，可视为短路，$u_o = u_i$。输出波形如图 4.1.25 (b) 所示。

(c) 当 $u_i < -5V$ 时，二极管导通，$u_o = u_i$；当 $u_i > -5V$ 时，二极管截止，$u_o = -5V$。输出波形如图 4.1.25 (c) 所示。

(d) 当 $u_i < 5V$ 时，二极管导通，$u_o = 5V$；当 $u_i > 5V$ 时，二极管截止，$u_o = u_i$。输出波形如图 4.1.25 (d) 所示。

2. 钳位电路

钳位电路是使输出电位钳制在某一数值上保持不变的电路。在如图 4.1.26 所示电路中，若 A 点 $U_A = 0$，则二极管 VD 可正向导通，二极管压降很小，故 F 点的电位也被钳制在 0V 左右，即 $U_F \approx 0V$。

【例 4.1.8】 理想二极管电路如图 4.1.27 所示，判断每个二极管的状态并求输出端电压 U_O。

解： 若单独看每一个二极管，它们都承受了正向电压，处于导通状态。实际上，它们是一个整体，互相有影响，当输入电压不相同时，正向电压最大的二极管优先导通，而且一旦这个二极管导通，将把电压钳制在较低的电压，使其余二极管截止。

因为 VD₃ 两端压降最大，为 4.5V，所以该管优先导通，理想二极管正向压降可忽略不计，得 $U_O = 0.3V$，VD₁、VD₂ 因承受反向电压而截止。

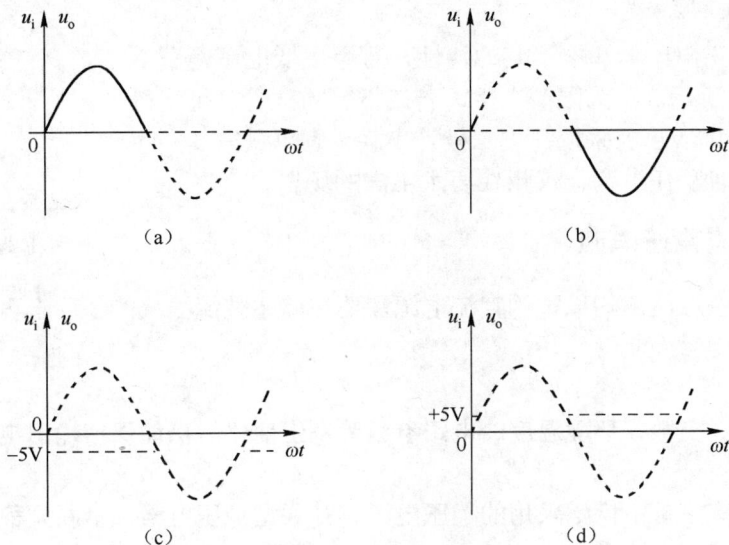

(a)

(b)

(c)

(d)

图 4.1.25 例 4.1.7 图

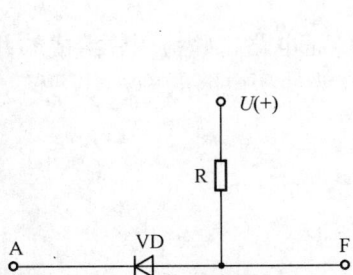

图 4.1.26 二极管钳位电路

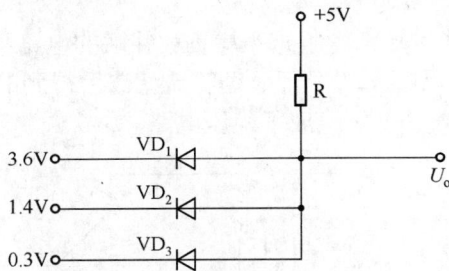

图 4.1.27 例 4.1.8 图

二极管的共阴极接法和共阳极接法。

若把所有二极管的阴极接在一起作为公共端，称为共阴极接法。共阴极连接时，阳极电位最高的二极管优先导通，其他二极管截止，如图 4.1.28（a）所示。若把所有二极管的阳极连接在一起作为公共端，称为"共阳极接法"。共阳极连接时，阴极电位最低的二极管优先导通，其他二极管截止，如图 4.1.28（b）所示。

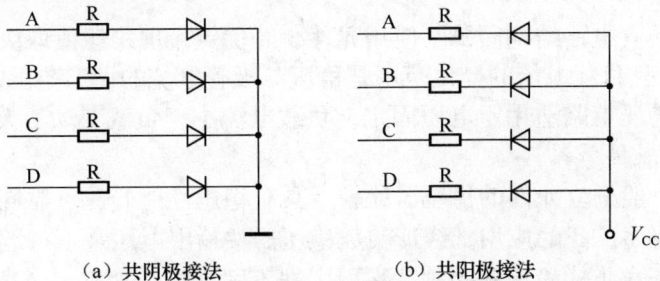

（a）共阴极接法　　　　（b）共阳极接法

图 4.1.28 二极管的共阴极接法和共阳极接法

有没有发现，桥式整流电路中分别有一组共阴极接法和一组共阳极接法的二极管?

3. 稳压电路

利用二极管正向压降基本不变的特性，可组成低电压稳压电路，如图 4.1.29 所示，R 为限流电阻，若二极管为硅管，可获得输出电压近似为 0.7V。若采用几支二极管串联，则可获得 3～4V 的输出电压。这种稳压电路，仅用在要求不高的场合。

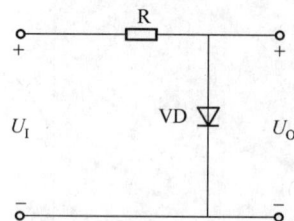

图 4.1.29　低电压稳压电路

4.1.4　直流稳压电源

通常电子设备中使用的稳定的直流电源需要在前述整流滤波的基础上再加一级稳压电路进行稳压。

概念：稳压

在输入电压、负载、环境温度、电路参数等发生变化时仍能保持输出电压恒定的电路，称为稳压电路。

目前中小功率设备中广泛采用的稳压电源有并联型稳压电路、串联型稳压电路、集成稳压电路及开关型稳压电路。

1. 并联型稳压电路

顾名思义，稳压元件与负载并联的电路称为并联型稳压电路，硅稳压管组成的并联型稳压电路如图 4.1.30 所示，经整流滤波后得到的直流电压作为稳压电路的输入电压 U_I，限流电阻 R 和稳压管 V 组成了稳压电路。

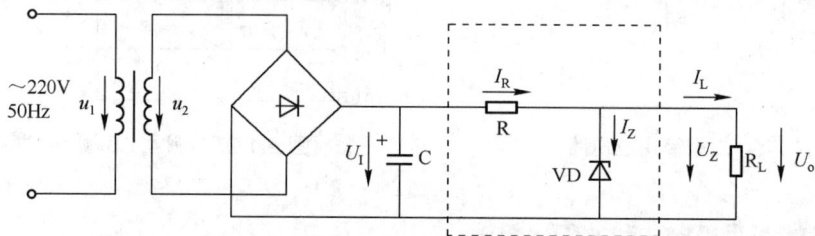

图 4.1.30　硅稳压管组成的并联型稳压电路

硅稳压管稳压的原理是利用稳压管反向击穿时电压 U_Z 的微小变化，引起电流 I_Z 的较大的变化，再通过限流电阻 R 起电压调整作用，保证输出电压基本恒定。

电路中，无论是电网电压波动还是负载电阻 R_L 的变化对输出电压产生影响，稳压管稳压电路都能起到稳压作用。

并联稳压电源具有电路结构简单、使用元件少等优点，但稳压值取决于稳压二极管的稳定电压，不能调节，且负载电流的变化范围是稳压二极管电流的调节范围，限制了负载 R_L 的变化。因此，这种稳压电路适用于电压固定、负载电流小、负载变动不大的场合。

2. 三端线性集成稳压器

集成稳压器与一般分立元件的稳压器比较，具有稳压性能好、可靠性高、组装和调试方便等优点，因此获得了广泛的应用。线形集成稳压器按输出电压是否可调分为固定电压式集成稳压器和可调电压式集成稳压器两种。按引出端不同分为三端式、多端式等。

图 4.1.31 所示为常用 7800 系列、7900 系列固定稳压器的引脚排列和电路符号。三端稳压器有输入端、输出端和公共端（接地）3 个接线端点，稳压器输出电压由制造厂家预先调整好，使用时不能调节。型号中 78 表示输出为正电压值，79 表示输出为负电压值。

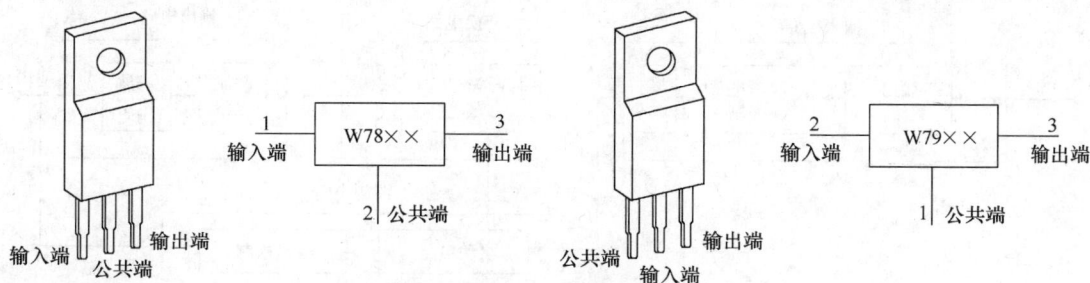

图 4.1.31　三端固定电压式集成稳压器引脚排列和电路符号

7800 系列输出电压等级有 5V、6V、9V、12V、15V、18V、24V 7 种，同样，7900 系列有-5V、-6V、-9V、-12V、-15V、-18V、-24V 7 种。如 CW7815，表明输出 +15V 电压，输出电流可达 1.5A。CW79M12，表明输出-12V 电压，输出电流为-0.5A。

三端固定电压式集成稳压器的封装有金属封装、塑料封装、带散热板的塑封等多种。

利用三端稳压器制作的稳压电源电路图如图 4.1.32 所示。图中，工频交流电经变压器 T 变压，通过 4 个二极管构成的桥式整流电路整流，再经电容 C_1 滤波，最后由 78 系列的三端稳压器稳压输出。其中 VD_5 对三端稳压器起保护作用，电容 C_2、C_3 用来实现频率补偿，以防止稳压器产生高频自激振荡和抑制电路引入高频干扰，C_4 是电解电容，目的是减小稳压电源输出端由输入电源引入的低频干扰。

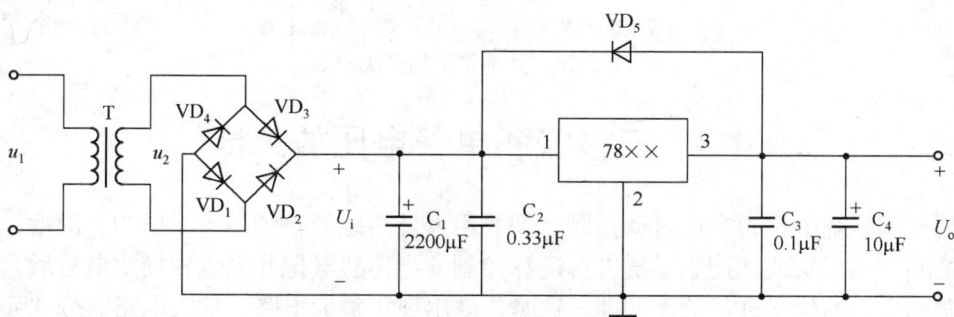

图 4.1.32　二极管桥式整流集成稳压电源

开关稳压电源。

前面所讲的几种电源都是线性电源，在整流之前，需要庞大而笨重的变压器把交流电变压为接近输出电压的交流值，同时电路所需的滤波电容的体积和重量也相当大，且在输出较大工作电流时，电路转换效率低，一般只有 20%～24%，还要安装很大的散热片。这种电源不适合计算机等设备的需要，逐步被开关电源所取代。开关型稳压电路中的元件损耗很小，效率可提高到 60%～80%，个别甚至可高达 90%以上。

开关稳压电源的工作原理：交流电压先经整流及滤波电路处理，变成含有一定脉动成分的直流电压，该电压进入开关电路被转换成所需电压值的方波，最后再将这个方波电压经整流滤波变为所需要的直流电压。其基本电路框图如图 4.1.33 所示。在输出与输入间存在控制电路，其作用是检测直流输出电压，并将其与基准电压进行比较放大，影响开关电路对直流电压的调制效果，从而保持输出电压的稳定。

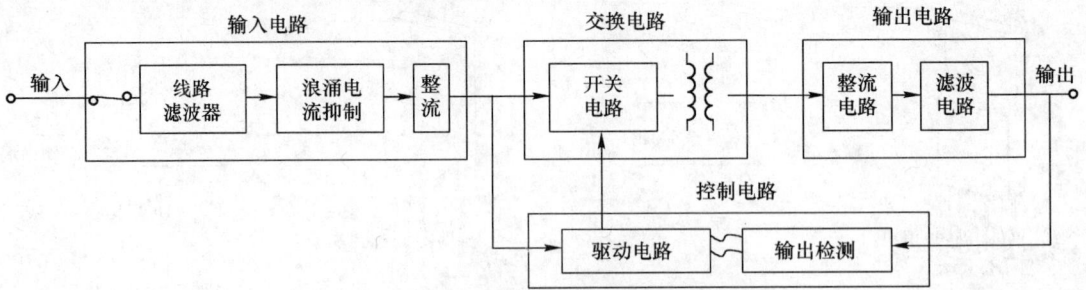

图 4.1.33　开关电源的基本电路框图

开关电源的主要优点是体积小、重量轻（体积和重量只有线性电源的 20%～30%）、效率高（一般为 60%～70%，而线性电源只有 30%～40%）、自身抗干扰性强、输出电压范围宽、模块化。但由于逆变电路中会产生高频电压，开关电源对周围设备有一定的干扰，需要良好的屏蔽及接地。图 4.1.34 所示为常见的开关电源。

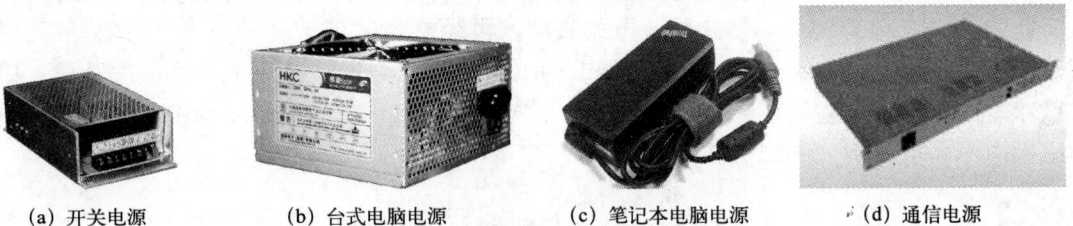

(a) 开关电源　　　(b) 台式电脑电源　　　(c) 笔记本电脑电源　　　(d) 通信电源

图 4.1.34　几种常见的开关电源

4.2　三极管和单管电压放大器

现代控制系统中，为实现自动控制，需要用大量传感器检测温度、压力、湿度、能见度等物理量的变化，反映到控制系统进行运算控制，当传感器把非电量转换为电量后，还需要对这些微弱变化的信号进行放大处理，这时，就出现了放大电路。放大电路有分立元件放大电路和集成放大电路两类。首先来了解分立元件放大电路和其核心元件三极管。

4.2.1　半导体三极管

1. 半导体三极管的结构、符号和分类

三极管是由两个 PN 结、3 个掺杂半导体区域组成的，组成形式有 NPN 型和 PNP 型两种。三极管有 3 个区，即发射区、基区和集电区。从这 3 个区引出的电极有发射极 e、基极 b 和集电极 c，发射区和基区在交界处形成发射结，基区和集电区在交界处形成集电结。三极管的结构和符号如图 4.2.1 所示，符号中的箭头方向表示发射结正向偏置时的电流方向。

三极管的种类很多，按其结构类型分为 NPN 管和 PNP 管；按其制作材料分为硅管和锗管。常见三极管的外形结构如图 4.2.2 所示。

2. 三极管的电流放大作用

按图 4.2.3 所示为三极管 9013 的三极加偏置电压，即给三极管的发射结加正向电压，使其正偏导通，在集电极与发射极间加入较大电源电压，使集电结反向偏置，这时，从电路中串联的电流表上可以了解到电流的大小和电流流向，虽然集电结反向偏置，却出现了较大的反向电流,如图 4.2.3 所示,基极电流虽为正向导通电流,与集电极电流相比却小了很多。调节基极回路的可调电位器,在满足发射结正偏、集电结反偏的前提下,基极电流的变化较小,引起了集电极电流的很大变化,因此说,三极管具有电流放大作用。

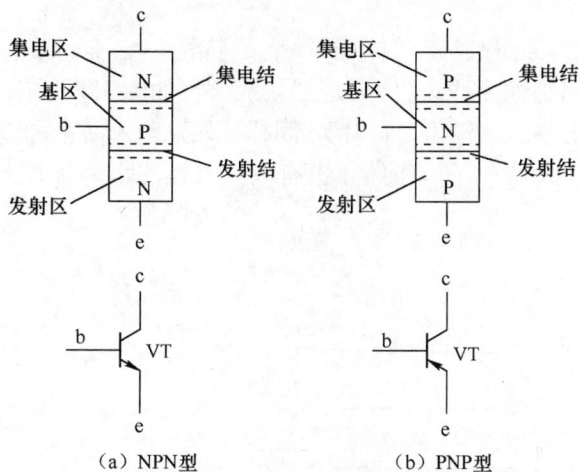

图 4.2.1 三极管的结构示意图与电路符号

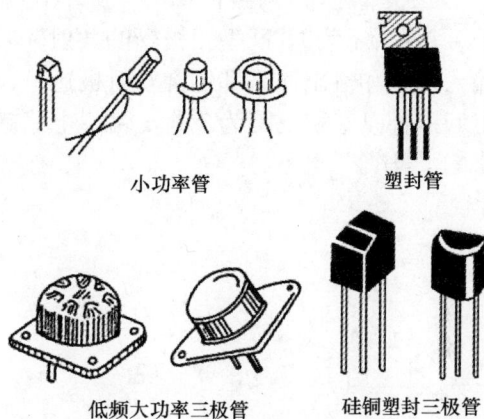

（a）NPN型　　　　　（b）PNP型

图 4.2.2 常见三极管的外形结构

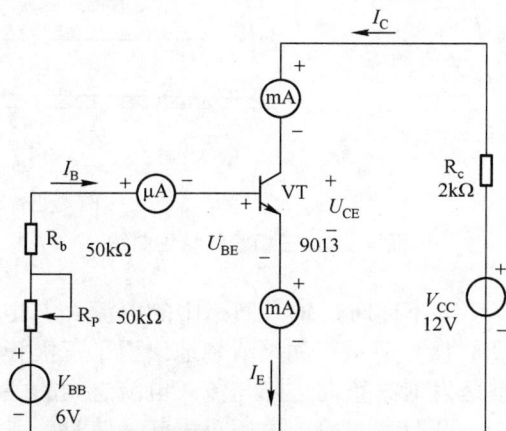

小功率管　　塑封管

低频大功率三极管　　硅铜塑封三极管

图 4.2.3 三极管的电流放大作用实验电路

三极管的电流放大作用是怎么产生的?

要了解三极管的电流放大作用,还要从它的制造工艺说起。以 NPN 型三极管为例,虽然三极管基区为 P 型材料,集电区和发射区都为 N 型材料,但是三极管的基区非常薄,发射区掺杂了大量电子,集电区拥有较大的面积,这就像栅栏里的羊群奔向草原的情景,如果把草原隔成一小一大两块,在小块的一侧仅开个小门,大块的一侧开个大门,两个门同时打开,最终也只有极少的羊会进入小场地吃草,大场地门开的大,场地也大,羊群能快速改变拥挤的局面。三极管也是如此,前面已经谈到,半导体材料内部电荷的运动取决于获得的能量大小,当发射结承受正向电压时,获得能量的电子产生定向运动(电子的运动方向与电流方向相反),而集电结的反向偏置电压正好帮助电子"穿越"了两个 PN 结共同作用的电场,工艺的特点使少量的电子流向了基区,大量的电子流进了集电区。表现在外特性上就是较小的基

极电流引起了较大的集电极电流。而发射区是基极电流和集电极电流的起源，因此有

$I_E = I_B + I_C$。（这一点可以用广义基尔霍夫电流定律证明）

3. 三极管的共射输入输出特性曲线

二极管是非线性元件，三极管由两个 PN 结背靠背"接成"，它的特性一定不简单。图 4.2.4 所示为 NPN 型三极管的共射输入输出特性曲线。（什么是"共射"？如图 4.2.3 所示输入回路和输出回路都包含发射极这一公共支路，就称为"共射"，同样，如果输入回路和输出回路都以基极支路为公共支路，电路就称"共基"了，当然，也有以集电极支路为公共支路的"共集"电路。）

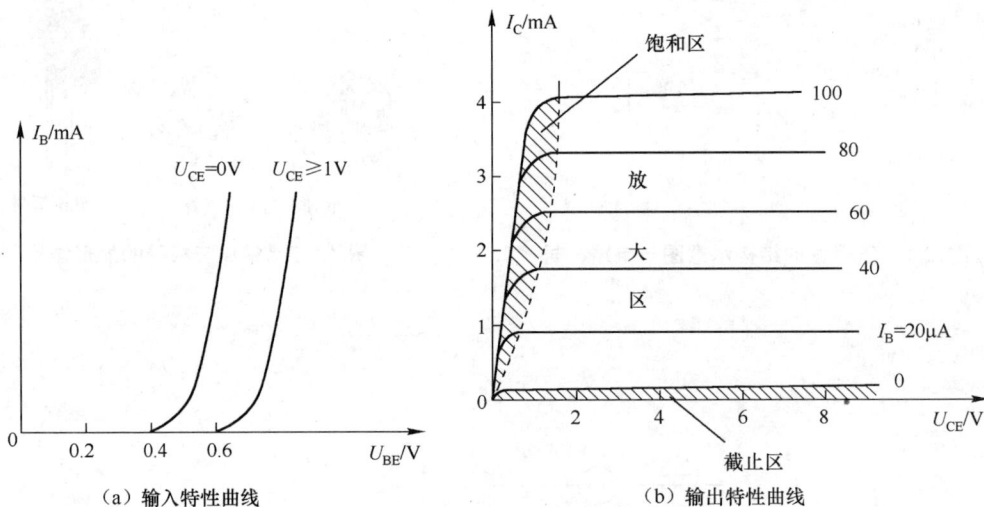

图 4.2.4　三极管的特性曲线

（1）输入特性曲线。当 U_{CE} 不变时，输入回路中的电流 I_B 与电压 U_{BE} 之间的关系曲线称为输入特性曲线，如图 4.2.4（a）所示。如果清楚地认识了三极管各个管脚的名称，就一定知道 U_{BE} 与 I_B 之间的关系就是发射结正向压降与流入电流之间的关系，因此，输入特性曲线与二极管正向伏安特性相似，此时，当输入电压小于某一值时，三极管不导通，基极电流为零，死区同样存在。对于硅管，其电压约为 0.5V；对于锗管，其电压约为 0.1V。

为什么输入特性有两条？可以想一下，当 $U_{CE} = 0$ 时，$U_{BE} > 0$，相当于发射结和集电结都正向偏置，在同样电压作用下，电流增大了近一倍，与 $U_{CE} \geq 1V$ 的曲线相比，输入特性曲线左移了。当 $U_{CE} \geq 1V$ 时，集电结反偏，外电压为发射极电子的定向移动提供了帮助，发射结表现为单一的 PN 结工作效果，管子处于放大状态。$U_{CE} > 1V$ 的各条曲线几乎重叠，可以用 $U_{CE} \geq 1V$ 这条曲线来代表。当管子正常工作时，发射结压降变化不大，对于硅管为 0.6～0.8V，对于锗管为 0.2～0.3V。

（2）输出特性曲线。当 I_B 不变时，输出回路中的电流 I_C 与电压 U_{CE} 之间的关系曲线称为输出特性曲线。输出特性曲线是一组曲线，如图 4.2.4（b）所示。与输入特性曲线相比，输出特性曲线呈现特殊的变化规律，根据不同的特点，在输出特性曲线上划分了三个区，即放大区、截止区和饱和区。

对 I_B 恒定的单一特性曲线，随着 U_{CE} 的增长，I_C 经历了电流急剧增长到一定程度后保持不变的过程。而随着 I_B 的增大，I_C 也相应增加，曲线将平行向上"拉伸"。

如何理解三极管的输出特性曲线?

下面利用半导体材料的特性和三极管的工艺特点结合来分析。发射结处于正向偏置，发射结电压实际上是给在发射区的大量电子提供能量的，发射结压降U_{BE}越高，基极电流I_B越大；电子有了能量，还不能克服两个 PN 结的电场作用，因此，$U_{CE}=0$时，集电极没有电流，随着U_{CE}的增长，对电子移动产生了很大的推动力，集电极电流I_C迅速增长。由于集电极电流是建立在发射极获得能量的电子的定向运动基础上的，发射区电子都"跑光"了，电流就"涨"不上去了。因此，有电流急剧增长的饱和过程和恒定不变的放大过程。如果发射结没有正向压降，I_B为零，在U_{CE}的作用下，会有少量的电子跑出来，这是出现截止区的原因。

实际上，三极管究竟工作在哪个区，取决于外电压条件。

（1）放大区。放大区的$U_{CE}>1V$，即满足"**发射结正向导通，集电结反向偏置**"时三极管放大。可以看到，在放大区各条输出特性曲线几乎与横轴平行，表现为一定的基极电流I_B引起了较大的集电极电流I_C，且$I_C \approx \beta I_B$（其中β对特定的三极管为定值，表示三极管的放大倍数）。此时虽然U_{CE}增加，但集电极电流保持不变。

（2）截止区。截止区是$I_B=0$曲线以下的区域，此时"**发射结零偏或反偏，集电结反向偏置**"。当$I_B=0$时，$I_C=I_{CEO}$，I_{CEO}为穿透电流，其值非常小，近似为零，因此截止区三极管电流之间$I_C \approx \beta I_B$关系不成立。

（3）饱和区。饱和区是各条特性曲线急剧上升的区域，此时"**发射结和集电结均为正偏**"。当$U_{CE}=U_{BE}$，即集电结零偏，称为临界饱和状态。处于饱和状态的U_{CE}称为饱和压降，用$U_{CE(sat)}$表示。小功率硅管$U_{CE(sat)} \approx 0.3V$，小功率锗管$U_{CE(sat)} \approx 0.1V$。在饱和区，电流放大关系同样不成立。

综上所述，对于 NPN 型三极管，工作于放大区时，$U_C>U_B>U_E$；工作于截止区时，$U_C>U_E>U_B$；工作于饱和区时，$U_B>U_C$，$U_B>U_E$。

而对 PNP 型三极管，由于电流方向正好与 NPN 型相反，因此工作于放大区时，$U_C<U_B<U_E$；工作于截止区时，$U_B \geqslant U_E>U_C$；工作于饱和区时，$U_E>U_B$，$U_C>U_B$。

【例 4.2.1】三极管各电极实测数据如图 4.2.5 所示，试分析：

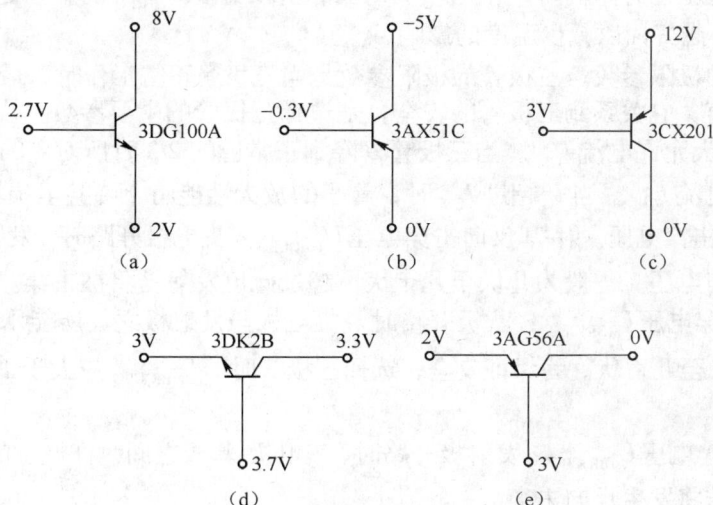

图 4.2.5 三极管各电极实测数据

① 各三极管是 NPN 型还是 PNP 型?

② 各三极管是硅管还是锗管?

③ 各三极管是否损坏(指出哪个结已开路或短路)? 若未损坏,判断三极管的工作状态。

解: 图 4.2.5 (a) 的三极管 b 极和 e 极电压差 0.7V,为 NPN 型硅管,$U_C > U_B > U_E$ 满足放大的外部条件,集电极反偏,发射结正偏,三极管工作在放大状态。

图 4.2.5 (b) 的三极管 b 极和 e 极电压差 0.3V,为 PNP 型锗管,$U_E > U_B > U_C$,集电极反偏,发射结正偏,三极管工作在放大状态。

图 4.2.5 (c) 为 PNP 型硅管,$U_E > U_B > U_C$ 满足放大的外部条件,但三极管 b 极和 e 级电压差 9V,发射结开路,三极管损坏。

图 4.2.5 (d) 的三极管 b 极和 e 极电压差 0.7V,为 NPN 型硅管,发射结和集电结均正偏,三极管工作在饱和状态。

图 4.2.5 (e) 的三极管为 PNP 型锗管,发射结反偏,三极管处于截止状态。

4. 三极管的主要参数

三极管的参数用来表示管子的性能和适用范围,主要参数有以下几个。

(1) 共射极电流放大系数。共射极直流电流放大系数 $\bar{\beta}$ 是指三极管接成共发射极组态,在静态时,集电极电流与基极电流之比,即 $\bar{\beta} = \dfrac{I_C}{I_B}$。

共射极交流电流放大系数 β 是指三极管接成共发射极组态,工作在动态时,集电极电流的变化量 ΔI_C 与引起集电极电流变化的基极电流的变化量 ΔI_B 之比,即 $\beta = \dfrac{\Delta I_C}{\Delta I_B}$。

在输出特性曲线近于平行等距,且 I_{CEO} 较小的情况下,$\bar{\beta}$ 与 β 数值相近。在实际应用中两者通常不作区分,本书中统一用 β 表示。温度对 β 的影响很大,温度升高,β 值将增大。

(2) 极间反向电流。I_{CBO} 指发射极开路时,集电极和基极之间的反向饱和电流。I_{CBO} 很小,温度升高,I_{CBO} 增加。

I_{CEO} 是指基极开路时,集电极和发射极之间的反向饱和电流,又称为穿透电流。这个参数在输出特性曲线上已有体现。$I_{CEO} = (1 + \beta)I_{CBO}$,所以温度对 I_{CEO} 的影响更大。**在选用管子时,希望 I_{CEO} 越小越好,以减少温度的影响。**

(3) 三极管的极限参数。三极管的极限参数是当三极管正常工作时,最大允许的电流、电压、功率等数值,它关系到三极管的安全,是选择三极管的主要参数。

① 集电极最大允许电流 I_{CM}。当三极管 β 降到正常值的 2/3 时所对应的集电极电流称为集电极最大允许电流 I_{CM}。当 I_C 超过 I_{CM} 时,管子的放大性能将下降甚至损坏管子。

② 极间反向击穿电压。射-基反向击穿电压 $U_{(BR)EBO}$:集电极开路时,发射极-基极之间允许施加的最高反向电压。一般为几伏至几十伏,超过此值发射结将被击穿。

集-射反向击穿电压 $U_{(BR)CEO}$:基极开路时,集电极与发射极之间所能承受的最高反向电压,一般为几十伏至几百伏。为保证安全,选择三极管时,$U_{(BR)CEO}$ 应大于工作电压 U_{CE} 的两倍以上。

集-基反向击穿电压 $U_{(BR)CBO}$:发射极开路时,集电极-基极之间允许施加的最高反向电压,超过此值,集电结将发生反向击穿。

实际上，三极管用于放大时，集电极与发射极之间将承受反向电压，因此三个极间反向击穿电压参数主要考虑 $U_{(BR)CEO}$。

③ 集电极最大允许耗散功率 P_{CM}。由于集电结所加电压较大，通过电流后会产生热量，一般硅管工作时允许的最高温度约为 150℃，锗管约为 70℃，因此限定了功耗 P_{CM}，超过此值，管子将会被烧坏。因为 $P_{CM} = I_C U_{CE}$，所以根据 P_{CM} 值可在输出特性曲线上画出一条 P_{CM} 线，称为允许管耗线，如图 4.2.6 所示。三极管工作在 P_{CM} 线的左下方是安全的，P_{CM} 线的右上方称为过损耗区。使用时，应该使三极管的集电极耗散功率小于 P_{CM} 值。过损耗线与集电极最大允许电流 I_{CM} 和集-射反向击穿电压 $U_{(BR)CEO}$ 一起组成了三极管的工作安全区，即需同时满足 $I_C < I_{CM}$、$U_{CE} < U_{(BR)CEO}$ 和 $I_C U_{CE} < P_{CM}$。

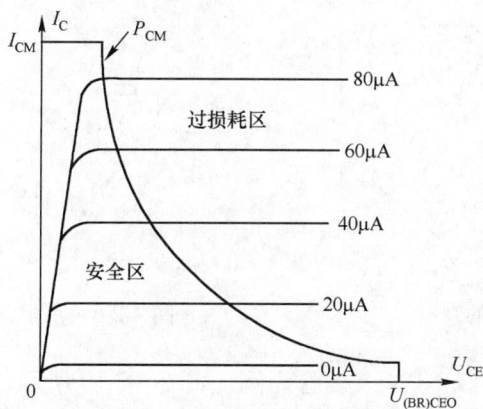

图 4.2.6 三极管的安全工作区

【例 4.2.2】如何区分三极管的管脚？如何判断三极管的好坏？

解：区分三极管管脚的方法如下。

方法 1：查资料。在三极管的技术指标中有"外形"这一项，如通用三极管 9013 外形是"TO-92"，在元器件使用手册中能找到如图 4.2.7 所示的外形封装示意图。

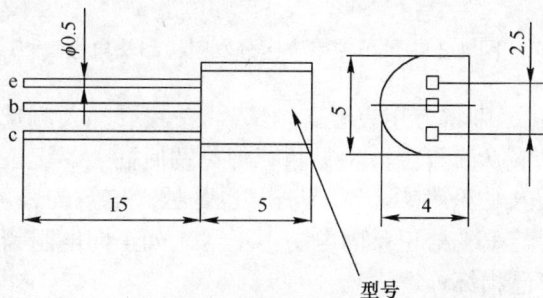

图 4.2.7 TO-92 系列元件外形封装示意图

方法 2：在查不到资料时，只能利用万用表欧姆挡进行测量了。具体测量步骤如下。

（1）先测出基极。如图 4.2.8 所示，将指针式万用表置 R×1kΩ 或 R×100Ω 挡，调零后，把红表笔接在某一个引脚上，用黑表笔分别接另外两个引脚，测得两个阻值，如果阻值一大一小，则红表笔所接的不是基极。应另选一引脚，直到所测两个阻值同大（或同小），将表笔对换，再测一次，阻值将变为同小（或同大）。这时，红表笔所接的引脚为基极。

若两阻值同大时，三极管为 NPN 型，若两阻值同小时，三极管为 PNP 型。需要注意的是，在用数字式万用表的欧姆挡进行测量时，红表笔接的是电池正极，正好与指针式万用表相反，因此，在测量时，若红表笔接基极，NPN 型三极管测得的阻值应小，PNP 型三极管测得的阻值应大。

（2）再区分发射极和集电极。如图 4.2.9 所示，若管子为 NPN 型管，已知基极后，假定剩下两个引脚的其中一个为集电极，用黑表笔接在该引脚上，红表笔接另一引脚，再在所假设的集电极和基极之间加100kΩ的电阻或并上人体电阻，这时，万用表测得的电阻阻值将变小，记下读数；将两个要判别的引脚对换，用同样的方法再测一次，阻值较小的一次，黑表笔所接的引脚为集电极。若管子为 PNP 型，则应调换表笔。

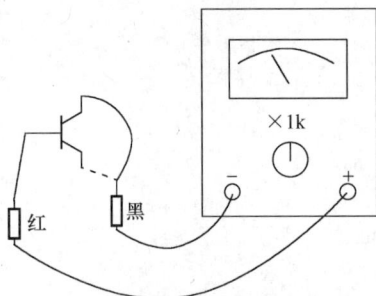

图 4.2.8 基极的判别

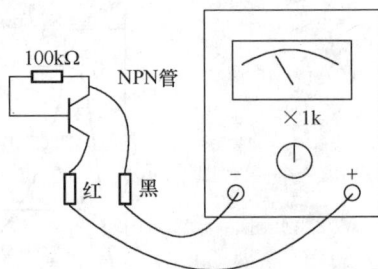

图 4.2.9 用指针表区分发射极和集电极

若用数字万用表测量，以 NPN 三极管为例，如图 4.2.10 所示，根据三极管放大特性，必然符合图 4.2.10（a）所示的等效阻值，其值比较小，因此，以基极为基准，并入人体电阻进行两次测量，阻值较小的一次，红表笔接三极管集电极，黑表笔接三极管发射极。

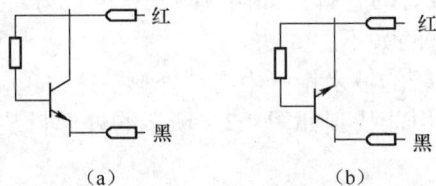

（a）　　　　　（b）

图 4.2.10 用数字表区分发射极和集电极

若万用表上有 h_{FE} 插孔，则将万用表置 h_{FE} 挡，将三极管插入测量插座（基极插入 b 孔，另两管脚随意插入），记下 β 读数。再将另两管脚对调后插入，记下 β 读数。两次测量中，β 读数大的那一次管脚插入是正确的。（"h_{FE}"也是放大倍数的表示符号）

判断三极管的好坏：若 PN 结正反向电阻不正常，如正向电阻为零或无穷大、反向电阻较小时，都可认为三极管已损坏。

三极管的命名方法。

三极管的型号一般由 5 大部分组成，如3AX31A、3DG12B、3CG14G 等，各部分意义如表 4.2.1 所示。

表 4.2.1 国产半导体三极管型号的意义

第一部分		第二部分		第三部分				第四部分	第五部分
用数字来表示器件的电极数目		用拼音字母表示器件的材料和极性		用汉语拼音字母表示器件的类型				用数字表示器件型号的序号如 52、130 等	用汉语拼音字母表示规格号如 B、C 等
符号	意义	符号	意义	符号	意义	符号	意义		
3	三极管	A	PNP 型，锗材料	X	低频小功率管 $\begin{pmatrix} f_\beta < 3\text{MHz} \\ P_C < 1\text{W} \end{pmatrix}$	D	低频大功率管 $\begin{pmatrix} f_\beta < 3\text{MHz}, \\ P_C \geqslant 1\text{W} \end{pmatrix}$		
		B	NPN 型，锗材料	G	高频小功率管 $\begin{pmatrix} f_\beta \geqslant 3\text{MHz} \\ P_C < 1\text{W} \end{pmatrix}$	A	高频大功率管 $\begin{pmatrix} f_\beta \geqslant 3\text{MHz}, \\ P_C \geqslant 1\text{W} \end{pmatrix}$		
		C	PNP 型，硅材料						
		D	NPN 型，硅材料			U	光电器件		
		K	开关管						
		CS	场效应器件						

例如，3DG130C 是 NPN 硅高频小功率三极管的 C 挡；3AX52B 是 PNP 锗低频小功率三极管的 B 挡。

4.2.2　单管小信号放大电路

在具备一定的外电压条件时，三极管具有电流放大作用。

1. 共发射极小信号放大电路

图 4.2.11 所示为共发射极小信号放大电路，电路利用基极偏置电阻 R_b 和电源 U_{CC} 给基极提供一个合适的基极直流 I_B，而电源 U_{CC} 同时通过集电极偏置电阻 R_c 为三极管提供集电结反偏电压，使晶体管能工作在特性曲线的线性部分。同时 R_c 将集电极电流 i_C 的变化转换为电压的变化，实现电压放大。耦合电容 C_1、C_2 起"隔直通交"的作用，它把信号源与放大电路之间、放大电路与负载之间的直流隔开。由于电容的存在，只有达到一定频率的信号才能通过三极管进行放大，直流或极低频的信号将被电容隔断。

对三极管而言，首先要有放大能力，这是直流电源与偏置电阻加入电路的原因，因此，先把需要放大的信号放在一边，首先分析一下直流通路。

直流通路的绘制原则：断开电路中的电容。 据此绘制直流通路，如图 4.2.12 所示。

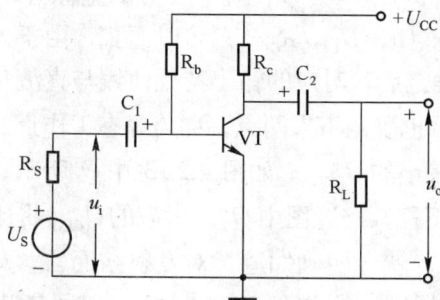

图 4.2.11　共射极小信号放大电路

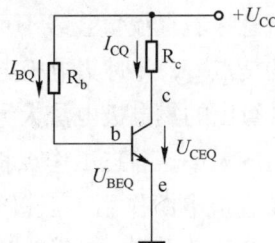

图 4.2.12　直流通路

直流通路中没有交流成分，因此此时又可以称为静态分析过程，需要确定电路的静态参数：U_{BEQ}、I_{BQ}、I_{CQ}、U_{CEQ}。

首先充分运用基尔霍夫电压定律，在 4 个静态参数中，可以直接确定的是 U_{BEQ}。为使三极管处于放大状态，通过串入偏置电阻 R_b 可使发射结保持正偏导通，即 $U_{BEQ} \approx 0.7V$。

在基极输入回路可以列出回路电压方程 $U_{CC} = I_{BQ}R_b + U_{BEQ}$，从而推导出基极电流 $I_{BQ} = \dfrac{U_{CC} - U_{BEQ}}{R_b}$。由于三极管导通时，常取 $U_{BEQ} = 0.7V$（硅管）、$U_{BEQ} = 0.2V$（锗管），因此当 $U_{CC} > 10U_{BEQ}$ 时，可忽略 U_{BEQ}，则

$$I_{BQ} = \frac{U_{CC} - U_{BEQ}}{R_b} \approx \frac{U_{CC}}{R_b} \tag{4.2.1}$$

从上式可以看出，基极电流只与 U_{CC} 和 R_b 有关，电路确定后，I_{BQ} 固定不变，所以这种共射放大电路又称为固定偏流式放大电路。

若三极管处于放大状态，则集电极电流为

$$I_{CQ} \approx \beta I_{BQ} \tag{4.2.2}$$

再由集电极输出回路列回路方程得

$$U_{CEQ} = U_{CC} - I_{CQ}R_c \tag{4.2.3}$$

如果算出的 U_{CEQ} 小于 1V，说明三极管处于或接近饱和状态，$I_{CQ} \approx \beta I_{BQ}$ 关系不再成立。此时 I_{CQ} 为集电极饱和电流 I_{CS}，集-射极电压称为饱和电压 $U_{CE(sat)}$。$U_{CE(sat)}$ 值很小，硅管取 0.3V，锗管取 0.1V，所以

$$I_{CS} = \frac{U_{CC} - U_{CES}}{R_c} \approx \frac{U_{CC}}{R_c} \tag{4.2.4}$$

上式表明，I_{CS} 基本上只与 U_{CC} 及 R_c 有关，而与 β 及 I_{BQ} 无关。临界饱和状态时的基极电流称为基极饱和电流 I_{BS}。计算公式为

$$I_{BS} = \frac{I_{CS}}{\beta} \approx \frac{U_{CC}}{\beta R_c} \tag{4.2.5}$$

若 $I_{BQ} > I_{BS}$，表明三极管已进入饱和状态。

为什么说"如果算出的 U_{CEQ} 小于 1V，说明三极管处于或接近饱和状态"？从式（4.2.3）发现，当电源和集电极偏置电阻不改变时，I_{CQ}、U_{CEQ} 将保持特殊的变化关系，即当三极管集电极电流增大时，U_{CEQ} 将变小，于是在三极管的输出特性曲线中增加了一条直流负载线 AB，如图 4.2.13 所示，根据式（4.2.3），当 $I_C = 0$ 时，$U_{CE} = U_{CC}$，确定 A 点的坐标（U_{CC}，0）；当 $U_{CE} = 0$ 时，$I_C = U_{CC}/R_c$，确定 B 点的坐标（0，U_{CC}/R_c）。可以看到，由于外电路参数已定，也就意味着直流负载线不可变，当 I_{BQ} 确定后，对应的输出特性曲线与直流负载线之间只有唯一的交点 Q，此时集电极电流 I_{CQ} 与 U_{CEQ} 也确定下来两点，称为静态工作点。当根据放大区特性计算出的集电极电流太大时，对应了较小的 U_{CEQ}，如图 4.2.13 中 Q_1 所示。同样，如果集电极电流太小，静态工作点将沿着负载线下移，接近图中 Q_2，对应的 U_{CEQ} 将比较大。

了解了直流电源作用下三极管的工作状态，就会明确知道，对发射结而言，如果 U_{BE} 在较小的范围内产生波动，发射结仍处于正向导通区，假如 U_{BE} 变化太大，就可能进入死区的范围，这时发射结不导通，产生的基极电流极小，三极管就进入截止区了。因此，如果在静

态工作点的基础上在输入端加入交流信号，则这个信号只能是幅值不超过 100mV 的小信号，幅值大小以（$U_{BEQ}-U_{im}$，U_{im} 为输入交流信号的幅值）大于 PN 结死区电压为宜。放大电路接入交流小信号后，基极电流、集电极电流和集电极对发射极的压降都将发生变化，变化效果如图 4.2.14 所示。

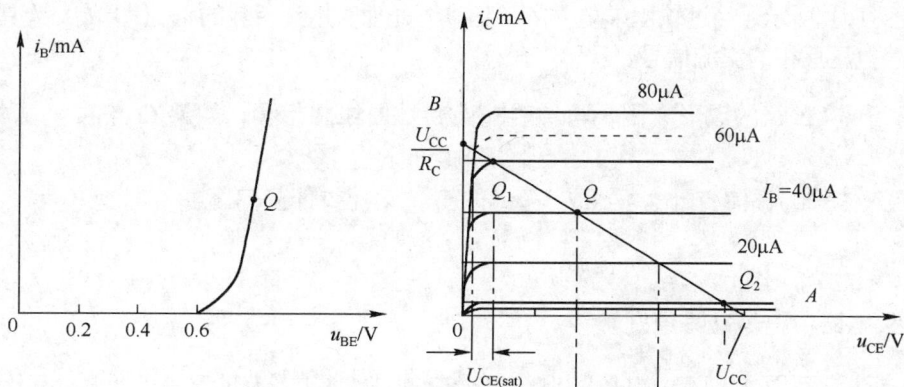

图 4.2.13 直流负载线与输出特性曲线

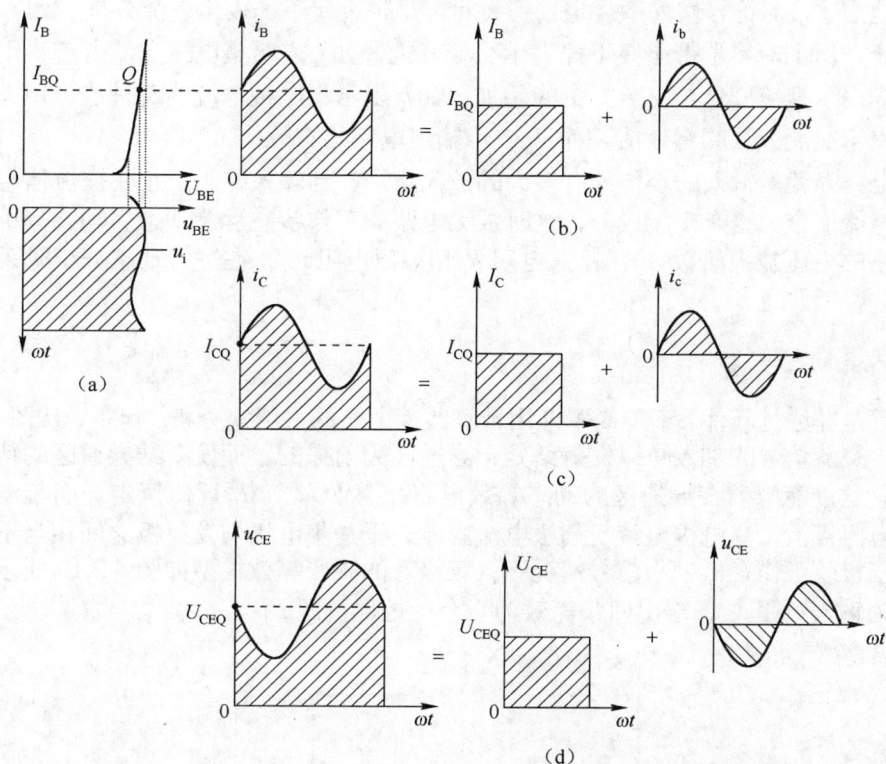

图 4.2.14 接入交流小信号后共射放大电路的电流、电压波形

从 4.2.14（a）图开始，任一三极管的输入特性是保持不变的，当直流电源与偏置电阻作用获得了静态工作点之后，在输入端加入一交变的电压 u_i，此时 u_{BE} 波形的"谷点"也对应于发射结的导通区，且 U_{BE} 和 I_B 的变化趋势完全相同，于是随着 u_{BE} 的变化，基极电流 i_B 也呈正弦波动效果，并且变化也是围绕着静态工作点的 I_{BQ} 进行的，也就是说，基极电流等效

为静态基极电流 I_{BQ} 与交流电压 u_i 引起的变化电流 i_b 的叠加，如图（b）所示。由于基极电流的变化位于线性导通区，三极管放大的外条件已经具备，因此基极电流变化将相应引起集电极电流变化，集电极电流也应是静态的集电极电流 I_{CQ} 与对应于 i_b 的放大的 i_c 的叠加，如图 4.2.14 （c）所示。由于集电极回路始终存在着 $u_{CE} = U_{CC} - i_C R_c$ 的关系，i_C 增大，u_{CE} 必然减小，因此得出 u_{CE} 的波形如图（d）所示。经过输出端电容的"隔直"处理，达到负载的 u_o（即 u_{ce}）为具有一定幅值且与输入电压反相的交流信号。

> 理解了图4.2.14的波形成因，再结合输出特性曲线想想看，如果 Q 点的 U_{BEQ} 偏低，对输入信号的幅值有什么要求？U_{BEQ} 偏高，又会有什么问题？

放大电路中符号书写原则。

有没有注意到图 4.2.14 中电压和电流符号有的是大写的，有的又是小写的，有什么规律？

放大电路在进行放大时，电路中的电压、电流都是由直流成分和交流成分叠加而成的。为了清楚地描述，对符号作如下规定：用大写字母带大写下标表示直流分量，如 I_C 表示集电极直流电流；用小写字母带小写下标表示交流分量，如 i_c 表示集电极交流电流；用小写字母带大写下标表示直流分量与交流分量的叠加，如 i_C 表示集电极电流的瞬时值；用大写字母加小写下标表示交流分量的有效值，如 U_o 表示输出电压的有效值。

放大电路究竟对输入的小信号有多大的放大作用？当输入端加上正弦交流信号 u_i 时，电路中既有直流成分，也有交流成分，这时放大电路的工作状态称为动态。动态分析主要是确定放大电路的电压放大倍数 A_u、输入电阻 R_i 和输出电阻 R_o。在进行动态分析时采用微变等效电路法。

什么是微变等效？

三极管是非线性元件，不能简单地用计算线性电路的方法来分析。但是，从图 4.2.14 （a）可以看到，交流信号的加入是以发射结处于导通区为前提的，而发射结导通区的特性曲线近似为直线，这就意味着在导通区的动态等效电阻 $r_{be} = \Delta U_{BE} / \Delta I_B$ 近似恒定。而集电极对发射极的等效电阻极大，集电极电流受基极电流影响，于是集电极与发射极之间相当于一受控电流源。当三极管工作在低频小信号情况下，三极管的微变等效模型如图 4.2.15 所示，输入回路可等效为输入电阻 r_{be}，输出回路等效为一个受控电流源 βi_b。

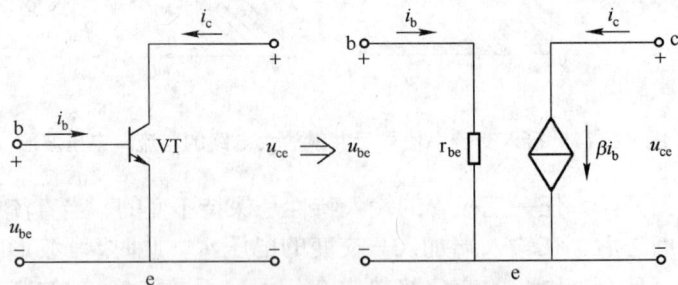

图 4.2.15　三极管的微变等效模型

对于低频小功率管，r_{be} 可按下式估算

$$r_{be} = 300\Omega + (1+\beta)\frac{26\text{mV}}{I_{EQ}\text{mA}} \tag{4.2.6}$$

进行动态分析首先要画出放大电路的交流通路，交流通路的绘制原则：**直流电源可视为短路；电路中的耦合电容、旁路电容可视为短路**。按照以上原则，图 4.2.11 所对应的交流通路如图 4.2.16 所示。

把图 4.2.16 交流通路中的三极管用微变等效模型替代就得到了共射放大电路的微变等效电路，如图 4.2.17 所示。

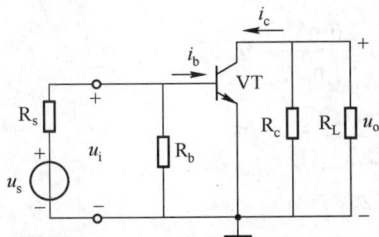

图 4.2.16　共射放大电路的交流通路　　　图 4.2.17　共射放大电路的微变等效电路

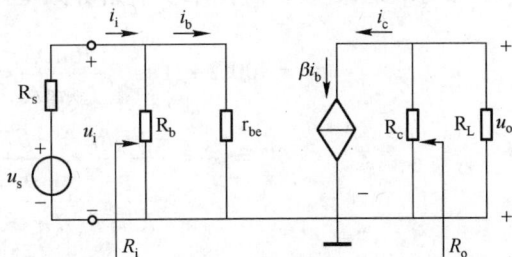

下面根据微变等效电路来完成放大电路的电压放大倍数 A_u、输入电阻 R_i 和输出电阻 R_o 等参数的求解。

① 电压放大倍数 A_u：表示输出电压与输入电压的比值。

从图 4.2.17 中可得

$$u_i = i_b r_{be} \tag{4.2.7}$$
$$u_o = -i_c(R_c /\!/ R_L) = -i_c R_L' = -\beta i_b R_L' \tag{4.2.8}$$
$$A_u = \frac{u_o}{u_i} = \frac{-\beta i_b R_L'}{i_b r_{be}} = -\beta R_L' / r_{be} \tag{4.2.9}$$

式中负号表示输出电压与输入电压反相。若不接负载，$R_L \to \infty$ 时 $A_u = -\beta R_c / r_{be}$。

② 输入电阻 R_i：从放大器输入端看进去的交流等效电阻。由图 4.2.17 可知

$$R_i = R_b /\!/ r_{be} \tag{4.2.10}$$

对信号源来讲，输入电阻 R_i 与信号源内阻 R_s 是串联的，为了避免输入信号过多的衰减，可以将放大电路的输入电阻调高一些。

③ 输出电阻 R_o：从放大器输出端（除去 R_L）看进去的交流等效电阻。将信号源短路，负载 R_L 开路，在电路输出端加一交流电压 u_o，会产生电流 i_o，这两者的比值为输出电阻，即 $R_o = \dfrac{u_o}{i_o}\Big|u_s = 0$, $R_L \to \infty$。从图 4.2.17 中可看出，输出端只有 R_c，即

$$R_o = R_c \tag{4.2.11}$$

对于输出极，输出电阻越小越好，这样可以提高电路的带负载能力。

【例 4.2.3】在如图 4.2.11 所示电路中，已知 $U_{CC} = 12\text{V}$、$R_b = 300\text{k}\Omega$、$R_c = 4\text{k}\Omega$，三极管为 3DG6，$\beta = 40$，试求：

（1）放大电路静态工作点。

（2）放大电路的动态参数。

（3）如果偏置电阻 R_b 由 $300\text{k}\Omega$ 改为 $150\text{k}\Omega$，三极管工作状态有何变化？求静态工作点。

解： （1）3DG6 为硅管，因此发射结正偏电压 $U_{\text{BEQ}} \approx 0.7\text{V}$。

$$I_{\text{BQ}} = \frac{U_{\text{CC}} - U_{\text{BEQ}}}{R_b} \approx \frac{U_{\text{CC}}}{R_b} = \frac{12\text{V}}{300\text{k}\Omega} = 40\mu\text{A}$$

$$I_{\text{CQ}} \approx \beta I_{\text{BQ}} = 40 \times 40\mu\text{A} = 1.6\text{mA}$$

$$U_{\text{CEQ}} = U_{\text{CC}} - I_{\text{CQ}}R_c = 12\text{V} - 1.6\text{mA} \times 4\text{k}\Omega = 5.6(\text{V})$$

（2）要求动态参数，需先求发射结等效电阻 r_{be}。

$$r_{\text{be}} = 300\Omega + (1+\beta)\frac{26\text{mV}}{I_{\text{EQ}}\text{mA}} = 300\Omega + \beta\frac{26\text{mV}}{I_{\text{CQ}}\text{mA}} = 950\Omega$$

$$A_u = \frac{u_o}{u_i} = \frac{-\beta i_b R_C}{i_b r_{\text{be}}} = \frac{-\beta R_C}{r_{\text{be}}} = \frac{-40 \times 4\text{k}\Omega}{450\Omega} \approx -107$$

$$R_i = R_b // r_{\text{be}} \approx r_{\text{be}} = 950\Omega$$

$$R_o = R_c = 4\text{k}\Omega$$

（3）偏置电阻改变，对发射结正向压降无影响，$U_{\text{BEQ}} \approx 0.7\text{V}$

$$I_{\text{BQ}} = \frac{U_{\text{CC}}}{R_b} = \frac{12\text{V}}{150\text{k}\Omega} = 80\mu\text{A}$$

$$I_{\text{CQ}} \approx \beta I_{\text{BQ}} = 40 \times 80\mu\text{A} = 3.2\text{mA}$$

$$U_{\text{CEQ}} = U_{\text{CC}} - I_{\text{CQ}}R_c = 12\text{V} - 3.2\text{mA} \times 4\text{k}\Omega = -0.8\text{V}$$

U_{CEQ} 在外电压条件下不会小于零，因此，集电极电流与基极电流之间必然已不是放大关系，而偏置电阻变小，基极电流变大，集电极电流相应变大，静态工作点将沿负载线上行，表明三极管的工作点进入饱和区，$U_{\text{CEQ}} = 0.3\text{V}$，这时应求得 I_{CS}

$$I_{\text{CS}} = \frac{U_{\text{CC}} - U_{\text{CES}}}{R_c} \approx \frac{U_{\text{CC}}}{R_c} = \frac{12\text{V}}{4\text{k}\Omega} = 3\text{mA}$$

截止失真和饱和失真。

对放大电路而言，如果输出信号能正确地反映输入信号的变化，就认为电路放大性能良好，但是，若静态工作点 Q 设置不合适，将出现严重的截止失真和饱和失真。

若静态工作点位置太低，如图 4.2.18 中 Q_2 点所示，当输入正弦信号时，在输入信号的负半周三极管截止，造成 i_C 的负半周和 u_{CE} 的正半周失真，这种失真由三极管的截止引起，故称为截止失真。

若静态工作点位置太高，如图 4.2.18 中 Q_1 点所示，当输入正弦信号时，在输入信号的正半周三极管进入饱和状态，故 i_C 的正半周和 u_{CE} 的负半周产生失真，这种失真由三极管的饱和引起，故称为饱和失真。

实际电路中，要使放大电路不产生非线性失真，必须要设置合理的静态工作点，从图 4.2.18 可以看到，截止区在负载线上所占区域极小，同样饱和压降 U_{CES} 也较小，如果调整外电路参数，使 $U_{CEQ} \approx \frac{1}{2}U_{CC}$，即可得到比较合理的 Q 点。

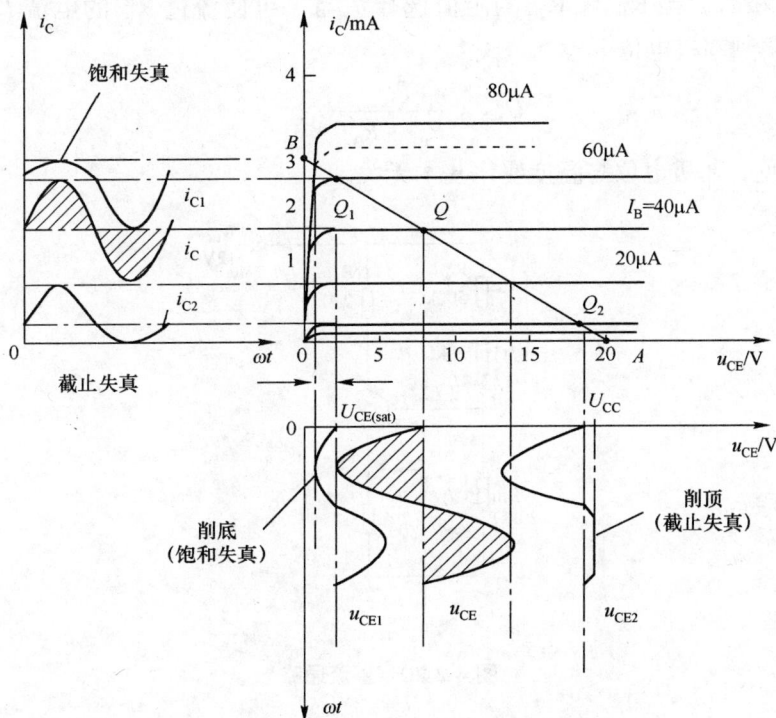

图 4.2.18 静态工作点对输出波形的影响

2. 分压式射极偏置放大电路

图 4.2.11 所示的固定偏流式的放大电路，自身没有稳定静态工作点的能力。即使设置了合适的静态工作点，环境温度变化、电源电压波动、电路参数变化等原因可能造成静态工作点偏离原来的位置，使输出波形发生失真甚至不能正常工作。为了克服以上问题，实际中常使用分压式偏置电路，如图 4.2.19 所示。

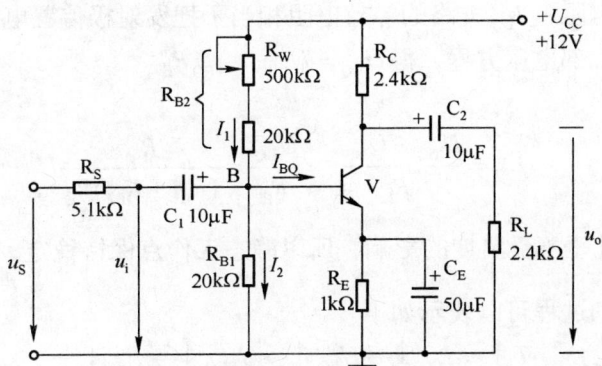

图 4.2.19 分压式偏置电路

分压式偏置放大电路与共射基本放大电路相比，多了一基极下偏置电阻 R_{B1} 和发射极偏置电阻 R_E，而 R_E 两端并联了射极旁路电容 C_E，在交流通路中肯定没有 R_E 了。

分析放大电路，通常都按先分析静态工作点，再计算动态参数的思路进行。因此，按照直流通路绘制原则，断开电容，绘制直流通路如图 4.2.20 所示。设静态时流过 R_{B2} 和 R_{B1} 的电流分别为 I_1 和 I_2，当 R_{B2} 和 R_{B1} 的阻值选择适当，可使流过 R_{B1} 的电流 $I_2 >> I_{BQ}$，所以 $I_1 \approx I_2$，从而得到基极电位

$$U_{BQ} \approx \frac{R_{B1}}{R_{B1} + R_{B2}} U_{CC} \tag{4.2.12}$$

由上式可见，基极电位与温度变化基本无关。

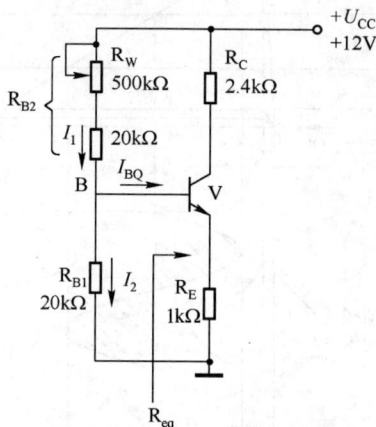

图 4.2.20   直流通路

为什么认为 $I_2 >> I_{BQ}$？

实际上，根据并联电路分流原则，若要 $I_2 >> I_{BQ}$，需 I_2 支路的电阻远小于 I_{BQ} 支路的等效电阻，那么，I_{BQ} 支路的等效电阻究竟多大？如图 4.2.20 所示，等效电阻等于在一定电压作用下，端电压与流入电流的比值，即

$$R_{eq} = \frac{I_{BQ} \cdot R_{be} + (1+\beta)I_{BQ} \cdot R_E}{I_{BQ}} = R_{be} + (1+\beta)R_E$$

忽略发射结正向电阻，I_{BQ} 支路的等效电阻相当于把发射极偏置电阻放大了 $(1+\beta)$ 倍。

根据基极电位列局部电压方程，得 $U_{BQ} = U_{BEQ} + I_{EQ}R_E$

求出发射极电流

$$I_{EQ} = \frac{U_{BQ} - U_{BEQ}}{R_E} \approx \frac{U_{BQ}}{R_E} = \frac{R_{B1}}{(R_{B1} + R_{B2})R_E} U_{CC} \tag{4.2.13}$$

$I_{CQ} \approx I_{EQ}$ 其值也几乎不受温度的影响，所以静态工作点保持稳定。

稳定静态工作点的过程可以表示如下

$$T \uparrow \to I_{CQ} \uparrow \to U_{EQ} \uparrow \to U_{BEQ} \downarrow \to I_{BQ} \downarrow$$
$$I_{CQ} \downarrow \underline{\hspace{8cm}}$$

若温度的增大使 I_{CQ} 增大，则 I_{EQ} 增大，发射极电位 U_{EQ} 增大，$U_{BEQ} = U_{BQ} - U_{EQ}$，$U_{BQ}$ 不变，使 U_{BEQ} 减小，基极电流相应减小，从而限制了 I_{CQ} 的增大。

根据三极管的放大特性得到基极电流

$$I_{BQ} = \frac{I_{CQ}}{\beta} \tag{4.2.14}$$

根据回路电压关系求得集射极电压

$$U_{CEQ} \approx U_{CC} - I_{CQ}(R_C + R_E) \tag{4.2.15}$$

当确定三极管的良好静态工作点后，接下来了解动态参数，将直流电源短路、电容短路，并将三极管用微变等效模型代替，画出微变等效电路如图 4.2.21 所示。

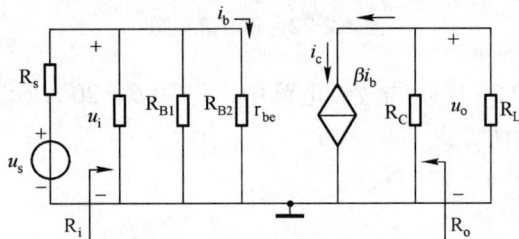

图 4.2.21 微变等效电路

估算公式如下
三极管等效输入电阻

$$r_{be} = 300\Omega + (1+\beta)\frac{26mV}{I_{EQ}mA} \tag{4.2.16}$$

输入电压

$$u_i = i_b r_{be} \tag{4.2.17}$$

输出电压

$$u_o = -i_c(R_c // R_L) = -i_c R_L' = -\beta i_b R_L' \tag{4.2.18}$$

电压放大倍数

$$A_u = \frac{u_o}{u_i} = \frac{-\beta i_b R_L'}{i_b r_{be}} = \frac{-\beta R_L'}{r_{be}} \tag{4.2.19}$$

输入电阻

$$R_i = R_{B1} // R_{B2} // r_{be} \tag{4.2.20}$$

输出电阻

$$R_o = R_C \tag{4.2.21}$$

【例 4.2.4】 放大电路如图 4.2.22（a）所示，其输出电压波形如图 4.2.22（b）所示，为消除失真应改变哪个电路参数？

解：首先判定是什么性质的失真。放大电路是 NPN 型三极管构成的放大电路，截止时 $U_O = U_{CC} = 24V$，输出电压最高；饱和时 $U_O = U_{CE} = U_{CES} \approx 0.3V$，输出电压最低。因为输出电压波形在最低处产生失真，所以是饱和失真。

饱和失真是静态工作点 Q 点过高所致的，为消除失真，应使 Q 点下降，即 I_B 下降，可增大 R_{b2}、增大 R_e 或减小 R_{b1}。

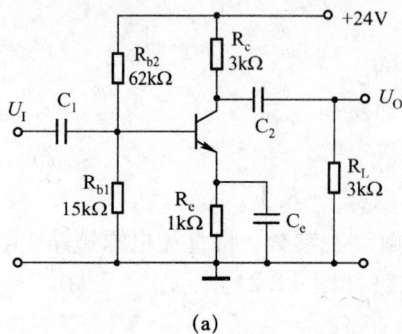

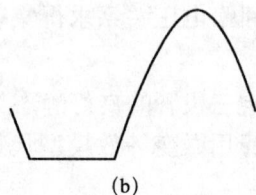

图 4.2.22 例 4.2.4 图

【例 4.2.5】 在如图 4.2.23 所示的放大电路中，已知 $\beta = 20$，$U_{BEQ} = 0.7V$，求：

（1）计算静态时 I_{CQ} 和 U_{CEQ}。

（2）计算 A_u、R_i 和 R_o。

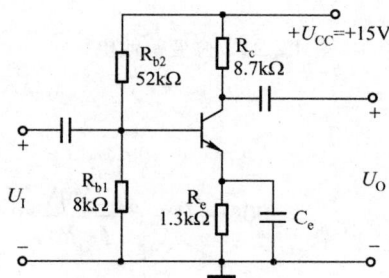

图 4.2.23 例 4.2.5 图

解：（1）$U_B \approx \dfrac{R_{b1}}{R_{b1} + R_{b2}} U_{CC} = \dfrac{8}{8+52} \times 15 = 2V$

$$I_{CQ} \approx I_{EQ} = \frac{U_B - U_{BEQ}}{R_e} = \frac{2-0.7}{1.3 \times 10^3} = 1(mA)$$

$$U_{CEQ} \approx U_{CC} - I_{CQ}(R_c + R_e) = 15 - 1 \times (8.7 + 1.3) = 5(V)$$

（2）三极管等效输入电阻 $r_{be} = 300\Omega + (1+\beta)\dfrac{26mV}{I_{EQ}mA} = 846\Omega$

$$R_L' = R_c // R_L = R_c = 8.7k\Omega$$

电压放大倍数 $A_u = \dfrac{u_o}{u_i} = \dfrac{-\beta i_b R_L'}{i_b r_{be}} = -\beta R_L'/r_{be} = -\dfrac{20 \times 8.7}{0.846} \approx -205.7$

输入电阻 $R_i = R_{b1} // R_{b2} // r_{be} \approx r_{be} = 846\Omega$

输出电阻 $R_o = R_c = 8.7k\Omega$

4.3 集成运算放大器

当单管放大电路容易被外界环境影响、放大倍数不够高、输入电阻不够大、输出电阻不够小时，就设计了差动放大电路来抑制外界干扰信号对放大的影响，用发射极输出放大电路作为最前级或最后级，提供较大的输入电阻和较小的输出电阻，采用了多级放大来提高电路整体的放大能力。这里介绍一种把几种电路优势集于一身的元器件——集成运算放大器。

集成运算放大器是一种具有高电压放大倍数、高输入电阻和低输出电阻的直接耦合放大器，简称集成运放或运放。目前已被广泛应用于信号运算、信号处理、波形产生、自动控制及精密测量等领域。

对集成运算放大器特性的解释。

高电压放大倍数是因为运放内部不止有一级放大器，而是由多级放大器组成，信号经过多级放大，总的放大倍数很高，通常为 10^4 倍以上。放大电路输出电压不可能高于电源电压，若电源为 12V，则输入信号幅值至少要小于 1.2mV 信号才可能线性放大。运放输入电阻高，必然输入电流小。直接耦合是指各级放大电路之间没有电容，各静态工作点不相互独立。

4.3.1 集成运放的电压传输特性

集成运放的电路符号如图 4.3.1 所示，这两种画法都比较常见，这里按 4.3.1（a）图绘制原理图。

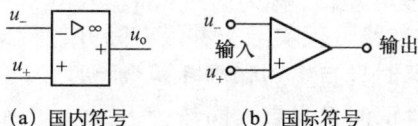

(a) 国内符号   (b) 国际符号

图 4.3.1 集成运放的电路符号

由集成运放的符号可以看出：使用集成运放应关注两个信号输入端 u_+ 和 u_-，u_+ 为同相输入端，u_- 为反相输入端，从同相输入端输入的信号与输出信号之间是同相位的，从反相输入端输入的信号与输出信号之间是反相位的，输出信号从 u_o 端引出。

运放具有高增益、高可靠性、低成本、小尺寸的特点，同时开环差模电压放大倍数 A_{od} 高，达 80～140dB；差模输入电阻 r_{id} 高，接近 $10^5 \sim 10^{11}\Omega$；差模输出电阻 r_{od} 低，为几十到几百欧姆；共模抑制比 K_{CMRR} 高，达 70～130dB。

如何理解运放的诸多参数？

首先看到，上述指标中出现了 dB，在电子工程领域，放大电路的输出与输入的比值为放大倍数，当对放大倍数取对数，即 $A_u(dB) = 20\lg(\frac{u_o}{u_i})(dB)$，此时放大倍数称为增益，单位为 dB（分贝）。可以算一下，80dB 的放大倍数是 $A_u = 10^4$，如果输出电压最大为 10V，要想线性放大，输入信号幅度不得大于 1mV，这将直接影响我们对运放的使用。

什么是"差模"？运放的第一级采用的是差动放大电路，即第一级的输出来自完全对称的两个三极管放大电路的输出差值，由于外部干扰信号会同时进入放大电路，因此输出取差值，对干扰信号的放大效果将会被抵消，对放大电路而言，同相、等值的输入信号称为"共模"信号，干扰信号就是"共模"信号，因此，放大电路需抑制对"共模"信号的放大能力；而输入信号，就要以反相、等值的方式输入，从而在输出得到信号放大，因此，有效的信号即是差模信号。

A_{od} 是指集成运放在开环情况下的差模电压放大倍数，$A_{od} = \Delta u_o / \Delta(u_+ - u_-)$。由于 A_{od} 极

大，在输出电压幅值有限的情况下，$(u_+ - u_-)$必然极小，即若要线性放大，则$u_+ \approx u_-$。

差模输入电阻r_{id}高达$10^5\Omega$以上，使得输入电流极小，无论何时，都可认为$i_+ \approx 0$，$i_- \approx 0$。

共模抑制比K_{CMRR}：是集成运放的差模电压放大倍数和共模电压放大倍数之比的绝对值，即 $K_{CMRR} = |A_{od}/A_{oc}|$。（$A_{oc}$为共模放大倍数），它是衡量差分式输入级的对称程度及集成运放抑制共模干扰信号能力的参数，其值越大越好，理想情况下K_{CMRR}为∞。

概念：电压传输特性曲线

输出电压随输入电压变化的关系曲线称为电压传输特性曲线。集成运放的电压传输特性曲线如图4.3.2所示，曲线包含线性区和非线性区。运放在线性区具有线性放大状态，此时，输出电压u_o和输入电压$u_i = u_+ - u_-$之间是一种线性放大关系，即$u_o = A_{od}(u_+ - u_-)$；运放在非线性区工作在饱和状态，即输入电压大于或小于一定数值，输出电压将不再改变。

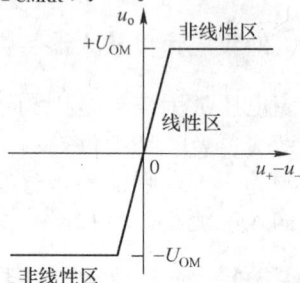

图4.3.2 集成运放的电压传输特性

理想情况下，$A_{od} \to \infty$，因为输出电压u_o值有限，且线性放大区$u_o = A_{od}(u_+ - u_-)$，所以输入电压$u_i = u_+ - u_- \approx 0$，即$u_+ \approx u_-$，相当于理想运放的两个输入端短路，但实际上并没有短路，称为虚短；而输入电阻$r_{id} \to \infty$，输入电流$i_+ = i_- \approx 0$，相当于理想运放的两个输入端断路，但实际上并没有断开，称为虚断，因此：

① 理想运放工作在线性区时具有虚短和虚断两个特性。

② 理想运放工作在非线性区时只具有虚断特性。

为了保证集成运放工作在线性区，通常在电路中引入深度负反馈。当电路处于开环或正反馈情况时，集成运放工作在非线性区。

4.3.2 理想运放的线性应用

1. 反相比例放大电路

反相比例放大电路如图4.3.3所示。该电路输入信号u_i是从运放的反相输入端输入的，且输出电压和输入电压之间是比例关系，故称为反相比例放大电路。反相比例放大电路具有深度负反馈，反馈类型为电压并联负反馈。

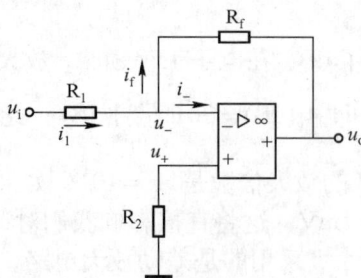

图4.3.3 反相比例放大电路

如何判断电路的反馈类型？

反馈指的是将放大电路输出信号（电压或电流）的一部分或全部，经过某些元件或网络（称为反馈网络）送回到输入端，与原来的输入信号共同作用，以控制放大电路的输出的过程。

　　引入反馈的放大电路称为反馈放大电路，又称为闭环放大电路。未引入反馈的放大电路称为开环放大电路。

　　反馈的主要分类与判别（这里只介绍最直观的判别方法）。

　　（1）根据反馈信号从**输出端**的取样方式分为电压反馈和电流反馈。若反馈网络与输出端接在同一点上，为电压反馈；接在不同点上，则为电流反馈。

　　（2）根据反馈信号在**输入端**的连接方式分为串联反馈和并联反馈。若反馈信号与输入信号在输入端接于同一点，则净输入信号必然以电流的形式相叠加，为并联反馈；若接在不同点，反馈信号与外加输入信号以电压的形式相叠加，则为串联反馈。

　　（3）根据反馈的极性分为正反馈和负反馈。若反馈信号与输入信号叠加的结果使放大器的净输入信号减小，即反馈信号削弱了净输入信号，电路的放大倍数降低，称为负反馈；若反馈信号与输入信号叠加的结果使放大器的净输入信号增加，即反馈信号加强了净输入信号，电路的放大倍数提高，称为正反馈。

　　对单管放大电路而言，放大器的净输入电压就是指 u_{be}。而对运算放大器而言，净输入电压就是 $u_i = u_+ - u_-$，而净输入电流则为 i_+ 或 i_-。

　　判别反馈的正负通常采用瞬时极性法。先假定输入信号为某一瞬时极性（一般设输入端对地为"+"极性），然后根据各级输入、输出之间的相位关系，依次推断信号传递途径中其他有关各点受瞬时输入信号作用所呈现的瞬时极性（"+"表示电位升高，"−"表示电位降低），最后判断反馈信号是加强还是削弱净输入信号。反馈信号使净输入信号加强则为正反馈，反馈信号使净输入信号削弱则为负反馈。

　　（4）根据反馈的成分分为**直流反馈**和**交流反馈**。反馈信号只有交流成分为交流反馈；反馈信号只有直流成分为直流反馈；若反馈信号中既有直流成分又有交流成分，则为交直流反馈。

　　下面来分析一下图 4.3.3 所示的反相比例放大电路，标出反馈支路如图 4.3.4 所示，反馈支路的反馈信号直接取自输出，因此其为电压类型反馈；而支路又直接与输入端相接，因此为并联类型反馈；再用瞬时极性法进行标注，输入为"正"，经反相放大为"负"，反馈支路的电流由"正"极性端流向"负"极性端，电流方向如图所示，根据基尔霍夫电流定律可知 $i_- = i_i - i_f$，反馈电流削弱了输入电流，因此其为负反馈。

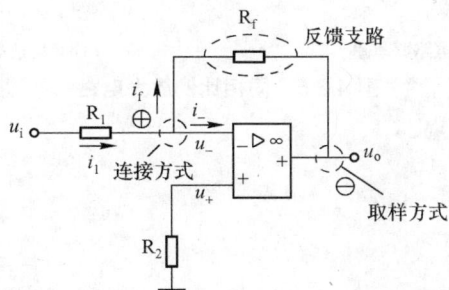

图 4.3.4　反相比例放大电路的反馈类型判别

　　负反馈将削弱运放无穷大的放大倍数，下面分析反相比例放大电路的放大效果。

　　图中 R_1 为输入电阻；R_2 为平衡电阻，用于保证运放差分式输入回路的参数对称性，以便有效地抑制温漂，$R_2 = R_1 /\!/ R_f$，R_f 为反馈电阻。由于该理想运放工作在线性区，现利用虚短和虚断特性对电路加以分析。

$\because i_+ \approx i_- \approx 0$（虚断）

$\therefore u_+ = 0$

又 $\because u_+ \approx u_-$（虚短）

$\therefore u_- = u_+ = 0$

$$\therefore i_1 = \frac{u_i}{R_1}; \quad i_f = -\frac{u_o}{R_f}$$

根据基尔霍夫电流定律，$i_1 \approx i_f$ 即 $\dfrac{u_i}{R_1} \approx -\dfrac{u_o}{R_f}$

$$\therefore A_u = \frac{u_o}{u_i} = -\frac{R_f}{R_1} \tag{4.3.1}$$

可以看到，输出电压 u_o 和输入电压 u_i 之间是反相比例关系，其放大倍数关系直接由外电路参数决定，与开环参数 A_{od} 无关，属于深度负反馈。

2. 同相比例放大电路

同相比例放大电路如图 4.3.5（a）所示。该电路输入信号 u_i 是从运放的同相输入端输入的，且输出电压和输入电压之间是比例关系，故称为同相比例放大电路。同样先来分析该电路的反馈类型，图 4.3.5（b）所示中已标出了取样方式和连接方式，可以看到，反馈支路的反馈信号直接取自输出，因此为电压类型反馈；反馈支路未直接与输入端相接，因此为串联类型反馈；用瞬时极性法进行标注，输入为"正"，经同相放大输出为"正"，电阻不改变极性，因此到连接点处电压极性为"正"，由于 $i_+ \approx 0$，电阻 R_2 上没有压降，$u_+ \approx u_i$，根据基尔霍夫电压定律可知 $(u_+ - u_-) = u_i - u_f$，反馈电压削弱了输入电压，因此为负反馈。整个电路的反馈类型为电压串联负反馈。引入负反馈后，电路能较好地工作在线性区，此时有虚短和虚断的特性。

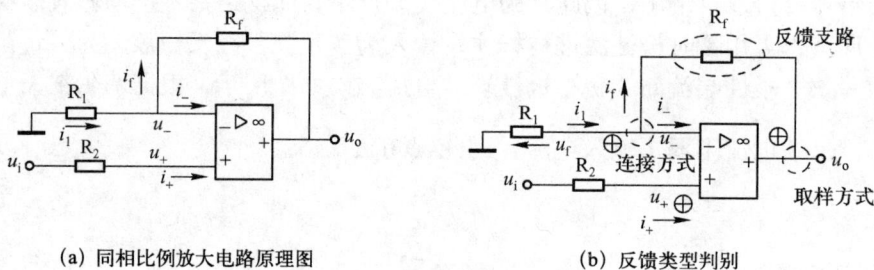

(a) 同相比例放大电路原理图　　　　(b) 反馈类型判别

图 4.3.5　同相比例放大电路

电路分析如下

$\because i_+ \approx 0$（虚断）

$\therefore u_+ \approx u_i$

又 $\because u_+ \approx u_-$（虚短）

$\therefore u_- \approx u_+ \approx u_i$

又 $\because i_- \approx 0$（虚断），根据基尔霍夫电流定律有 $i_1 \approx i_f$，即

$$-\frac{u_i}{R_1} = \frac{u_i - u_o}{R_f}$$

$$\therefore A_u = \frac{u_o}{u_i} = 1 + \frac{R_f}{R_1} \tag{4.3.2}$$

可见，同相比例放大电路的输出电压 u_o 和输入电压 u_i 之间是同相的比例关系，电压放大倍数同样决定于外电路而与开环参数 A_{od} 无关，属于深度负反馈，平衡电阻 $R_2 = R_1 // R_f$。

当去掉 R_1 和 R_f 后，电路如图 4.3.6 所示，电路仍属于电压串联负反馈，根据虚短特性，$u_o = u_- \approx u_+ = u_i$，即电路的输出电压 u_o 和输入电压 u_i 相等，故名电压跟随器。

【例 4.3.1】同相比例放大电路如图 4.3.7 所示。已知 $R_1 = 3\text{k}\Omega$，要求电路电压放大倍数等于 7，试估算 R_f 和 R' 的值。

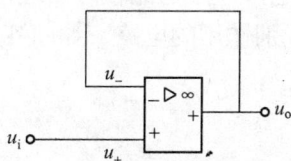

图 4.3.6　电压跟随器　　　　图 4.3.7　例 4.3.1 图

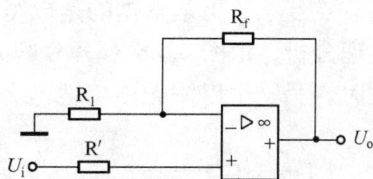

解： 同相比例放大电路电压放大倍数 $A_u = 1 + \frac{R_f}{R_1}$，因此，$R_f = 18\text{k}\Omega$。

平衡电阻 $R' = R_1 // R_f = 3 // 18 = 2.57\text{k}\Omega$。

3. 加减运算电路

当确定了单级运放电路属于负反馈放大电路后，可以根据运放线性放大的虚断和虚短的特性，结合电路分析方法，进行信号的加减运算。图 4.3.8（a）所示为一加减运算电路。可以看到，若分别考虑 u_{i1} 和 u_{i2} 作用时，电路分别为反相比例放大和同相比例放大的效果，即为负反馈电路，因此，整个电路的反馈效果亦是深度负反馈的效果，电路具有虚短和虚断的特性。

加减运算电路分析方法有两种，先看方法 1——直接求解法。如图 4.3.8（b）所示，先标出电路中各支路的电流和节点电压，根据运放特性和基尔霍夫定律可知

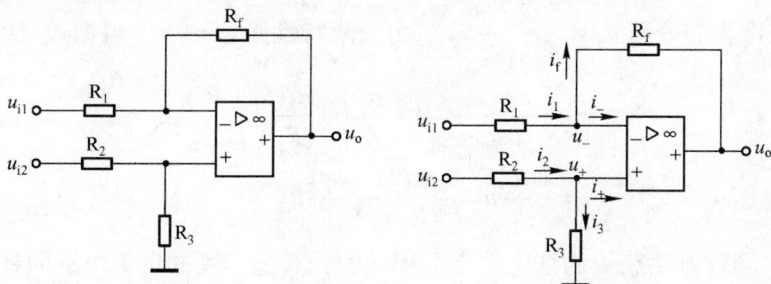

(a) 加减运算电路原理图　　　(b) 直接求解法

图 4.3.8　加减运算电路

$\because i_+ \approx i_- \approx 0$（虚断）

$\therefore i_2 \approx i_3,\ i_1 \approx i_f$（基尔霍夫电流定律）

$$\because i_2 \approx i_3 \approx \frac{u_{i2}}{R_2 + R_3} \quad \text{(欧姆定律)}$$

$$\therefore u_+ \approx i_3 R_3 \approx \frac{u_{i2}}{R_2 + R_3} R_3$$

又 $\because u_+ \approx u_-$ （虚短）

$$\therefore i_1 = \frac{u_{i1} - u_-}{R_1} \approx \frac{u_{i1} - u_+}{R_1} \approx \frac{u_{i1} - \dfrac{u_{i2}}{R_2 + R_3} R_3}{R_1} = \frac{u_{i1}}{R_1} - \frac{u_{i2}}{(R_2 + R_3) R_1} R_3$$

$$u_o = u_- - i_f R_f \approx u_- - i_1 R_f \approx \frac{u_{i2}}{R_2 + R_3} R_3 - [\frac{u_{i1}}{R_1} - \frac{u_{i2}}{(R_2 + R_3) R_1}] R_3 R_f = -\frac{R_f}{R_1} u_{i1} + \frac{R_3(R_1 + R_f)}{(R_2 + R_3) R_1} u_{i2}$$

这种方法有点复杂，但是依据的是电路分析的基本定律，还是比较容易理解的。方法 2 是利用叠加定理分析，把图 4.3.8 （a）分解为两个电源分别作用的电路，如图 4.3.9 所示，在一个电源作用时，另一个电源短路接地。

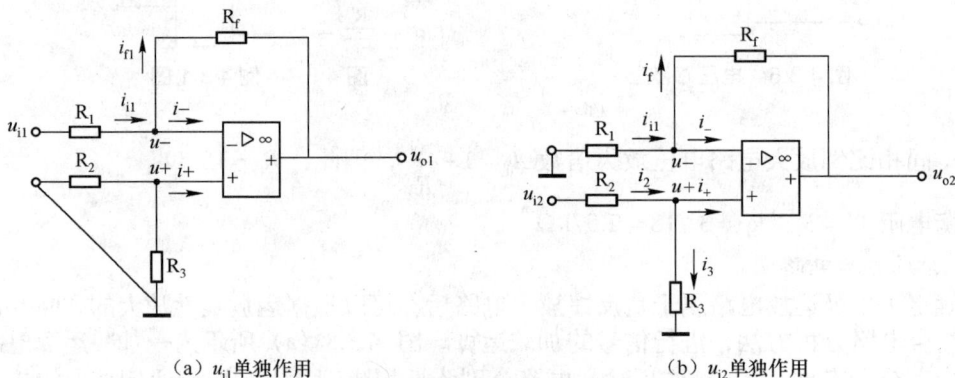

（a）u_{i1} 单独作用　　　　　　　（b）u_{i2} 单独作用

图 4.3.9　用叠加定理分析加减运算电路

当 u_{i1} 单独作用时，电路相当于一反相比例放大电路，根据式（4.3.1）得 $u_{o1} = -\dfrac{R_f}{R_1} u_{i1}$。

当 u_{i2} 单独作用时，电路同样相当于一同相比例放大电路，只不过输入电压应为电源 u_{i2} 在电阻 R_2 和 R_3 上产生的分压 $u_+ = \dfrac{R_3}{R_2 + R_3} u_{i2}$ （由虚断特性知 $i_+ \approx 0$ ），根据式（4.3.2）得

$$u_{o2} = \frac{R_3}{(R_2 + R_3)} u_{i2}(1 + \frac{R_f}{R_1}) = \frac{R_3(R_1 + R_f)}{(R_2 + R_3) R_1} u_{i2}$$

总的输出电压 $u_o = u_{o1} + u_{o2} = -\dfrac{R_f}{R_1} u_{i1} + \dfrac{R_3(R_1 + R_f)}{(R_2 + R_3) R_1} u_{i2}$

可以看到，两种方法获得的结论是完全相同的，其他类型的运算电路同样可以用这两种方法进行求解。

【例 4.3.2】 图 4.3.10 为理想运放构成的电路，电源电压为±12V，估算输出电压 u_o。

解： 电路由两级运放电路级联而成，第一级为同相比例运算放大电路，设第一级运放的输出为 u_{o1}，则 $u_{o1} = (1 + \dfrac{100}{51}) u_{i1} = 0.89V$

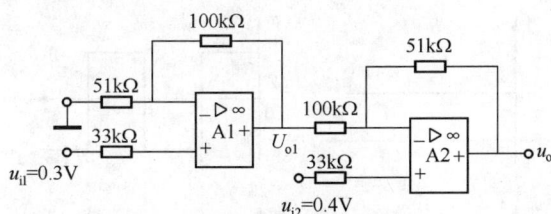

图 4.3.10　例 4.3.2 图

第二级为加减运算电路，采用叠加原理分析：

u_{o1} 单独作用时，构成反相比例运算放大电路，$u_o' = -\dfrac{51}{100}u_{o1} = -0.45\text{V}$

u_{i2} 单独作用时，构成同相比例运算放大电路，$u_o'' = (1+\dfrac{51}{100})u_{i2} = 0.6\text{V}$

则输出电压 u_o 为 $u_o = u_o' + u_o'' = 0.15\text{V}$。

4. 积分电路

若将反相比例放大电路中的反馈电阻换成电容，就可以得到积分电路，如图 4.3.11 所示。

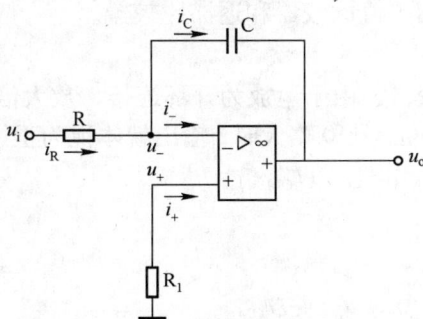

图 4.3.11　积分电路

由于该理想运放工作在线性区，现利用虚短和虚断特性对电路加以分析。

$\because i_+ \approx 0$（虚断），

$\therefore u_+ \approx 0$

又 $\because u_+ \approx u_-$（虚短）

$\therefore u_- \approx 0$

$\therefore i_R \approx \dfrac{u_i}{R}$

根据电容储能特性得 $i_C = -C\dfrac{\mathrm{d}u_o}{\mathrm{d}t}$

由基尔霍夫电流定律知 $i_R \approx i_C$，即 $\dfrac{u_i}{R} = -C\dfrac{\mathrm{d}u_o}{\mathrm{d}t}$

$$\therefore u_o = -\dfrac{1}{RC}\int u_i \mathrm{d}t \tag{4.3.3}$$

通过上述分析可得：输出电压 u_o 和输入电压 u_i 之间是一种积分关系，二者相位是相反的。图 4.3.12 所示为不同输入时积分电路的电压波形，可以看到，随着输入电压变化，将在电容上产生充放电过程。

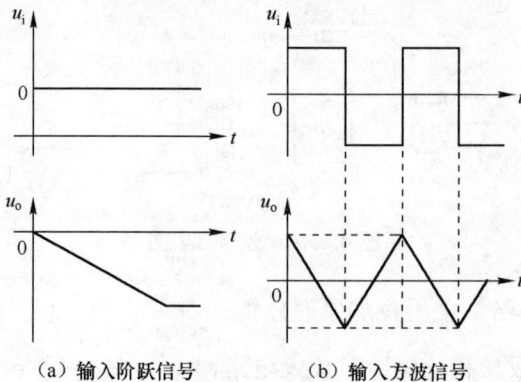

(a) 输入阶跃信号　　　　　(b) 输入方波信号

图 4.3.12　不同输入时积分电路电压波形

4.3.3　理想运放的非线性应用

运算放大器要想工作在非线性区，就要设法忽视线性区，因此，只有在运放开环或正反馈时，运放才工作在非线性状态。运放在非线性区的典型应用是构成比较器，为信号检测报警提供基准电压。这里仅介绍单值比较器和迟滞比较器。

1．单值电压比较器

图 4.3.13 所示为过零比较器，由于运放为开环连接，放大倍数极大，根据运放的输入输出电压传输特性可知，当 $(u_+ - u_-)$ 比 0 略大时，输出就体现为正饱和电压 U_{OM}，当 $(u_+ - u_-)$ 比 0 略小时，输出就体现为负饱和电压 $-U_{OM}$。

∵ $i_+ \approx i_- \approx 0$（虚断）

∴ $u_+ \approx 0$，$u_- \approx u_i$

∴ 当 $u_i > 0$ 时，$(u_+ - u_-) < 0$，$u_o = -U_{OM}$

当 $u_i < 0$ 时，$(u_+ - u_-) > 0$，$u_o = U_{OM}$

概念：阈值电压

输出电压的状态变化在 $u_i = 0$ 时发生，输出电压 u_o 由高电平跳变为低电平所对应的输入电压值称为阈值电压，通常用 U_{TH} 表示。可见，图 4.3.13 中的阈值电压为 0V。

若在过零比较器的反相输入端输入正弦波信号，则可以在电路的输出端得到方波，波形图如图 4.3.14 所示。

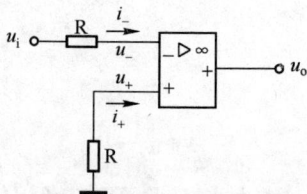

图 4.3.13　过零比较器

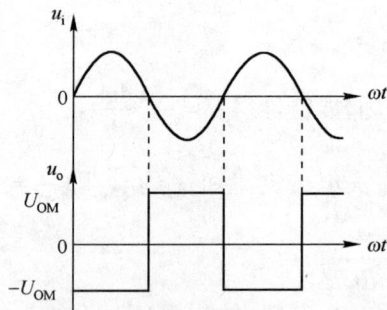

图 4.3.14　正弦波转换成方波

实际上，对电压比较器而言，只要判断出 $(u_+ - u_-)$ 的极性，就可以得到输入输出电压传输曲线，从而获得不同输入信号时，输出状态的响应。因此，给同相输入端加入一电压源，抬高 u_+ 的电压，如图 4.3.15（a）所示，就获得了单值电压比较器。

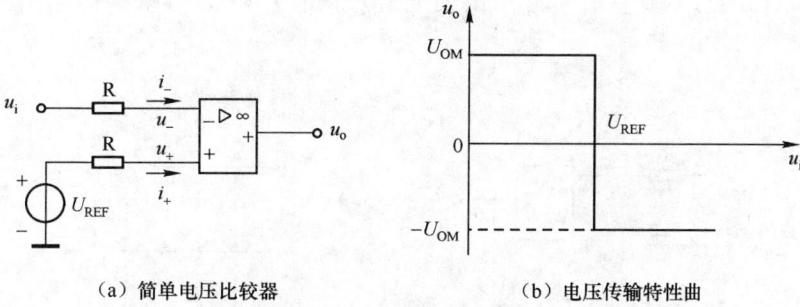

（a）简单电压比较器　　　　（b）电压传输特性曲

图 4.3.15　简单电压比较器

此时，$\because i_+ \approx i_- \approx 0$（虚断）

$\therefore u_i \approx u_-$；$u_+ \approx U_{REF}$

$\therefore$ 当 $u_i < U_{REF}$ 时，$u_+ > u_-$，$u_o = U_{OM}$；当 $u_i > U_{REF}$ 时，$u_+ < u_-$，$u_o = -U_{OM}$

电压传输曲线如图 4.3.15（b）所示。

【例 4.3.3】 求图 4.3.16 中电压比较器的阈值，并画出它们的传输特性曲线。

解： 电路是带限幅器的同相输入非过零比较器，限幅值即 $\pm U_{OM}$ 为 $\pm 6V$。

$\because u_+ \approx U$，$u_- \approx 3V$，且 $u_+ \approx u_-$

$\therefore U_{TH} = 3V$

电压比较器的传输特性曲线如图 4.3.17 所示。

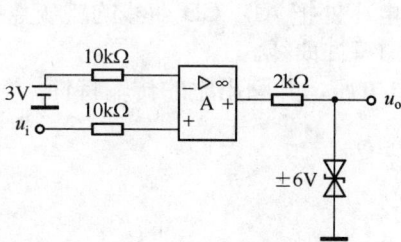

图 4.3.16　例 4.3.3 图　　　　图 4.3.17　传输特性曲线

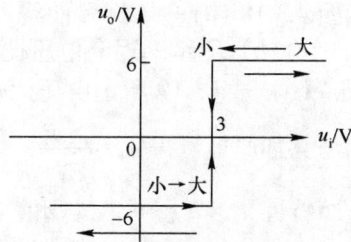

2. 迟滞电压比较器

迟滞电压比较器是应用比较广泛的电压比较器，其电路如图 4.3.18（a）所示。图中接入了反馈元件，根据反馈类型的判别原则，取样端为电压类型反馈，连接端未直接与输入信号相接，因此为串联类型反馈，根据瞬时极性判别法判定可得到 $u_i + u_f = u_- - u_+$，故电路为电压串联正反馈。对运放而言，正反馈的效果只会使放大倍数进一步增大，因此，只要 $(u_+ - u_-)$ 越过零点，就会造成输出状态的饱和翻转。

从图中可以看到，$\because i_- \approx 0$（虚断）

$\therefore$ 有 $u_i \approx u_-$

由于输出端电压究竟为正饱和电压或是负饱和电压并不确定，导致 u_+ 的电压也不确定，唯一可以确定的是，当 $u_+ > u_-$ 时，$u_o = U_{OM}$；当 $u_+ < u_-$ 时，$u_o = -U_{OM}$。那么 u_+ 的电压怎么计算？由于 $i_+ \approx 0$，根据基尔霍夫电流定律有 $i_1 \approx i_f$，可以根据输出电压的值来倒推 u_+ 的电压。

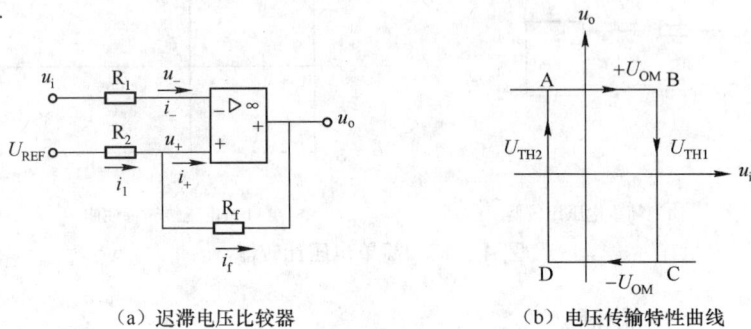

（a）迟滞电压比较器   （b）电压传输特性曲线

图 4.3.18　迟滞电压比较器

若输出为高电平 $+U_{OM}$，此时 $u_+ = U_{TH1} = \dfrac{R_f}{R_2 + R_f} U_{REF} + \dfrac{R_2}{R_2 + R_f} U_{OM}$

若输出为低电平 $-U_{OM}$，此时 $u_+ = U_{TH2} = \dfrac{R_f}{R_2 + R_f} U_{REF} - \dfrac{R_2}{R_2 + R_f} U_{OM}$

U_{TH1} 和 U_{TH2} 即为迟滞比较器的阈值电压，$U_{TH1} > U_{TH2}$，其电压传输特性曲线究竟如何？从输入信号无穷小开始看，当输入信号无穷小时，必然小于任何一个阈值电压，此时 $u_+ > u_i$，输出为正饱和电压 $+U_{OM}$，随着 u_i 的增长，u_i 必须大于 U_{TH1} 才能使输出状态翻转为负饱和电压 $-U_{OM}$，由此绘出如图 4.3.18（b）中 AB 段曲线；当输入信号从较大的值（大于两阈值电压）逐渐变小时，$u_+ = U_{TH2}$，只有 $u_i < U_{TH2}$ 时，输出状态会从负饱和电压翻转为正饱和电压由此绘出如图 4.3.18（b）中 CD 段曲线。在两阈值电压处把 AB、CD 曲线的跳变点绘制完整，可得到图 4.3.18（b）所示的迟滞电压比较器的传输特性曲线。

【例 4.3.4】求图 4.3.19 所示电压比较器的阈值电压，并画出它的传输特性。

解： 利用叠加原理可得 $u_+ = \dfrac{R_2}{R_1 + R_2} U_1 \pm \dfrac{R_1}{R_1 + R_2} U_Z$

根据虚短特性 $u_+ \approx u_- \approx 0$，得阈值电压分别为

$$U_{TH1} = \frac{R_1}{R_2} U_Z = 2V$$

$$U_{TH2} = -\frac{R_1}{R_2} U_Z = -2V$$

画出传输特性如图 4.3.20 所示。

迟滞比较器相比单值比较器，分析起来难度大了很多，那么，为什么要用迟滞比较器呢？可以看到，迟滞比较器的阈值电压随输出电压的变化而变化，当输入信号有干扰时，这个特性能起到抗干扰作用。

【例 4.3.5】如图 4.3.21（a）所示为迟滞电压比较器，双向稳压管的稳定电压为 ±6V，画出它的传输特性曲线，当输入如图 4.3.21（c）所示的 u_i 波形时，画出输出电压波形。

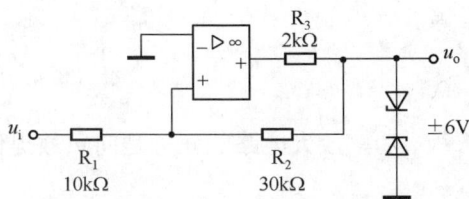

图 4.3.19 例 4.3.4 图

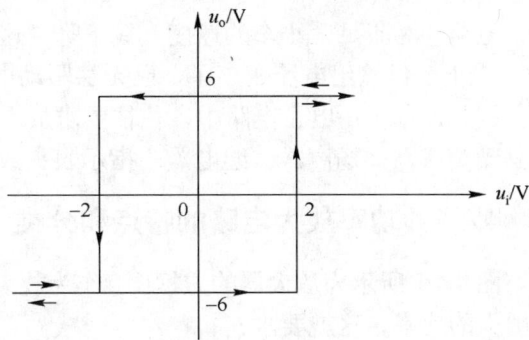

图 4.3.20 传输特性

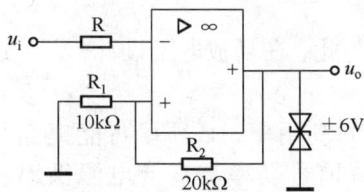

(a) 迟滞电压比较器　　　(b) 电压传输特性曲线　　　(c) 波形转换图

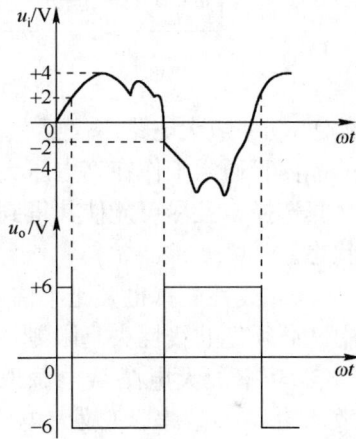

图 4.3.21 迟滞电压比较器

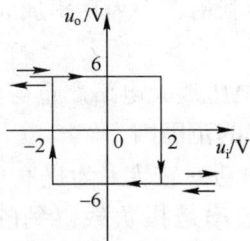

解：∵ $u_+ > u_-$ 时，$u_o \approx U_{OM} = 6V$；当 $u_+ < u_-$ 时，$u_o \approx -U_{OM} = -6V$

且∵ $i_+ \approx i_- \approx 0$（虚断）

∴ $u_i \approx u_-$

当输出为高电平 $+U_Z$ 时，$U_{TH1} = -\dfrac{R_1}{R_1 + R_2} U_Z = 2V$

当输出为低电平 $-U_Z$ 时，$U_{TH2} = \dfrac{R_1}{R_2 + R_1}(-U_Z) = -2V$

当输入电压 $u_i > 2V$ 时，$u_+ < u_-$，输出高电平 $-U_Z$，要想状态翻转，需 $u_i < U_{TH2}$。

当输入电压 $u_i < -2V$ 时，$u_+ > u_-$，输出高电平 $+U_Z$，要想状态翻转，需 $u_i > U_{TH1}$。

电压传输特性曲线如图 4.3.21（b）所示。根据传输特性曲线获得输出波形如图 4.3.21（c）所示。

4.4　功率放大电路

电路输出端电压大而电流小或电压小而电流大都无法驱动负载，这一点在四驱车的运行中体现极为明显，当新电池装入车体时，电流比较大，小车跑起来动力十足，一旦长时间运动，电池动力不足，小车的速度直线下降，这时候拿出电池，用万用表测量电压，电压仍有1.2V以上，但输出电流变小了，已无法驱动电机。

因此，在实用电子电路中，往往要求放大电路的末级（输出级）输出功率足够大的信号去驱动负载，如扬声器、继电器、指示表头或显示器等。

4.4.1 功率放大电路的特点和分类

图4.4.1所示为放大器的方框图，作为放大器的末级，功率放大电路的任务是向负载提供足够大的功率，这就要求：

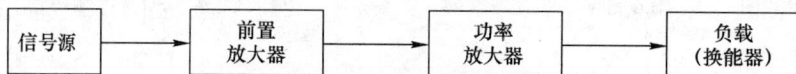

图4.4.1 放大器方框图

① 功率放大电路不仅要有较高的输出电压，还要有较大的输出电流。因此功率放大电路中的晶体管通常工作在高电压大电流状态，晶体管的功耗也比较大。对晶体管的各项指标必须认真选择，且尽可能使其得到充分利用，因为功率放大电路中的晶体管处在大信号极限运用状态。

② 非线性失真也要比小信号的电压放大电路严重得多，为此，在功放电路设计、调试过程中，必须把非线性失真限制在允许的范围内。

③ 功率放大电路从电源取用的功率较大，为提高电源的利用率，必须尽可能提高功率放大电路的效率。（放大电路的效率是指负载得到的交流信号功率与直流电源供出功率的比值。）

按照三极管的工作状态不同，功率放大电路可分为甲类、甲乙类、乙类等。功放管在上述三类工作状态下相应的静态工作点位置及波形如图4.4.2所示。甲类Q点位于负载线的中点附近，整个周期均导通；乙类Q点处于截止区，半个周期导通；甲乙类Q点接近截止区，导通时间大于半个周期。由图可见，甲类功率放大电路的静态工作点设置得较高，失真很小，但不论有无信号，始终有较大的静态工作电流I_C，消耗一定的电源功率P_V，故效率较低，最高不超过50%。目前，大量应用的是无变压器的乙类互补功率放大电路。此类电路按电源供给的不同，分为双电源互补对称功率放大电路和单电源互补对称功率放大电路。

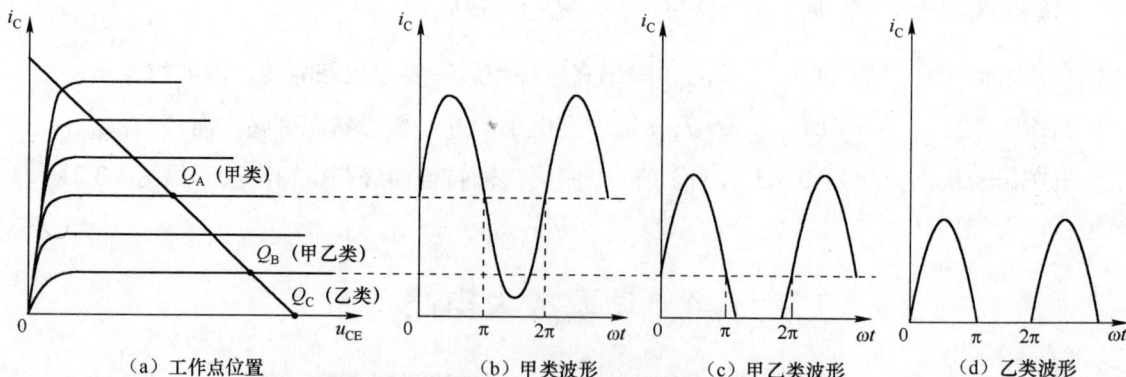

图4.4.2 各类功率放大电路的静态工作点及其波形

4.4.2 乙类双电源互补对称功率放大电路（OCL）

1. 电路工作原理

放大管工作在乙类状态，显然功耗小，有利于提高效率，但输出波形失真严重。如果采用两个对称的异型管（一个 NPN 型，一个 PNP 型），使之都工作在乙类放大状态，按如图 4.4.3 所示方式连接，当 $u_i \geq 0$，即在正弦输入信号的正半周期，NPN 型三极管因正偏而导通，在负载上出现输出电压 u_o 的正半周期，而 PNP 型管因反偏而截止；当 $u_i \leq 0$，即输入信号的负半周期，NPN 型管因反偏而截止，而 PNP 型管因正偏而导通，在负载上出现输出电压 u_o 的负半周期。这样，负载在输入信号的整个周期中都有电流流过，输出电压是一个完整的正弦波。三极管导通时信号传输效果如图 4.4.4 所示，此电路被称为乙类互补对称功率放大电路。

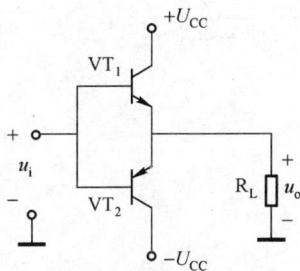

图 4.4.3 OCL 电路原理图

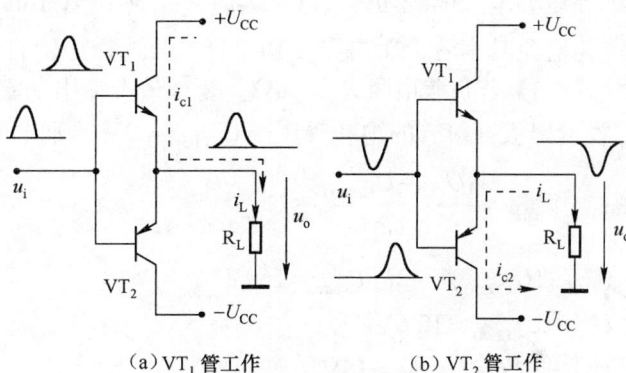

（a）VT$_1$ 管工作　　　（b）VT$_2$ 管工作

图 4.4.4 OCL 电路工作效果

2. 性能指标的计算

（1）输出功率：输出信号为交流信号时，输出功率为电压有效值与电流有效值的乘积，即

$$P_o = U_o I_o = \frac{U_{om} I_{om}}{2} = \frac{U_{om}^2}{2R_L} \tag{4.4.1}$$

从对乙类功放的静态工作点进行分析可以知道，静态工作点极低，i_C 的最大幅值应略小于 $\frac{U_{CC}}{R_L}$，而 u_{CE} 的最大幅值则略小于 U_{CC}，当考虑饱和电压 $U_{CE(sat)}$ 时，电路的最大不失真输出功率为 $P_{omax} = \frac{(U_{CC} - U_{CE(sat)})^2}{2R_L}$。对功放而言，输出功率越大，其工作效果越好，因此关注的是大功率管组成的功放电路的最大不失真输出功率。

（2）电源供给功率：对输入信号来说，其获得放大的能量来源就是直流电源，直流电源的输出功率应是脉动的电流 i_C 的平均值与直流电压的乘积，因为有两组电源，每组电源导通半个周期，且 i_C 越大，输出功率越大，所以，电源供给功率为

$$P_V = 2U_{CC} \frac{I_{Cm}}{\pi} = 2\frac{U_{om}}{\pi R_L} U_{CC} \tag{4.4.2}$$

（3）管耗 $P_C = P_{V1} + P_{V2} = \frac{2}{R_L}\left(\frac{U_{CC} \cdot U_{om}}{\pi} - \frac{U_{om}^2}{4}\right)$ \tag{4.4.3}

179

当选择三极管时，以管耗的一半作为选择条件即可。

（4）效率：$\eta = \dfrac{P_o}{P_V} = \dfrac{\pi}{4} \cdot \dfrac{U_{om}}{U_{CC}}$ 　　　　　　　　　　　　　(4.4.4)

3. 功率管的选择

（1）最大管耗与最大输出功率的关系。

当 $U_{om} = 0.637U_{CC}$ 时，每个功率管有最大管耗 $P_{CM} = 0.2P_{om}$。

（2）功率管选择原则。

① 每一功率管集电极最大允许管耗 $P_{CM} > 0.2P_{om}$。

② 一管导通时，另一管截止，后者 C、E 极间承受的最大反压近似为 $2U_{CC}$，所以管子的 $U_{BR(CEO)} \geqslant 2U_{CC}$。

③ 导通的最大电流为 $I_{om(max)} = U_{CC}/R_L$，所以管子的集电极允许电流为 $I_{CM} > U_{CC}/R_L$。

④ 为避免功率管二次击穿，功放管参数选择应留有余量。

【例 4.4.1】若负载电阻 $R_L = 16\Omega$，要求最大输出功率 $P_{omax} = 5W$，若采用 OCL 功率放大电路，设输出极三极管的饱和管压降 $U_{CE(sat)} = 2V$，则电源电压 U_{CC} 应选多大？

解：$\because P_{omax} = \dfrac{(U_{CC} - U_{CE(sat)})^2}{2R_L}$

$\therefore (U_{CC} - U_{CE(sat)})^2 = 2R_L P_{omax} = 160V$

$\therefore U_{CC} - U_{CE(sat)} \approx 12.6V$

$\therefore U_{CC} = 12.6 + U_{CE(sat)} \approx 15V$

4.4.3　交越失真和甲乙类互补对称功率放大电路

1. 交越失真

由于三极管输入特性有死区电压，特性开始部分非线性又比较严重，在两管交替工作点前后，会出现一段两管电流均为零而负载电流和电压均为零的时间，使输出波形出现了交越失真，如图 4.4.5 所示。

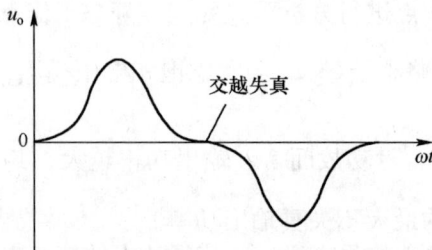

图 4.4.5　交越失真波形

2. 解决方案

在两管的基极之间产生一个合适的偏压，使它们处于微导通状态，两管各有不大的静态电流，此时电路工作在甲乙类，由于 $i_L = i_{C1} - i_{C2}$，输出波形接近于正弦波，基本上可以实现线性放大。在如图 4.4.6 所示电路中，把与发射结压降接近的两二极管与可调电位器串联后接在两发射结上，即可去除交越失真，此时三极管工作在弱导通状态，因此称为甲乙类互补对称功率放大电路。

3. 甲乙类单电源互补对称功率放大电路（OTL）

OTL 电路如图 4.4.7 所示，它与 OCL 电路的根本区别在于输出端接有大电容 C。就直流而言，只要两管特性相同，就有 K 点的电位 $U_K = U_{CC}/2$，而大电容 C 被充电到 $U_C = U_K = U_{CC}/2$。就交流而言，只要时间常数 R_L 比输入信号的最大周期大得多，电容上的电压就可看作固定不变，而 C 对交流可视为短路。这样，用单电源和 C 就可代替 OCL 电路的双电源。VT_1 上的电压是 U_{CC} 与 U_K 之差，等于 $U_{CC}/2$，而 VT_2 的电源电压就是地与 U_K 之差，等于 $U_{CC}/2$。OTL 电路的工作情况与 OCL 电路完全相同，但是在用公式估算性能指标时，要用 $U_{CC}/2$ 代替。

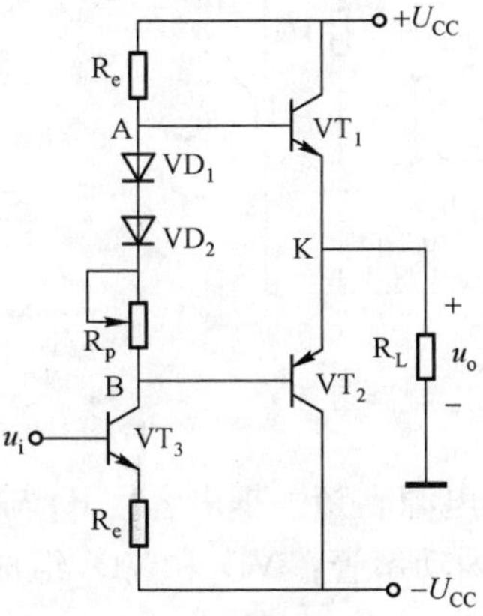

图 4.4.6　甲乙类 OCL 电路 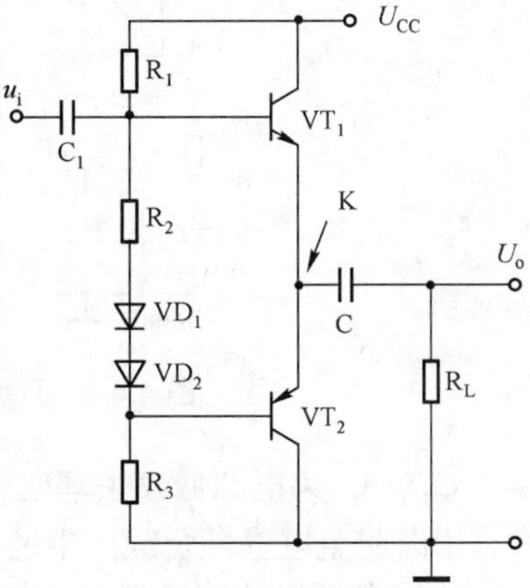　　　　　图 4.4.7　OTL 电路

4.4.4　集成功率放大电路

集成功率放大器广泛用于音响、电视和小电动机的驱动等领域。这里以 TDA2030 集成功率放大器为例介绍集成功率放大器的应用。

TDA2030 与性能类似的其他产品相比，具有引脚数最少、外接元件很少的优点，TDA2030 外形与管脚图如图 4.4.8 所示。它的电气性能稳定、可靠、适应长时间连续工作，且芯片内部具有过载保护和热切断保护电路。该芯片适用于收录机及高保真立体扩音装置中的音频功率放大器。

（a）外形图 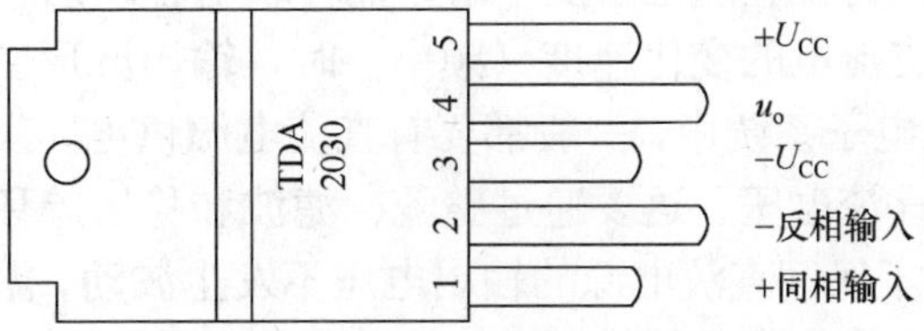　　　　　　（b）管脚图

图 4.4.8　TDA2030 外形与管脚图

图 4.4.10 所示为 TDA2030 芯片的外形和管脚图。电源电压范围为 $\pm6 \sim \pm18V$，静态电流小于 60μA，频响为 10Hz～140kHz，谐波失真小于 0.5%，在 $U_{CC} = \pm14V$、$R_L = 4\Omega$ 时，输出功率为 14W。

TDA2030接成OCL(双电源)典型应用电路,如图4.4.9所示,图中R_1、R_2、C_2使TDA2030接成交流电压串联负反馈电路。闭环增益由下式估算

$$A_{uf} = 1 + \frac{R_1}{R_2} \tag{4.4.5}$$

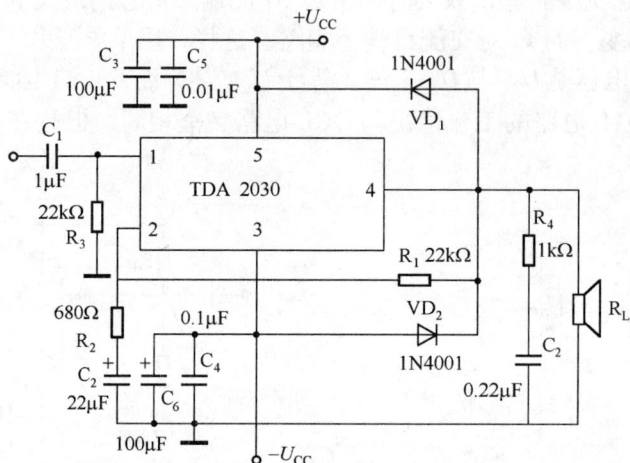

图4.4.9　TDA2030组成的OCL电路

电路中，C_3、C_6为电源低频去耦电容；C_4、C_5为电源高频去耦电容；R_4与C_2组成阻容吸收网络，用以避免电感性负载产生过电压击穿芯片内功率管；VD_1和VD_2组成电源极性保护电路，防止因电源极性接反而损坏集成功放。

本 章 小 结

1．二极管具有单向导电性，是典型的非线性元器件。对不同的二极管而言，正向导通压降各不相同，当导通压降远小于工作电压时，正向导通压降可以忽略不计。如果把二极管视为一个阻值在动态变化的元件，分析电路时会容易一些。

2．利用二极管的单向导电性可以组成整流电路、限幅电路、钳位电路等。分析电路应熟记二极管的伏安特性曲线。

3．在整流电路的输出端接上各种滤波电路，可以大大减小输出电压中的脉动成分。通常串接电感，将使直流电压变平滑，而并联电容，则利用了电容容纳电荷的能力，在充放电速度远小于交流电的变化速度（频率）时，输出波形变平滑。

4．在电子系统中，一般都要有直流电源供电。获得直流电源的最常用的方法是由交流电网转换为直流电压。这要通过整流、滤波和稳压等环节来实现。

5．为了保证直流电源的输出电压不发生波动，需要在整流滤波电路的后面再接上稳压电路。三端集成稳压器是使用比较便捷的一种稳压器件，需要注意的是，它的前级和后端均需并联电容，使用时应关注电压等级。

6．三极管是电流控制器件，有NPN、PNP两大类。对三极管的工作特性可以结合工艺特点去理解记忆，在实际工作中，三极管的状态完全由外电路决定，因此，如何进行放大电路的分析（静态工作点、动态参数、消除失真）是需要理解的知识重点。

7．集成运算放大器是一种具有高电压放大倍数、高输入电阻和低输出电阻的直接耦合放大器，应理解线性工作状态与非线性工作状态的成因，并对典型的线性应用电路和非线性应用电路参数计算有所了解。虚短和虚断是建立在不同工作状态的基础上的，与运放电路的特性有关，是进行运放电路分析的有力"助手"。

8．功率放大电路在电源电压确定的情况下，应在非线性失真允许的范围内，高效率地获得尽可能大的输出功率。因而功放管常工作于极限应用状态。同时要考虑功放管工作的安全性，故必须满足 $P_{cm} < P_{CM}$、$U_{cem} < U_{BR(CEO)}$、$I_{CM} > U_{CC}/R_L$ 等条件。

9．功放电路根据功放管静态工作点的不同可分为甲类、乙类、甲乙类。为提高效率，避免产生交越失真，功放电路常采用甲乙类的互补对称双管推挽电路（OCL、OCL）。集成功放是当前进行功率放大的主流器件，应对集成功放电路有所了解。

本 章 习 题

一、填空题

1．普通二极管的两端加正向电压时，有一段"死区电压"，锗管约为_____，硅管约为_____。

2．在判别硅、锗晶体二极管时，当测出正向压降为_____，则此二极管为锗二极管；当测出正向电压为_____时，则此二极管为硅二极管。

3．PN 结具有_____性能，即加正向电压时，PN 结_____，加反向电压时 PN 结_____。

4．半波整流与全波桥式整流相比，输出电压脉动成分较小的是_____电路。

5．电路如题图 4.1 所示，已知 $U_2 = 20V$、$R_L = 470\Omega$、$C = 1000\mu F$，若采用直流电压表测量输出电压 U_L，可估计下列情况下电压表示值。

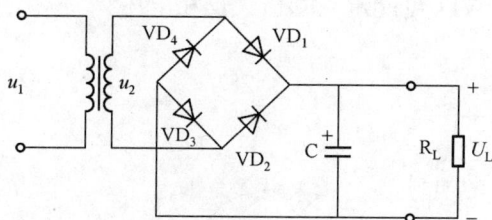

题图 4.1

（1）正常工作时，$U_{L1} = $ _____。

（2）R_L 断开时，$U_{L2} = $ _____。

（3）C 断开时，$U_{L3} = $ _____。

（4）VD_2 断开时，$U_{L4} = $ _____。

6．三端集成稳压器只引出_____、_____和_____三个端口。

7．三极管具有放大作用的外部条件是_____结正向偏置，_____结反向偏置。

8．当 NPN 硅管处在放大状态时，在三个电极电位中，以_____极电位最高，_____极电位最低，_____极和_____极电位之差等于_____。

9．设某晶体管处在放大状态，三个电极的电位分别是 $U_E = 12V$、$U_B = 11.7V$、$U_C = 6V$，则该管的导电类型为_____型，用半导体材料_____制成。

10．已知某三极管处在饱和状态，电极 1、2、3 的电位分别是 5.3V、5.6V、6V，则电极 1 是 _____ 极，电极 2 是 _____ 极，电极 3 是 _____ 极。

11．对于 NPN 型硅管，若 $U_{BE} > 0.5V$ 且 $U_{BE} < U_{CE}$，则管子处于 _____ 状态；若 $U_{BE} > 0.5V$ 且 $U_{BE} > U_{CE}$，则管子处于 _____ 状态；若 $U_{BE} < 0.5V$ 且 $U_{BE} < U_{CE}$，则管子处于 _____ 状态。

12．集成运算放大器是一种具有 ____ 电压放大倍数、____ 输入电阻和 ____ 输出电阻的直接耦合放大器。

13．共模抑制比 K_{CMRR} 是集成运放的 _____ 电压放大倍数和 _____ 电压放大倍数之比的绝对值。

14．集成运放的电压传输特性曲线分为 _____ 和 _____ 两个区。处于线性区的集成运放工作在 _____ 状态，处于非线性区的集成运放工作在 _____ 状态或 _____ 状态。

15．由于功放电路中功放管常常处于极限工作状态，因此选择功放管时要特别注意 _____、_____、_____ 3 个参数。

二、选择题

1．单相半波整流电路中仅用 _____ 二极管，但它的输出电压 _____。

(A) 一个　　　(B) 四个　　　(C) 两个　　　(D) 脉动较大　　　(E) 较平滑

2．整流电路主要是利用整流元件的 _____ 工作的。

(A) 非线性　　(B) 单向导电性　　(C) 稳压特性　　(D) 放大性能

3．带电容滤波的桥式整流电路如题图 4.2 所示，试问：

(1) 题图 4.1 中输出电压 U_O 的估算值为 _____，如果二极管 VD_2 脱焊，则 U_O 变为 _____。

(A) 10V　　　(B) 12V　　　(C) 24V

(2) 题图 4.1 中二极管 VD_1 可能承受的最大反相电压为 _____，如果 VD_2 脱焊，VD_1 可能承受的最大反相电压为 _____。

(A) 10V　　　(B) 14V　　　(C) 28V

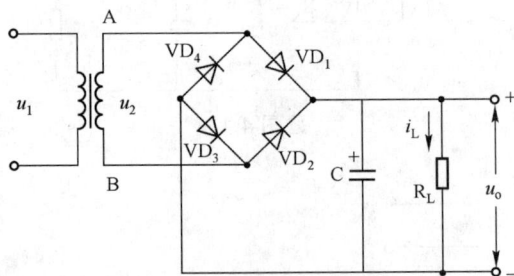

题图 4.2

4．已知放大电路中处于正常放大状态的某晶体管的三个电极对地电位分别为 $U_E = 6V$、$U_B = 5.3V$、$U_C = 0V$，则该管为 _____。

(A) PNP 型锗管　　(B) NPN 型锗管　　(C) PNP 型硅管　　(D) NPN 型硅管

5．设某正常放大状态的三极管的三个电极对地电压分别为 $V_E = -13V$、$V_B = -12.3V$、$V_C = 6.5V$，则该管为 _____。

(A) PNP 型锗管　　(B) NPN 型锗管　　(C) PNP 型硅管　　(D) NPN 型硅管

6．三极管共发射极输出特性常用一组曲线来表示，其中每一条曲线对应一个特定的_____。

(A) i_C 　　　(B) u_{CE} 　　　(C) i_B 　　　(D) i_E

7．某二极管的发射极电流等于1mA，基极电流等于20μA，正常工作时，它的集电极电流等于_____。

(A) 0.98mA 　　(B) 1.02mA 　　(C) 0.8mA 　　(D) 1.2mA

8．集成运放的耦合方式是_____。

(A) 变压器耦合 　　　(B) 阻容耦合 　　　(C) 直接耦合

9．理想运放工作在_____区时，具备虚短和虚断概念。

(A) 非线性 　　　(B) 线性 　　　(C) 开环

10．_____电路可以将方波转换为三角波信号。

(A) 比例运算 　　　(B) 积分 　　　(C) 微分

11．反相比例运算电路中集成运放的反相输入端为_____。

(A) 虚地 　　　(B) 虚短 　　　(C) 虚断

12．甲乙类 OCL 电路可以克服乙类 OCL 电路产生的_____。

(A) 交越失真 　　(B) 饱和失真 　　(C) 截止失真 　　(D) 零点漂移

三、判断题

1．二极管导通时，电流是从其负极流出，从正极流入的。　　　　　　　　　　（　　）

2．二极管的反向饱和电流越小，其单向导电性能就越好。　　　　　　　　　（　　）

3．在整流电路中，整流二极管只有在截止时，才可能发生击穿现象。　　　　（　　）

4．整流输出电压加电容滤波后，电压波动性减小，故输出电压也下降。　　　（　　）

5．单相桥式整流与半波整流相比，桥式整流的直流输出电压等于半波整流的两倍。

（　　）

6．在基本共射放大电路中，若三极管的 β 增大 1 倍，则电压放大倍数也相应地增大 1 倍。

（　　）

7．三极管的输入电阻 $r_{BE} = U_{BE} / I_B$ 。　　　　　　　　　　　　　　　　（　　）

8．三极管放大器输出电压在相位上总是与输入电压反相。　　　　　　　　　（　　）

9．乙类互补对称功放电路在输出功率最大时，管子的管耗最大。　　　　　　（　　）

四、分析计算题

1．二极管电路如题图 4.3 所示，试判断图中二极管是导通还是截止？并表示出输出电压 U_O 。（忽略二极管的正向压降）

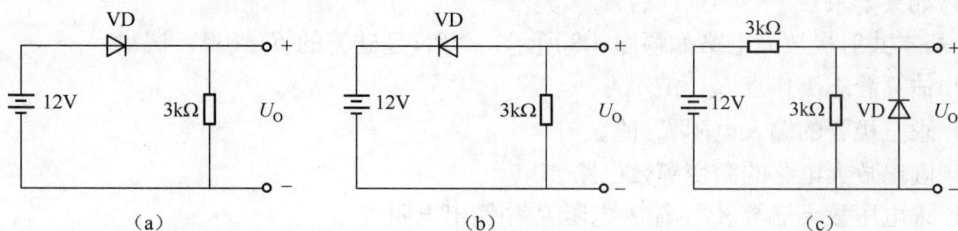

题图 4.3

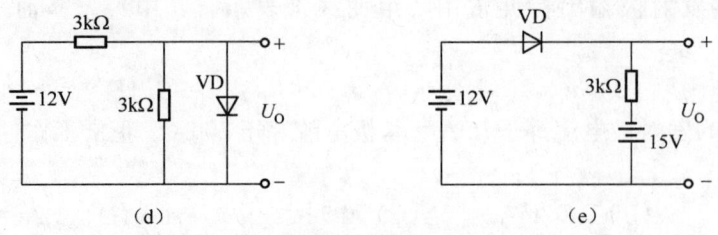

（d）　　　　　　　　　　（e）

题图 4.3（续）

2．在如题图 4.4 所示电路中，$R_L = 1k\Omega$，交流电压表 V_2 的读数为 20V，问直流电压表 V 和直流电流表 A 的读数各为多大？

3．单相桥式整流电路如题图 4.5 所示，已知变压器次级电压有效值 $U = 100V$，负载 $R_L = 1k\Omega$，试求输出电压 U_O 值和输出电流 I_O 值，并选择整流二极管的型号。

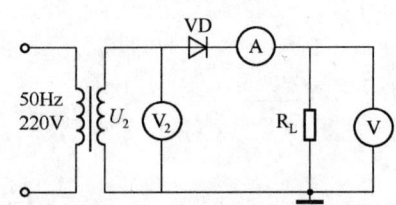
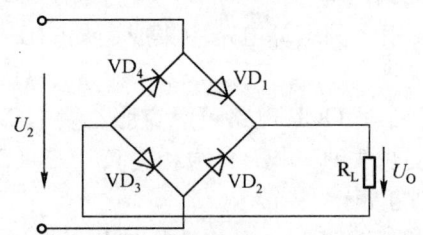

题图 4.4　　　　　　　　　　题图 4.5

4．画出如题图 4.6 所示的直流通路和交流通路。

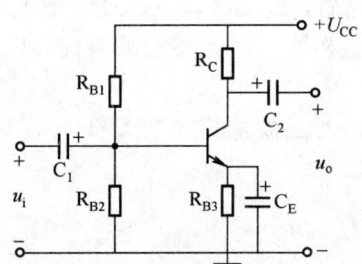

题图 4.6

5．放大电路如题图 4.7 所示，调节电位器可调整放大器的静态工作点。

（1）如果要求 $I_{CQ} = 2mA$，问 R_B 值应多大？（提示：只要 $U_{CE} > 0.3V$，意味着三极管处于放大状态，可根据电流放大特性倒推出 I_{BQ} 的值）

（2）如果要求 $U_{CE} = 4.5V$，则 R_B 多大？

6．基本共射极放大电路如题图 4.8 所示，NPN 型硅管的 $\beta = 100$，试求：

（1）估算静态工作点 I_{CQ} 和 U_{CE}。

（2）求三极管的输入电阻 R_{be} 值。

（3）画出放大电路的微变等效电路。

（4）求电压放大倍数 A_u、输入电阻 R_i 和输出电阻 R_o。

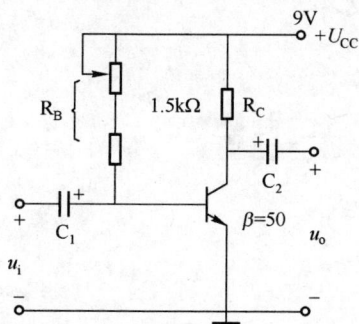

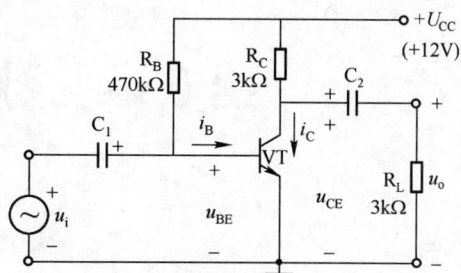

题图 4.7   题图 4.8

7. 设计一个反相比例运算电路，使 $u_o = -5u_i$。

8. 电路如题图 4.9 所示，求输出电压与输入电压的运算关系式。

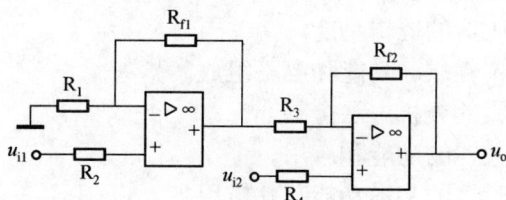

题图 4.9

9. 在题图 4.10 所示电路中，设运放为理想运放，电源电压为 ±12V，试估算输出电压 u_o 的值。

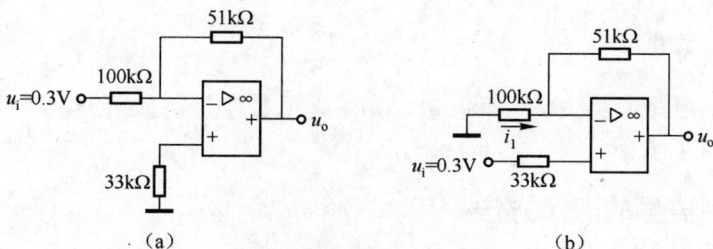

(a)   (b)

题图 4.10

10. 在题图 4.11（a）所示电路中，已知输入电压 u_i 波形如题图 4.11（b）所示；当 $t = 0$ 时，$U_O = 0$，试画出 u_o 波形。

11. 在题图 4.12 所示电路中，运放的 $\pm U_{OM} = \pm 12V$，试计算运放电路的阈值电压，并画出电压传输特性曲线。

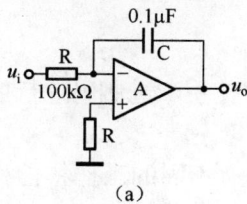

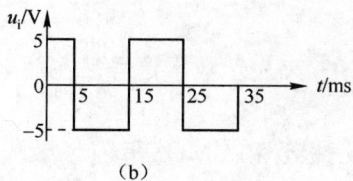

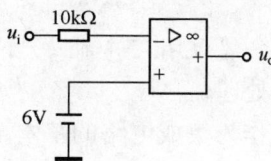

(a)   (b)

题图 4.11   题图 4.12

第 5 章　数字电子电路

⊃ 教学目标

(1) 了解数字信号的表示方法。

(2) 掌握与门、或门、非门、与非门、或非门、与或非门、异或门和同或门的逻辑功能。

(3) 理解基本逻辑电路的分析方法。

(4) 理解组合逻辑电路的分析方法。

(5) 理解编码器、译码器的逻辑功能。

(6) 理解触发器的基本性质、功能和电路组成。

(7) 理解时序逻辑电路的分析方法。

(8) 了解寄存器、计数器的功能和应用。

(9) 了解 555 集成定时器的基本功能及其应用。

(10) 了解模/数、数/模转换器的基本概念。

5.1　概　　述

> **数字电路的应用。**

应该说，数字电路遍及生活生产的每个角落，如数字钟、显示屏、手机、MP3、工作台上的指示板、数控车床等。

5.1.1　数字信号的表示方法

概念：数字信号

幅度取值离散且幅值被限制在有限数值之内的物理信号被称为数字信号。二进制码就是一种数字信号。二进制码受噪声的影响小，易于由数字电路处理，所以得到了广泛的应用。

概念：数字电路

用以传送、加工和处理数字信号的电子电路，称为数字电路。

> **二进制码和逻辑电平。**

一般采用二进制码 "1" 和 "0" 来表示数字信号，在数字电路中使用二进制码进行信号传输处理。

作为集成电路的基本单元，三极管和 CMOS 管（场效应管）具有不同的工作特性，因此，在数字电路中，不是用一个固定的值，而是定义了逻辑电平的范围来区分 "1" 和 "0"。图 5.1.1 所示为常见的 5V 电压供电时 TTL 集成芯片（三极管）和 CMOS 集成芯片的输入、输出逻辑电平范围。图中，U_{IH} 为最小高电平输入电压，U_{IL} 为最大低电平输入电压，U_{OH} 为最小高电平输出电压，U_{OL} 为最大低电平输出电压。无论哪里来的信号，只要信号大于 U_{IH}，就视为输入逻辑"1"，只要信号小于 U_{IL}，就视为输入逻辑"0"。

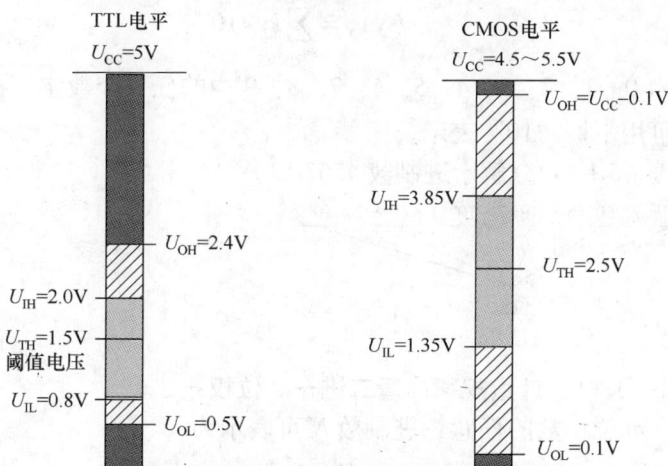

图 5.1.1　逻辑输入输出电平

在进行数字电路的逻辑分析时，只考虑"0"和"1"的逻辑运算结果，而接入实际电路时，用仪表检测到的则是电平（即平时说的电压）大小，因此，应该理解逻辑电平和二进制码的关系。需要注意的是，在这里所探究的是正逻辑的思维方式，即高电平为逻辑"1"，低电平为逻辑"0"。负逻辑的思维方式下高电平表示逻辑"0"，低电平表示逻辑"1"。

需要注意的是，数字电路中在输入信号发生变化时，随着逻辑运算结果的变化，输出信号同样发生变化，但由于信号的不连续性，如果直接利用万用表测量输入、输出信号很难直观地了解输入、输出信号的逻辑关系，此时，应采用示波器记录输入、输出信号随时间的变化趋势，从而进行逻辑分析。从示波器上可读取到如图 5.1.2 所示的波形。

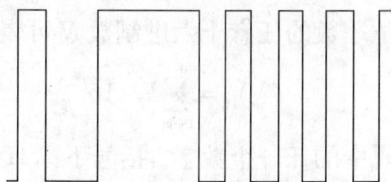

图 5.1.2　数字信号波形图

5.1.2　数制和码制

数制和码制。

数制指的是计数的制式，0 到 9 这 10 个数字的组合就是十进制数，而在数字电路中，信号以二进制码的形式传输，而二进制的数值较大时，又存在位数太多的缺点，因此，在计算中常使用十六进制来表示。

码制指的是不同的编码形式。正如将各栋教学楼的朝南教室编为单号、朝北教室编为双号一样，如果需要用四位二进制数来表示 0 到 9，就有 8421 码、5421 码等。

概念：十进制

基数：10。数码：0、1、2、3、4、5、6、7、8、9。计数规律：逢十进一。位权：10^i。

一个 n 位整数、m 位小数的任意十进制数 N 可表示为

$$(N)_D = \sum_{i=-m}^{n-1} k_i \times 10^i \tag{5.1.1}$$

式中系数 k_i 可为 0、1、2、3、4、5、6、7、8、9 中的任一个数字，括号下标 D 表示该数为十进制数，也可用下标"10"表示。

【例 5.1.1】按式（5.1.1）分解十进制数 4567.12。

解： $4567.12 = 4 \times 10^3 + 5 \times 10^2 + 6 \times 10^1 + 7 \times 10^0 + 1 \times 10^{-1} + 2 \times 10^{-2}$

位权

概念：二进制

基数：2。数码：0、1。计数规律：逢二进一。位权：2^i。

一个 n 位整数、m 位小数的任意二进制数 N 可表示为

$$(N)_B = \sum_{i=-m}^{n-1} k_i \times 2^i \tag{5.1.2}$$

式中系数 k_i 可为 0、1 中的任一个数字。括号下标 B 表示该数为二进制数，也可用下标"2"表示。需要注意的是，二进制数的 $(10)_2$ 不再读为十，而是读为壹零。

【例 5.1.2】按式（5.1.2）分解二进制数 111.01。

解： $(111.01)_2 = 1 \times 2^1 + 1 \times 2^1 + 1 \times 2^0 + 1 \times 2^{-1} + 1 \times 2^{-2}$

位权

概念：十六进制。

基数：十六。数码：0、1、2、3、4、5、6、7、8、9、A、B、C、D、E、F。计数规律：逢十六进一。位权：16^i。

同样，一个 n 位整数、m 位小数的任意十六进制数 N 可表示为

$$(N)_H = \sum_{i=-m}^{n-1} k_i \times 16^i \tag{5.1.3}$$

式中系数 k_i 可为十六个数码中的任一个数字。括号下标 H 表示该数为十六进制数，也可用下标"16"表示。

【例 5.1.3】按式（5.1.3）分解十六进制数 $(5A.1)_H$。

解： $(5A.1)_H = 5 \times 16^1 + 10 \times 16^0 + 1 \times 16^{-1}$

位权

根据十进制、二进制和十六进制的定义，很容易把二进制数和十六进制数转换成常用的十进制数，而反过来，似乎有点难度。下面来看看对十进制数的"除 2 取余法"和"除 16 取余法"。

【例 5.1.4】把十进制数 $(25)_D$ 转换成二进制数。

解： 把十进制转换成二进制采用"除 2 取余法"，二进制基数为 2，逐次除以 2，除到商为 0 为止，取其余数（0 或 1），如图 5.1.3 所示，最后得到的余数为高位。

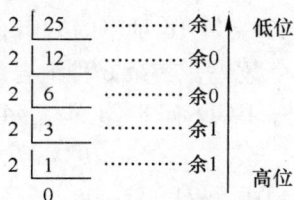

图 5.1.3 除 2 取余法

即：$(25)_D = (11001)_B$

验算：$(11001)_B = 1 \times 2^4 + 1 \times 2^3 + 1 \times 2^0 = 25$

【例 5.1.5】将 $(139)_D$ 转换成十六进制数。

解：与"除 2 取余法"的原理相同，将十进制数转换为十六进制采用"除 16 取余法"，逐次除以 16，除到商为 0 为止，取其余数（0~15），如图 5.1.4 所示，最后得到的余数为高位。

即：$(139)_D = (8B)_H$

验算：$(8B)_H = 8 \times 16^1 + 11 \times 16^0 = 139$

十进制表示较大的数，二进制用于表示数字信息，为什么还要了解十六进制？可以看到 $2^4 = 16$。把二进制数从低位向高位每四位进行划分（只限整数部分），划分效果如图 5.1.5 所示，可以得到 $(10010110)_B = (96)_H$。

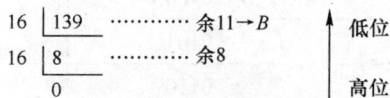

图 5.1.4 除 16 取余法

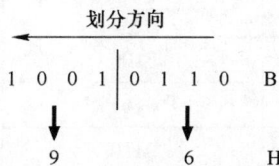

图 5.1.5 二进制转十六进制示意图

十六进制计数方便了数值运算。0 到 16 的二进制和十六进制表示在实际应用中非常有效，具体如表 5.1.1 所示。

表 5.1.1 0~15 的二进制和十六进制表示

十进制	二进制	十六进制	十进制	二进制	十六进制
0	0000	0	8	1000	8
1	0001	1	9	1001	9
2	0010	2	10	1010	A
3	0011	3	11	1011	B
4	0100	4	12	1100	C
5	0101	5	13	1101	D
6	0110	6	14	1110	E
7	0111	7	15	1111	F

概念：BCD 码

用四位二进制代码来表示一位十进制数码，这就是所谓的二-十进制编码，简称 BCD 码。

由于四位二进制码有 0000，0001…1111 等 16 种不同的组合状态，因此可以选择其中任意 10 个状态以代表十进制中 0～9 的 10 个数码，其余 6 种组合是无效的。因此，按选取方式的不同，可以得到不同的二-十进制编码。BCD 有 8421 码、5421 码、2421 码和余 3 码等，其中最常用的是 8421 码。

【例 5.1.6】 将十进制数 845 表示成 8421 码。

解： 8421 码是选用四位二进制码的前 10 个代码 0000～1001 来表示十进制的这 10 个数码，其权位从左至右分别为 8、4、2、1。

根据 8421 码的定义，每四位二进制代码来表示一位十进制数码，"8"用四位二进制表示为"1000"，"4"表示为"0100"，"5"表示为"0101"，即

$$(845)_D = (1000\ 0100\ 0101)_{8421\ BCD}$$

表 5.1.2 列出了常用的 BCD 码编码方式。

表 5.1.2   常用 BCD 码

十进制数	有权码			无权码
	8421 码	5421 码	2421 码	余 3 码
0	0000	0000	0000	0011
1	0001	0001	0001	0100
2	0010	0010	0010	0101
3	0011	0011	0011	0110
4	0100	0100	0100	0111
5	0101	1000	0101	1000
6	0110	1001	0110	1001
7	0111	1010	0111	1010
8	1000	1011	1110	1011
9	1001	1100	1111	1100

其中，5421 和 2421 码都是二-十进制有权码，5421 码 4 位二进制从高位至低位每位的权分别是 5、4、2、1，2421 码的 4 位二进制从高位至低位每位的权分别是 2、4、2、1。

余 3 码是一种无权码，是将 4 位二进制数的 16 种状态前后各去掉 3 种状态，用剩下 10 种状态表示 0～9，它可由 8421 码加 0011 得到。

5.1.3 逻辑运算与逻辑门

概念：逻辑变量

逻辑是指事物之间所遵循的因果规律，逻辑关系就是事物之间的因果关系。逻辑电路是电路的输入量与输出量之间具有的因果关系的电路。

逻辑变量与普通代数一样，也可以用字母、符号、数字及其组合来表示，但它们之间有着本质区别，逻辑变量的取值只有两个，即 0 和 1，而没有中间值。这里的 0 和 1 并不表示数量的大小，只代表两种对立的逻辑关系。

概念：逻辑函数

逻辑函数是由逻辑变量、常量通过运算符连接起来的表达式。同样，逻辑关系也可以用

表格和图形的形式表示。

概念：逻辑代数

逻辑代数是研究逻辑函数运算和化简的一种数学系统。

数字电路的输出量与输入量之间的关系是一种因果关系，它可以用逻辑函数来描述，数字电路也称逻辑电路。

对于一个逻辑电路，其输入逻辑变量 A、B、C、D…的取值确定后，则其输出逻辑变量 Y 的值也就被确定下来。因此，逻辑变量 Y 是逻辑变量 A、B、C、D…的逻辑函数，记为 $Y=F(A，B，C…)$。

由此可见，逻辑函数是逻辑电路关系的数字表示，研究逻辑电路问题可以转化为研究逻辑函数问题。

1. 三种基本逻辑运算和基本逻辑门

(1) 与逻辑（逻辑乘）和与门。图 5.1.6（a）所以为"与"逻辑的电路图，当开关 S_A 和 S_B 串联时，必须同时合上开关 S_A 和 S_B，电源 E 才能向灯泡 HL 供电，若开关 S_A 和 S_B 有一个不接通或二者均不接通时，灯泡 HL 不可能亮，其逻辑状态表如图 5.1.6（b）所示。

概念：与逻辑

若把"灯泡 HL 亮"视为逻辑事件 Y，开关 S_A 和 S_B 分别视为使事件成立的逻辑条件 A 和 B，则图 5.1.6（a）的逻辑关系可描述为：**只有事件 Y 的两个逻辑条件 A、B 均成立时，逻辑事件才能成立，这种关系称与逻辑关系。**其逻辑表达式描述为

$$Y = A \cdot B \tag{5.1.4}$$

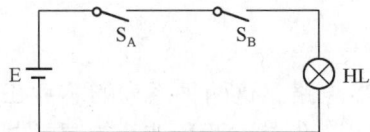

S_A	S_B	HL
不通	不通	不亮
不通	通	不亮
通	不通	不亮
通	通	亮

A	B	$Y=A \cdot B$
0	0	0
0	1	0
1	0	0
1	1	1

（a）电路图　　　　　（b）与逻辑状态表　　　　　（c）用0、1表示的真值表

图 5.1.6　与逻辑运算

式（5.1.4）中小圆点"·"表示 A、B 的与运算，又称逻辑乘。在不致引起混淆的前提下，乘号"·"被省略。与逻辑关系可以推广到多个逻辑变量的情况，因此有 $Y = ABCD\cdots$

逻辑关系采用图 5.1.6（b）所示的形式描述，在逻辑变量增多时就显得非常麻烦了，因此，采用了真值表的形式，把事件成立（HL 亮）和条件具备（开关闭合）用"1"表示，事件不成立（HL 不亮）和条件不具备（开关断开）用"0"表示，代入状态表，得到了如图 5.1.6（c）所示的真值表。从真值表可得到这样的表述："全 1 出 1，有 0 出 0"。

真值表的绘制原则。

真值表的左侧应列出所有逻辑条件的全部取值组合，取值组合的数量取决于逻辑条件的数量，对于 n 个变量，应该有 2^n 种取值组合，即两输入量有 4 种取值组合，而 3 输入量则有 8 种取值组合，真值表的最右侧应列出逻辑输出变量的逻辑结果。取值组合列表时是好从"全 0"开始。

与门的输入端和输出端之间即为与逻辑关系，两输入与门用如图 5.1.7（a）所示的逻辑符号表示。若要把与门接入电路，还需要考虑供电问题，即了解与门芯片的管脚图。如

图 5.1.7（b）所示为常见的集成 2 输入与门芯片 74LS08 的管脚图，可以看到，在 74LS08 芯片上，共有四个 2 输入与门，在正确连接芯片 7 脚的接地 GND 和 14 脚的电源 V_{CC} 后，四个与门可独立工作。图 5.1.7（c）所示为 4 输入与门 74HC21 的管脚图，同样在连接了电源 V_{CC} 和接地 GND 后，两个 4 输入与门独立工作，各 4 输入端满足"全 1 出 1，有 0 出 0"的逻辑关系。

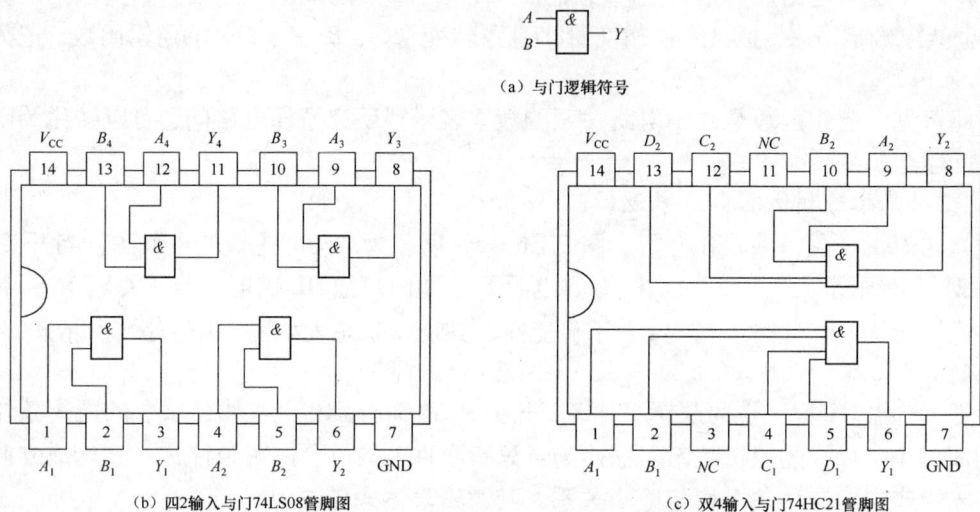

（a）与门逻辑符号

（b）四2输入与门74LS08管脚图　　　（c）双4输入与门74HC21管脚图

图 5.1.7　与门逻辑符号和与门芯片管脚图

LS 系列和 HC 系列。

LS 系列芯片内部为 TTL 电路，HC 系列芯片内部为 CMOS 电路，这两种系列的芯片在逻辑管脚图相同时可以通用，如 74LS08 和 74HC08 芯片可以通用，但是这两种芯片的逻辑电平不同，在门电路串联时要关注输入输出信号的匹配情况。

（2）或逻辑（逻辑加）和或门。如果把图 5.1.6（a）的电路图中两个开关的连接方式由串联改为并联，如图 5.1.8（a）所示，则只要合上开关 S_A 和 S_B 中任一个，电源 E 与灯泡 HL 之间的电流回路就连通了，灯泡与开关之间的逻辑状态表如图 5.1.8（b）所示。

概念：或逻辑

同样把"灯泡 HL 亮"视为逻辑事件 Y，开关 S_A 和 S_B 分别视为使事件成立的逻辑条件 A 和 B，则图 5.1.8（a）的逻辑关系可描述为：**只要事件 Y 的两个逻辑条件 A、B 中任一个条件成立，逻辑事件就成立，这种关系称为或逻辑关系**。其逻辑表达式描述为

$$Y = A + B \tag{5.1.5}$$

式（5.1.5）中，符号"+"表示 A、B 的或运算，又称逻辑加，同样或逻辑关系也可推广到多个逻辑变量，即 $Y = A + B + C + D \cdots$

或逻辑的真值表如图 5.1.8（c）所示，同样从真值表可得到表述"全 0 出 0，有 1 出 1"。

两输入或门逻辑符号如图 5.1.9（a）所示，常用的两输入或门芯片 74LS32 管脚图如图 5.1.9（b）所示，同样，在 74LS32 芯片中，带有四个独立的两输入或门。

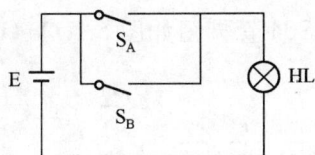

S_A	S_B	HL
不通	不通	不亮
不通	通	亮
通	不通	亮
通	通	亮

A	B	$Y=A+B$
0	0	0
0	1	1
1	0	1
1	1	1

(a) 电路图　　　　　　（b）或逻辑状态表　　　　　（c）或逻辑真值表

图 5.1.8　或逻辑运算

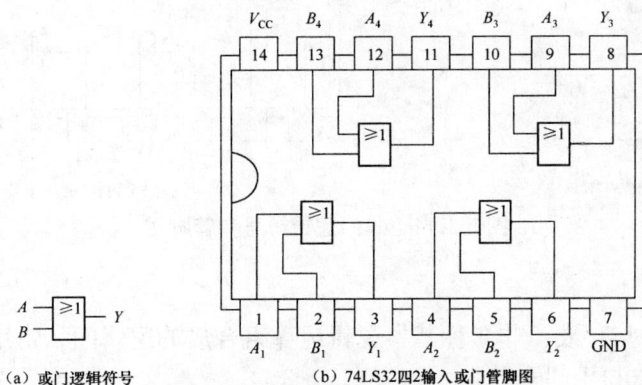

(a) 或门逻辑符号　　　　　（b）74LS32四2输入或门管脚图

图 5.1.9　或门逻辑符号和管脚图

（3）非逻辑（逻辑反）和非门。在很多场合下，都会出现完全对立的两种逻辑状态，如图 5.1.10（a）所示，电源 E 通过继电器 KA 的常闭触点向灯泡 HL 供电，当继电器线圈回路通电后，其常闭触点断开，随即断开了灯泡 HL 的电流回路，灯灭。其逻辑状态表如图 5.1.10（b）所示。

概念：非逻辑

若把灯泡 HL 亮视为逻辑事件 Y，继电器 KA 视为逻辑条件 A，则图 5.1.10（b）的逻辑关系描述为：当逻辑条件具备时，事件不成立，反之事件成立。这种关系称为非逻辑关系，其逻辑表达式描述为

$$Y = \overline{A} \tag{5.1.6}$$

式（5.1.6）中，字母 A 上方的短划"－"表示非运算。

非逻辑的真值表如图 5.1.10（c）所示。

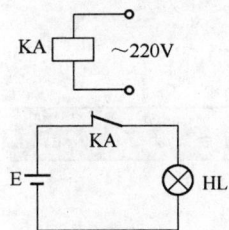

继电器KA	灯HL
不通电	亮
通电	不亮

A	$Y=\overline{A}$
0	1
1	0

(a) 电路图　　　　　　（b）非逻辑状态表　　　　　（c）真值表

图 5.1.10　非逻辑运算

非门逻辑符号如图 5.1.11 （a）所示，常用的非门芯片 74LS04 管脚图如图 5.1.11 （b）所示。

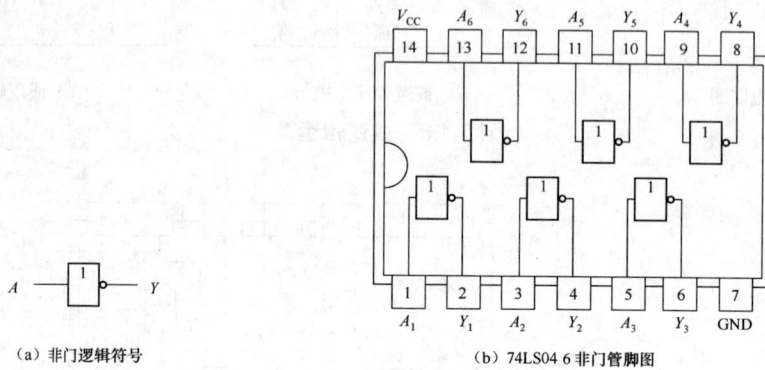

（a）非门逻辑符号　　　　　（b）74LS04 6 非门管脚图

图 5.1.11　非门逻辑符号和管脚图

2. 复合逻辑门

复合逻辑门是由与、或、非 3 种基本逻辑运算组合成的逻辑门，常用的复合逻辑门有与非门、或非门、与或非门、同或门、异或门。

（1）与非门。与非逻辑即逻辑输入"先相与再取非"的逻辑关系，两输入与非逻辑关系的表达式为 $F = \overline{A \cdot B}$，对应的逻辑符号和管脚图如图 5.1.12 （a）和图 5.1.12 （b）所示。其真值表推导如表 5.1.3 所示，即复杂逻辑关系均可按逻辑关系的运算顺序来分步分析真值表。

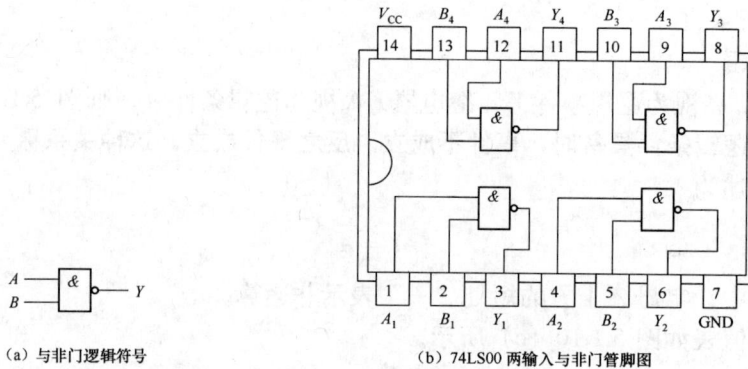

（a）与非门逻辑符号　　　　　（b）74LS00 两输入与非门管脚图

图 5.1.12　与非门的逻辑符号和管脚图

表 5.1.3　　　　　　　　　　　　　　与非门真值表

A	B	$Y_1 = A \cdot B$	$Y = \overline{A \cdot B}$
0	0	0	1
0	1	0	1
1	0	0	1
1	1	1	0

逻辑运算的运算顺序。

先"非"后"与"再"或",若有括号先进行括号内的运算,若括号与"非"号内变量一致,括号可省略。

（2）或非门。或非逻辑即逻辑输入"先相或再取非"的逻辑关系,两输入或非逻辑关系的表达式为 $F=\overline{A+B}$,对应的逻辑符号和管脚图如图 5.1.13（a）和图 5.1.13（b）所示。同理可推导真值表如表 5.1.4 所示。

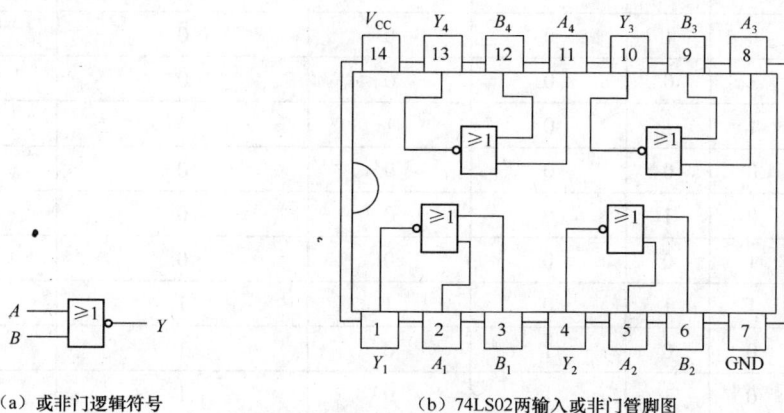

（a）或非门逻辑符号　　（b）74LS02两输入或非门管脚图

图 5.1.13　或非门的逻辑符号和管脚图

表 5.1.4　　　　　　　　　　　或非门真值表

A	B	$Y_1=A+B$	$Y=\overline{A+B}$
0	0	0	1
0	1	1	0
1	0	1	0
1	1	1	0

（3）与或非门。与或非逻辑即逻辑输入"先与再或后取非"的逻辑关系,四输入与或非逻辑关系的表达式为 $F=\overline{A\cdot B+C\cdot D}$,对应的逻辑符号和管脚图如图 5.1.14（a）和图 5.1.14（b）所示。同理可推导真值表如表 5.1.5 所示。

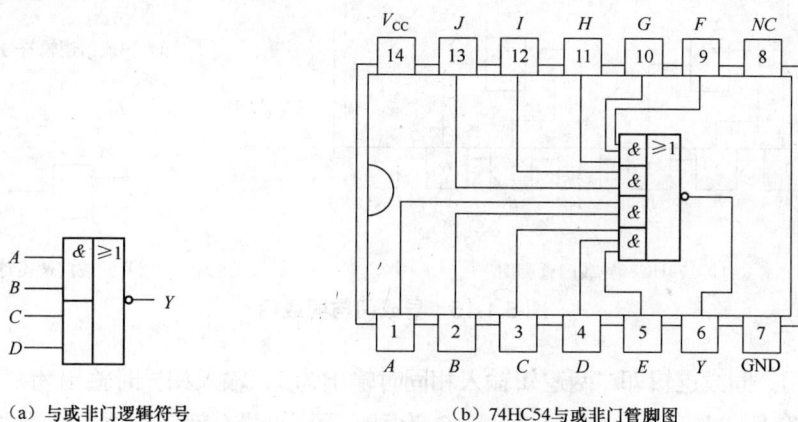

（a）与或非门逻辑符号　　（b）74HC54与或非门管脚图

图 5.1.14　与或非门的逻辑符号和管脚图

197

表 5.1.5				逻辑与或非运算的真值表			
A	B	C	D	$Y_1 = A \cdot B$	$Y_2 = C \cdot D$	$Y_3 = A \cdot B + C \cdot D$	$Y = \overline{A \cdot B + C \cdot D}$
0	0	0	0	0	0	0	1
0	0	0	1	0	0	0	1
0	0	1	0	0	0	0	1
0	0	1	1	0	1	1	0
0	1	0	0	0	0	0	1
0	1	0	1	0	0	0	1
0	1	1	0	0	0	0	1
0	1	1	1	0	1	1	0
1	0	0	0	0	0	0	1
1	0	0	1	0	0	0	1
1	0	1	0	0	0	0	1
1	0	1	1	0	1	1	0
1	1	0	0	1	0	1	0
1	1	0	1	1	0	1	0
1	1	1	0	1	0	1	0
1	1	1	1	1	1	1	0

（4）异或门。异或逻辑即"两逻辑输入相异时输出为 1，输入相同时输出为 0"的逻辑关系，其逻辑表达式为 $F = A \cdot \overline{B} + \overline{A} \cdot B = A \oplus B$，$\oplus$ 为异或运算符号。对应的逻辑符号和管脚图如图 5.1.15（a）、图 5.1.15（b）所示。其真值表如表 5.1.6 所示。

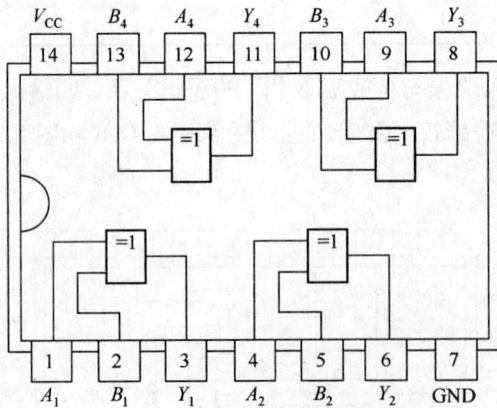

（b）74HC86异或门管脚图   （c）同或门逻辑符号

（a）异或门逻辑符号

图 5.1.15 异或门与同或门

（5）同或门。同或逻辑即"两逻辑输入相同时输出为 1，输入相异时输出为 0"的逻辑关系，其逻辑表达式为 $F = \overline{A} \cdot \overline{B} + A \cdot B = A \odot B$，$\odot$ 为同或运算符号。对应的逻辑符号如图 5.1.15（c）所示。其真值表如表 5.1.7 所示。

表 5.1.6 逻辑异或运算的真值表

A	B	$F = A \oplus B$
0	0	0
0	1	1
1	0	1
1	1	0

表 5.1.7 逻辑同或运算的真值表

A	B	$F = A \odot B$
0	0	1
0	1	0
1	0	0
1	1	1

3. 逻辑门的应用

什么是逻辑门？

常见的各种门电路芯片属于集成电路，其内部集成了数量众多的元件以实现所需要的逻辑功能。图 5.1.16 所示为常见的双列直插式芯片 74LS04 的外形。把图 5.1.16 与图 5.1.11 (b) 对比一下，可以看到，其芯片轮廓上有个与管脚图相同的半圆，也就是说，看到芯片上的型号时，会发现半圆缺口朝左，芯片左下角的第 1 个管脚编为 "1" 号管脚，依次沿逆时针方向为管脚编号，即 14 脚芯片的左上角为第 "14" 号管脚。这样，对照管脚图，就可以知道芯片各脚的功能，也就可以按电路设计需要来连接芯片各管脚。

图 5.1.16 74LS04 外形

从图 5.1.1 可以看到，LS 系列芯片的高电平应高于 2.4V，因此，采用如图 5.1.17 (a) 所示的输入电路，在按键 S_A 和 S_B 没有按下时，电阻上无电流，A 和 B 端相当于接地，当任一按键按下时，对应的端子上将产生如图 5.1.17 (a) 所示的幅值达 5V 的高电平，直到按键松开，信号才会消失。因此，"按键动作"的逻辑状态与 A、B 端的逻辑电平是一致的。有了输入信号，接下来就要为与门芯片 74LS08 提供电源，并任意选择一组与门送入输入信号，接线图如图 5.1.17 (b) 所示，这时，在与门的输出端 Y，可以观察到如图 5.1.17 (c) 所示波形的逻辑关系，即按键 S_A 或 S_B 按下时，输出没有信号，只有在两个按键同时按下时，输出才有信号。可见，波形图是逻辑关系的一种形象的表示方法。如果有条件使用多通道示波器，同时观察输入 A、B 和输出信号，即可看到上述波形。如果只想看到输出端信号状态，可以在输出端接上如图 5.1.18 (a) 所示的发光二极管电路，假如要驱动照明、电动机等负载，就需要在输出端增加如图 5.1.18 (b) 所示输出驱动电路类似的电路了。

在实际应用中，常碰到门电路输入端的数量大于需求的情况，如图 5.1.19 所示的最后一级与非门，输入三个信号，实际上与非门有 4 个输入端，对"多余"的输入端，图中采用了将其与其他输入信号并接的方式。

对 LS 系列芯片来说，输入端悬空相当于逻辑 1，而对 HC 系列的芯片来说，输入端是禁止悬空的。在实际应用中，悬空的管脚极有可能是后续逻辑输出不正常的"罪魁祸首"。为防止出错，通常根据不同的逻辑关系对多余的输入端进行处理。把与门和与非门的多余输入端接到电源或高电平上，如图 5.1.20 (a) 所示；将或门和或非门的多余输入端接到 GND 端或低电平上，如图 5.1.20 (b) 所示；如果电路的工作速度不高，不需要特别考虑功耗，也可以将多余输入端与使用端并联，如图 5.1.20 (c) 所示。如图 5.1.17 (a) 所示电路中通过电阻接地也可视为低电平输入，需要注意的是，这个电阻若大于 10kΩ 以上，对芯片来说就视为开路了。

（a）输入电路

（b）74LS08接线示意图

（c）输入输出波形图

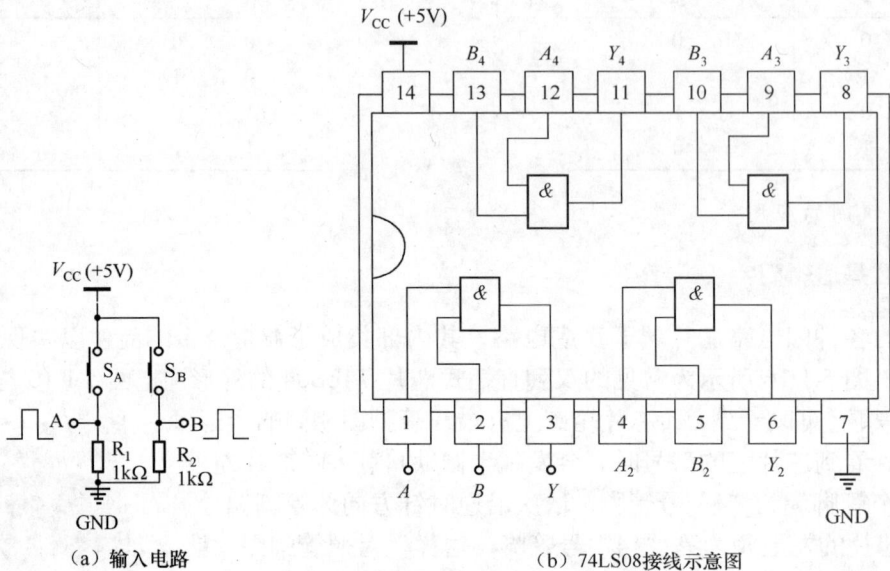

图 5.1.17　与逻辑关系的实现

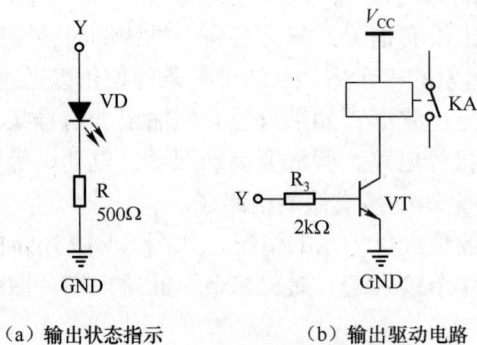

（a）输出状态指示　　　（b）输出驱动电路

图 5.1.18　输出电路示意图

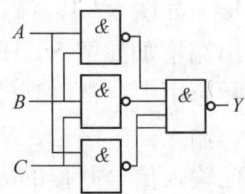

图 5.1.19　三入一出逻辑电路

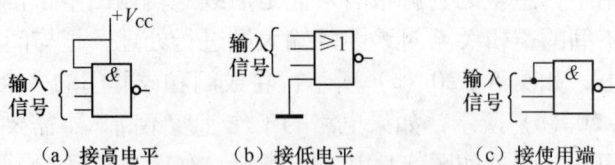

（a）接高电平　　　（b）接低电平　　　（c）接使用端

图 5.1.20　"多余"输入端的处理

【例 5.1.7】分析并写出如图 5.1.21 所示电路的输出函数表达式。

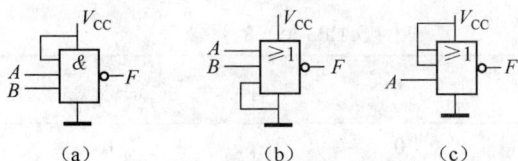

(a)　　　　　　　(b)　　　　　　　(c)

图 5.1.21　例 5.1.7 图

解：图 5.1.21 (a) 为三输入与非门，三个输入端的其中一个接了高电平，因此

$$F = \overline{1 \cdot A \cdot B} = \overline{A \cdot B}$$

图 5.1.21 (b) 为三输入或非门，三个输入端的其中一个接了低电平，因此

$$F = \overline{O + A + B} = \overline{A + B}$$

图 5.1.21 (c) 同样为三输入或非门，但三个输入端的其中两个都接了高电平，因此

$$F = \overline{1 + 1 + A} = 0$$

由此可见，多余端子处理方法错误，就可能把整个信号屏蔽了。如果图 5.1.21 (c) 中两个端子都接低电平，$F = \overline{0 + 0 + A} = \overline{A}$，或非门就可当非门用了。

【例 5.1.8】 试画出如图 5.1.22 (a) 所示各门电路在输入如图 5.1.22 (b) 所示波形信号时的输出波形。

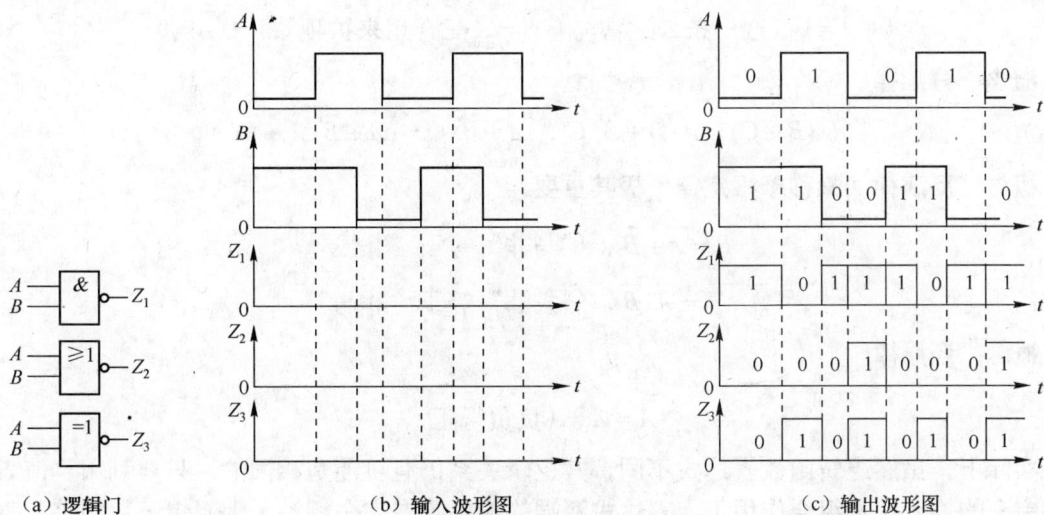

(a) 逻辑门　　　　　　(b) 输入波形图　　　　　　(c) 输出波形图

图 5.1.22　例 5.1.8 图

解：仔细观察各逻辑门，对照前面所学逻辑门符号，可知

Z_1 为与非门，$Z_1 = \overline{A \cdot B}$，对照与非门的真值表，分析每个稳定状态中输入的电平，画出输出波形。

Z_2 为或非门，$Z_2 = \overline{A + B}$，对照或非门的真值表，同样可画出输出波形。

从图 5.1.22 (a) 看，Z_3 的逻辑关系应该是先异或再非，即 $Z_3 = \overline{A \oplus B}$，其分步真值表如表 5.1.8 所示，可以看到，输入和输出最终的逻辑关系是"输入状态相同出 1，输入状态相反出 0"，是同或逻辑。在这里得出结论：$Z_3 = \overline{A \oplus B} = A \odot B$。

表 5.1.8 　　　　　　　　　　　例 5.1.8（c）的真值表

A	B	$Z_3' = A \oplus B$	$Z_3 = \overline{A \oplus B}$
0	0	0	1
0	1	1	0
1	0	1	0
1	1	0	1

　　输出波形绘制如图 5.1.22（c）所示，其实，画这样的波形图并不难，只要仔细划分各个稳定状态，对照真值表中不同输入状态下的输出状态，画出高、低电平，再在各区间交界处用垂直线进行连接即可。

　　4. 逻辑代数运算

　　概念：0、1 律

$$0 + A = A，1 + A = 1，1 \cdot A = A，0 \cdot A = 0$$

　　概念：重叠律

$$A + A = A，A \cdot A = A$$

　　概念：互补律

$$A + \overline{A} = 1 \text{（这一条公式常与} 1 \cdot A = A \text{配合用来扩项）}，A \cdot \overline{A} = 0$$

　　概念：分配律

$$A \cdot (B + C) = A \cdot B + A \cdot C，A + B \cdot C = (A + B) \cdot (A + C)$$

　　概念：反演律（又称摩根定律，极其重要）

$$\overline{A \cdot B} = \overline{A} + \overline{B}，\text{（"与非"等于"非或"）}$$

$$\overline{A + B} = \overline{A} \cdot \overline{B}，\text{（"或非"等于"非与"）}$$

　　概念：还原律

$$\overline{\overline{A}} = A，\text{（负负得正）}$$

　　实际上，虽然逻辑函数表达式不同，其逻辑关系仍有可能是相同的，只要利用真值表证明在完全的输入状态组合作用下，表达式两端的输出状态完全相等，则逻辑函数相等。下面来证明使用比较频繁的反演律，如表 5.1.9 所示。

表 5.1.9 　　　　　　　　　　　反演律的证明

A	B	$\overline{A \cdot B}$	$\overline{A} + \overline{B}$	$\overline{A + B}$	$\overline{A} \cdot \overline{B}$
0	0	1	1	1	1
0	1	1	1	0	0
1	0	1	1	0	0
1	1	0	0	0	0

　　逻辑运算的公式有很多，在表 5.1.10 中列出了 6 个常用公式。实际上，只要经过证明的

等式都可以在以后的变换和化简中使用。

表 5.1.10   一些常用公式

1	吸收律	(1) $A + AB = A$	(2) $A(A+B) = A$
		(3) $A + \overline{A}B = A + B$	(4) $AB + \overline{A}C + BC = AB + \overline{A}C$
2	结合律	(1) $AB + A\overline{B} = A$	(2) $(A+B)(A+\overline{B}) = A$

【例 5.1.9】试对以下逻辑表达式进行化简。

① $Z = A\overline{B}C + AB\overline{C} + A\overline{B}\,\overline{C} + ABC$

② $Z = A \cdot \overline{AB} + B \cdot \overline{AB}$

解：① $Z = A\overline{B}C + AB\overline{C} + A\overline{B}\,\overline{C} + ABC$

$\qquad = A\overline{B}C + A\overline{B}\,\overline{C} + AB\overline{C} + ABC$

$\qquad = A\overline{B}(C + \overline{C}) + AB(\overline{C} + C)$

$\qquad = A\overline{B} + AB$

$\qquad = A$

这里利用了互补律和分配律，可见，表达式化简后可能会简单很多。

② $Z = A \cdot \overline{AB} + B \cdot \overline{AB}$

$\qquad = \overline{AB}(A + B)$

$\qquad = \overline{\overline{AB}(\overline{\overline{A}} + \overline{\overline{B}})}$

$\qquad = \overline{\overline{AB} \cdot (\overline{\overline{A} \cdot \overline{B}})}$

$\qquad = \overline{\overline{AB}} + \overline{A} \cdot \overline{B}$

$\qquad = AB + \overline{A}\overline{B}$

这里利用了分配律、还原律和反演律，若按照原表达式去绘制逻辑原理图，需要多级门运算，化简后就简单多了。

下面来了解一种比较直观的图解法——逻辑函数的卡诺图化简法。实际应用中，采用卡诺图化简的方式能够更直接地获得结果。

概念：逻辑函数最小项

首先，要弄清楚逻辑函数最小项的概念，对于 n 变量函数，如果其与或表达式的每个乘积项都包含 n 个因子，而这 n 个因子分别为 n 个变量的原变量或反变量，每个变量在乘积项中仅出现一次，这样的乘积项称为函数的最小项，这样的与或式称为最小项表达式。如 $Y = \overline{A}\,BD + \overline{A}BC$ 函数表达式中有 4 个变量，因此这两项都不是最小项表达式，$\overline{A}\,BD$ 项中没有 C 变量，$\overline{A}BC$ 项中没有 D 变量，需要利用互补律把这个式子分解为

$$Y = \overline{A}\,BCD + \overline{A}\,B\,\overline{C}D + \overline{A}BCD + \overline{A}BC\overline{D}$$

图 5.1.23 列出了与门和异或门的真值表，可以看到，在与门的真值表中，只有输入 A、B 均为原变量"1"时，输出为"1"，因此，与逻辑表达式写为 $Y = AB$；而在异或门的真值表中，在 A 为反变量"0"、B 为原变量"1"输出为"1"，此时输出可表述为"$Y = \overline{A}B$"，而在 A 为原变量"1"、B 为反变量"0"时输出也为"1"，此时输出可表述为"$Y = A\overline{B}$"，两种组合下输出均成立，因此，异或门的逻辑表达式写为 $Y = \overline{A}B + A\overline{B}$。由此可见，只要把

真值表中输出为 1 对应的各个输入变量组合列出来相或，即得到最小项表达式。

A	B	$F=A \odot B$
0	0	1
0	1	1 ⇐
1	0	1 ⇐
1	1	0

A	B	$Y=A \cdot B$
0	0	0
0	1	0
1	0	0
1	1	1 ⇐

图 5.1.23 用真值表推最小项表达式

概念：最小项的编号

一个 n 变量函数，最小项的数目为 n^2 个，其中所有使函数值为 1 的各最小项之和为函数本身，所有使函数值为 0 的各最小项之和为该函数的反函数。为了表示方便，最小项常以代号的形式写为 m_i，m 代表最小项，下标 i 为最小项的编号，i 是 n 变量取值组合排成二进制数所对应的十进制数。

如 $Y = \overline{A}BCD + \overline{A}\,\overline{B}\,\overline{C}D + \overline{A}BCD + \overline{A}BC\overline{D}$ 中，$\overline{A}BCD$ 项的取值组合为"0011"；同理 $\overline{A}\,\overline{B}\,\overline{C}D$ 项的取值组合为"0001"，$\overline{A}BCD$ 项的取值组合为"0111"，$\overline{A}BC\overline{D}$ 项的取值组合为"0110"，因此，$Y = m_3 + m_1 + m_7 + m_6$。

概念：卡诺图

卡诺图是逻辑函数的图形表示方法，它以其发明者美国贝尔实验室的工程师卡诺而命名。将 n 变量函数填入一个矩形或正方形的二维空间（即一个平面）中，把矩形或正方形等分为 n^2 个小方格，这些小方格分别代表 n 变量函数的 n^2 个最小项，每个最小项占一格。在画卡诺图时，标注变量区域划分的方法是，分别以各变量将矩形或正方形的有限平面一分为二，其中一半定为原变量区，在端线外标原变量符号并写为 1，另一半定为反变量区（可不标反变量符号）并写成 0。

将 n 变量的 n^2 个最小项用 n^2 个小方格表示，并且使相邻最小项在几何位置上也相邻且循环相邻，这样排列得到的方格图称为 n 变量最小项卡诺图，简称为变量卡诺图，如图 5.1.24 所示。

对卡诺图有三点规定。

① 要求上下、左右、相对的边界、四角等相邻格只允许一个因子发生变化（即相邻最小项只有一个因子不同）。所以图 5.1.24（b）、图 5.1.24（c）中两变量一侧因子变化为 00→01→11→10，而不是 00→01→10→11。

② 左上角第一个小方格必须处于各变量的反变量区。

③ 变量位置是以高位到低位因子的次序，按先行后列的序列排列。

弄清楚了上述概念，接下来就可以利用卡诺图化简了。

由于 $Y = \overline{A}BCD + \overline{A}\,\overline{B}\,\overline{C}D + \overline{A}BCD + \overline{A}BC\overline{D} = m_3 + m_1 + m_7 + m_6$，因此，把对应最小项所在的小方格内填入 1，其余的方格填入 0，如图 5.1.25 所示。

在逻辑函数与或表达式中，如果两乘积项仅有一个因子不同，而这一因子又是同一变量的原变量和反变量，则两项可合并为一项，消除其不同的因子，合并后的项为这两项的公因子。而在卡诺图中，这两项几何相邻，很直观，可以把它们圈为一个方格群，直接提取其公因子。如图 5.1.25 中画圈部分所示，经分析可得到 $Y = \overline{A}\,\overline{B}D + \overline{A}BC$。

(a)

(b)

(c)

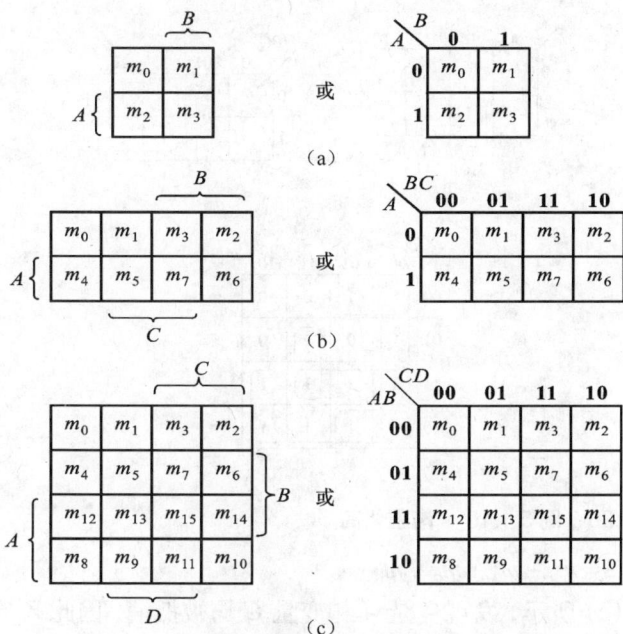

图 5.1.24 卡诺图画法规则

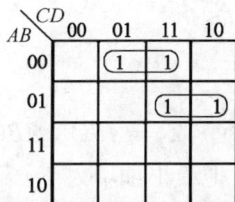

图 5.1.25 卡诺图

在画包围圈时必须注意以下几点。

① 包围圈越大越好。

② 包围圈个数越少越好。

③ 同一个 "1" 方块可以被圈多次（A+A=A）。

④ 每个包围圈要有新成分。

⑤ 画包围圈时，先圈大，后圈小。

⑥ 不要遗漏任何 "1" 方块。

【例 5.1.10】 对下列表达式进行卡诺图化简。

① $Z_1 = \overline{A}B\overline{C} + AB\overline{C}$

② $Z_2 = A\overline{B}C + ABC$

③ $Z_3 = \overline{A}BC + \overline{A}B\overline{C} + ABC + AB\overline{C}$

④ $Z_4 = \overline{A}\,\overline{B}\,\overline{C} + \overline{A}B\overline{C} + A\overline{B}\,\overline{C} + AB\overline{C}$

⑤ $Z_5 = ABC + ABD + A\overline{C}D + \overline{C}\,\overline{D} + A\overline{B}C + AC\overline{D} + \overline{A}\,\overline{B}\,\overline{C} + \overline{A}BCD$

解：① $Z_1 = \overline{A}B\overline{C} + AB\overline{C} = m_2 + m_6$

如果记不清各最小项的具体位置，也可以直接通过卡诺图的变量组合填写，如 $\overline{A}B\overline{C}$ 的取值组合为 "010"，$AB\overline{C}$ 的取值组合为 "110"，按如图 5.1.26 (a) 所示填写。从卡诺图中可以看到，两最小项相邻，且正好变量 A 的原变量和反变量抵消，因此，$Z_1 = \overline{A}B\overline{C} + AB\overline{C} = B\overline{C}$。

② $Z_2 = A\overline{B}C + ABC = m_5 + m_7$

把最小项填入卡诺图如图 5.1.26 (b) 所示，发现变量 B 原变量和反变量抵消，圆圈所在位置对应了 A 的原变量和 C 的原变量，因此，$Z_2 = A\overline{B}C + ABC = AC$。

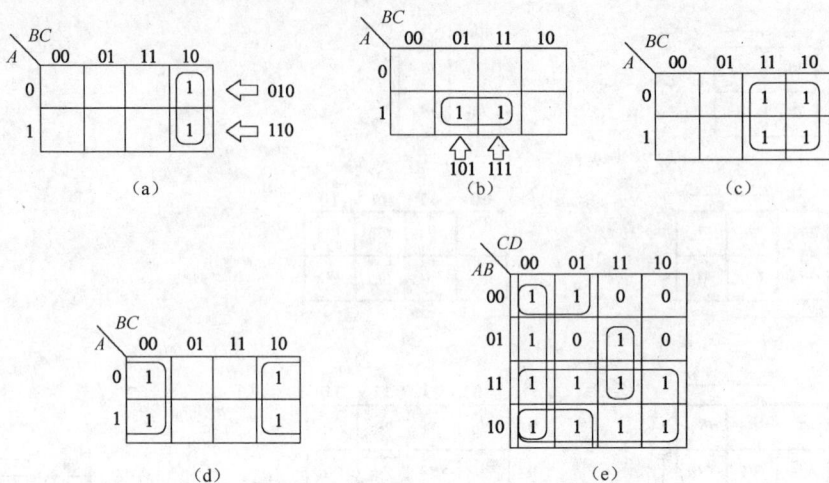

图 5.1.26 例 5.1.10 卡诺图化简

③ $Z_3 = \overline{A}BC + \overline{A}B\overline{C} + ABC + AB\overline{C} = m_3 + m_2 + m_7 + m_6$

把最小项填入卡诺图如图 5.1.26（c）所示，发现变量 A 和变量 C 均被抵消，因此 $Z_3 = B$。

④ $Z_4 = \overline{A}\overline{B}\overline{C} + \overline{A}B\overline{C} + A\overline{B}\overline{C} + AB\overline{C} = m_0 + m_2 + m_4 + m_6$

把最小项填入卡诺图如图 5.1.26（d）所示，4 个 "1" 虽然不在一个矩形中，但如果把卡诺图卷成筒状，4 个 "1" 又连在一起了，确实这时除了变量 A 被抵消外，变量 B 也被抵消了，因此 $Z_4 = \overline{C}$。

⑤ Z_5 中明显还有非最小项存在，因此，首先把表达式通过增项的形式写成最小项表达式

$$Z_5 = ABC + ABD + A\overline{C}D + \overline{C}\,\overline{D} + A\overline{B}C + AC\overline{D} + \overline{A}\,\overline{B}\,C + \overline{A}BCD$$

$$= ABCD + ABC\overline{D} + AB\overline{C}D + A\overline{B}CD + ABC\,\overline{D} + A\overline{B}\,\overline{C}\,\overline{D} + \overline{A}\,\overline{B}C\,\overline{D}$$

$$+ \overline{A}\,\overline{B}\,\overline{C}\,\overline{D} + A\overline{B}CD + A\overline{B}C\overline{D} + \overline{A}\,\overline{B}\,CD + \overline{A}BCD$$

$$= m_{15} + m_{14} + m_{13} + m_9 + m_{12} + m_8 + m_4 + m_0 + m_{11} + m_{10} + m_1 + m_7$$

把最小项填入卡诺图如图 5.1.26（e）所示。现在已经不是画一个圈就能解决问题了，这里画了 4 个圈，表达式化简为 $Z = \overline{C}D + \overline{B}C + A + BCD$。

从这几个例子可以看出，含两个最小项的圈可以消掉 1 个变量，含 4 个最小项的圈可以消掉 2 个变量，而含 8 个最小项的圈可以消掉 3 个变量，且为了使化简结果最简，可以重复利用最小项。

【例 5.1.11】 将 $Y = \overline{A}C + A\overline{C} + \overline{B}C + B\overline{C}$ 化简为最简与或式。

解：根据逻辑函数式画出卡诺图，采用两种不同的方法画圈，如图 5.1.27 所示。

由图 5.1.27 得：$Y = A\overline{B} + \overline{A}C + B\overline{C}$

由图 5.1.27 得：$Y = A\overline{C} + \overline{B}C + \overline{A}B$

从结论可看到，两种不同的画圈方法化简得到的函数式不同，但其函数值一定相同。此例也说明，一逻辑函数的化简结果可能不唯一。

> 具有无关项的逻辑函数的卡诺图化简。

在一些逻辑关系中，当某些逻辑最小项为 "1" 时，逻辑输出可以为任意状态，或逻辑变

量间存在约束关系，使某些取值不可能出现，这些与函数逻辑值无关的最小项称为无关项，又称随意项或约束项，一般用"d"或"x"表示。利用无关项的化简原则如下。

① 无关项既可看作"1"，也可看作"0"；

② 卡诺图中，圈组内的"x"视为"1"，圈组外的"x"视为"0"。

【例 5.1.12】化简具有约束项的函数。

$$Z(A, B, C, D) = \sum m(4, 6, 10, 12, 15) + \sum d(0, 1, 2, 5, 7, 8)$$

解：按化简原则将 m 项和 d 项填入卡诺图，如图 5.1.28 所示。

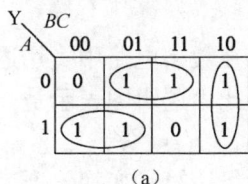

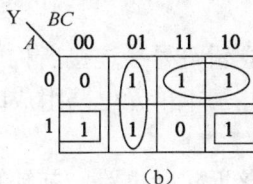

图 5.1.27 例 5.1.11 卡诺图　　图 5.1.28 带约束项函数的卡诺图

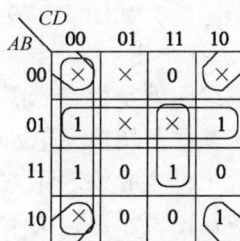

按规则画方格群，得到化简后的函数为

$$Z = \overline{C}\,\overline{D} + \overline{A}B + \overline{B}\,\overline{D} + BCD$$

逻辑函数常用的描述方法。

1. 真值表

用真值表表示逻辑函数的优点是直观明了，此方法非常适合于直接把实际逻辑问题抽象成为数学问题；其缺点是难以用公式和定理进行运算和变换，变量较多时，列函数真值表较烦琐。

例如，某一盏灯 Y 由 3 个开关 A、B、C 控制，当有两个以上开关闭合时，灯亮。如果开关闭合用 1 表示，开关断开用 0 表示，灯亮用 1 表示，灯不亮用 0 表示，可以得到真值表如表 5.1.11 所示。由此可见，从实际问题直接得到真值表非常方便。

2. 逻辑表达式

逻辑表达式就是由逻辑变量通过与、或、非三种运算符连接起来所构成的式子。它是一种用公式表示逻辑关系的方法。

用逻辑表达式表示逻辑函数的优点在于，其书写简洁方便，便于利用逻辑代数的公式和定理进行运算和变换，也便于用逻辑图来实现函数关系。其缺点是当逻辑函数较复杂时，难以直接从变量取值看出函数的值，不够直观。

表 5.1.11　　三个开关控制一只灯的真值表

A	B	C	Y
0	0	0	0
0	0	1	0
0	1	0	0
0	1	1	1
1	0	0	0
1	0	1	1
1	1	0	1
1	1	1	1

如果把上述 3 个开关控制一盏灯的逻辑关系用逻辑式表示，则有

$$Y = \overline{A}BC + \overline{A}BC + A\overline{B}C + AB\overline{C} + ABC = BC + AC + AB$$

显然，逻辑表达式简洁，便于化简，但逻辑功能不直观。

3. 卡诺图

卡诺图的优点是，其排列方式比真值表紧凑，且便于对函数进行化简。其缺点是，对于 5 变量以上的卡诺图，因变量增多，卡诺图变得相当复杂，这时用卡诺图对函数进行化简也变得相当困难，因此应用较少。从真值表或逻辑式都可以方便地得到上述 3 个开关控制一盏灯的卡诺图，如图 5.1.29 所示。

4. 逻辑图

逻辑图就是由表示逻辑运算的逻辑符号经连接所构成的图形。在数字电路中，用逻辑符号表示基本逻辑单元电路以及由这些基本单元电路组成的部件。因此用逻辑图表示是一种比较接近工程实际的表示方法。

逻辑图表示逻辑关系的优点是接近实际电路，其缺点是不能进行运算和变换，所表示的逻辑关系不直观。例如，对于上述 3 个开关控制一盏灯的例子，根据逻辑式可得到如图 5.1.30 所示的逻辑图。

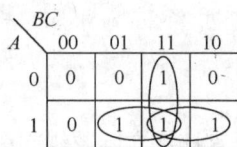

图 5.1.29　三个开关控制一盏灯的卡诺图

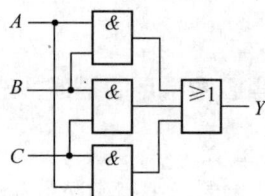

图 5.1.30　三个开关控制一只灯的逻辑图

5. 时序图

时序图也称为波形图，是由输入变量的所有可能取值组合的高、低电平及其对应的输出函数值的高、低电平所构成的图形。波形图可以将输出函数的变化和输入变量的变化在时间上的对应关系直观地表示出来。此外，可以利用示波器对电路的输入、输出波形进行测试、观察，以判断电路的输入、输出是否满足给定的逻辑关系。

时序图的优点是形象直观地表示了变量取值与函数值在时间上的对应关系，实际中便于测量。其缺点是，难以进行运算和变换，当变量个数增多时，画图较麻烦。

采用时序图表示 3 个开关控制一盏灯的例子，如图 5.1.31 所示。

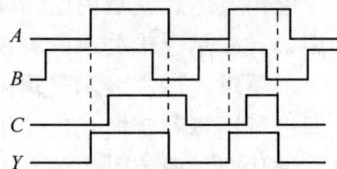

图 5.1.31　3 个开关控制一盏灯的时序图

5.2　组合逻辑电路分析

5.2.1　组合逻辑电路的分析

数字电路按照逻辑功能上的特点划分，可分为组合逻辑电路和时序逻辑电路两大类。

概念：组合逻辑电路

若任意时刻电路的输出状态仅取决于该时刻的输入状态，而与输入信号作用之前电路的

状态无关，这样的电路就叫做组合逻辑电路。比赛裁判电路、比赛抢答器等都属于组合逻辑电路。

组合逻辑电路可以有一个或多个输入端，也可以有一个或多个输出端，其示意框图如图 5.2.1 所示，其中 x_1、$x_2 \cdots x_m$ 为输入逻辑变量，y_1、$y_2 \cdots y_n$ 为输出逻辑变量。在组合逻辑电路中，数字信号是单向传递的，即只有从输入到输出的传递，没有从输出到输入的反传递，所以各输出只与各输入的实时状态有关，没有存储记忆功能。

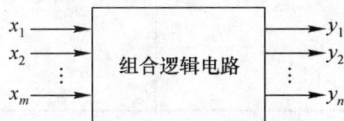

图 5.2.1　组合逻辑电路的框图

输出变量与输入变量之间的关系可用式 5.2.1 表示：

$$\begin{cases} y_1 = f_1(x_1, \ x_2 \cdots x_m) \\ y_2 = f_2(x_1, \ x_2 \cdots x_m) \\ \vdots \\ y_n = f_n(x_1, \ x_2 \cdots x_m) \end{cases} \quad (5.2.1)$$

组合逻辑电路的逻辑关系可以用逻辑表达式、真值表、逻辑电路图等形式表述，而知道了这 3 种形式的任意一种，就可以推导出另外两种形式，以达到明确逻辑关系，完成电路制作的目的。

【例 5.2.1】分析图 5.2.2 所示电路的逻辑功能。

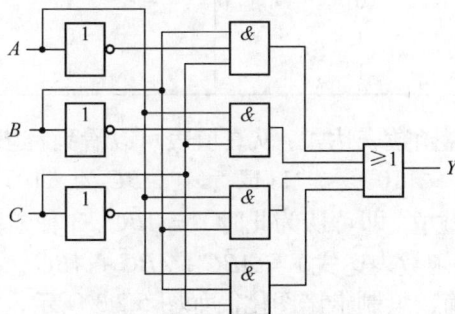

图 5.2.2　例 5.2.1 的逻辑图

解：① 由已知逻辑图，逐级分析，写出逻辑函数式为

$$Y = \overline{A}BC + A\overline{B}C + AB\overline{C} + ABC$$

② 进行逻辑化简，这里采用代数化简法

$$Y = \overline{A}BC + A\overline{B}C + AB\overline{C} + ABC$$
$$= \left(AB\overline{C} + ABC \right) + \left(\overline{A}BC + ABC \right) + \left(A\overline{B}C + ABC \right)$$
$$= AB + BC + AC$$

③ 列真值表如表 5.2.1 所示。由真值表可以看出图 5.2.2 所示电路的逻辑功能为：当 A、B、C 这 3 个变量中有 2 个或 2 个以上为 1 时，输出为 1；否则，输出为 0。

表 5.2.1 例 5.2.1 的真值表

A	B	C	Y
0	0	0	0
0	0	1	0
0	1	0	0
0	1	1	1
1	0	0	0
1	0	1	1
1	1	0	1
1	1	1	1

【例 5.2.2】 在举重比赛中有 A、B、C 3 名裁判，当两名以上的裁判（必须包括 A 裁判）认为运动员上举杠铃合格，按动按钮可发出裁决合格信号。试绘制逻辑电路。

解：① 列真值表：若把裁决合格信号视为逻辑结果，裁判的裁决视为逻辑条件，则可列出真值表如表 5.2.2 所示。

表 5.2.2 例 5.2.2 真值表

A	B	C	Y
0	0	0	0
0	0	1	0
0	1	0	0
0	1	1	0
1	0	0	0
1	0	1	1
1	1	0	1
1	1	1	1

② 根据真值表写出逻辑函数表达式：从真值表可以看到，逻辑结果只在 3 种条件组合成立，ABC 分别为 "101"、"110"、"111"。在 ABC 为 "101" 时，可表述为 A、C 裁判条件成立，而 B 裁判条件不成立，即可认为此时 $Y = A\overline{B}C$。3 种条件组合为不同时发生的 "或"逻辑关系，因此可写出逻辑函数表达式 $Y = A\overline{B}C + AB\overline{C} + ABC$。

③ 逻辑函数表达式化简：绘制卡诺图化简如图 5.2.3 所示，得化简后的逻辑函数表达式 $Y = AC + AB$。

④ 绘制逻辑电路图。根据逻辑函数表达式选择芯片，$Y = AC + AB$ 包含了先"与"后"或"的逻辑关系，因此，需要选用一片双输入与门芯片（如 74HC08）和一片双输入或门芯片（如 74HC32）。若根据摩根定律对逻辑函数表达式进行转换

$$Y = AC + AB = \overline{\overline{AC}} + \overline{\overline{AB}} = \overline{\overline{AC} \cdot \overline{AB}}$$

这时选用一片 4 双输入与非门（如 74HC00）就可以解决问题，逻辑电路如图 5.2.4 所示。

组合电路的分析是已知逻辑图，通过对该电路的分析，找出其逻辑功能。而组合逻辑电路的设计就是根据逻辑功能的要求，设计能实现该逻辑功能的最简单的电路。通过以上两例分析，可以归纳出组合逻辑电路的分析设计方法。

1. 组合逻辑电路的分析步骤

(1) 由已知的逻辑图，写出相应的逻辑函数式。

（2）对函数式进行化简。

（3）根据化简后的函数式列真值表，找出其逻辑功能。

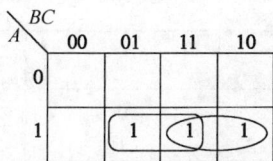

图 5.2.3　例 5.2.2 的卡诺图化简

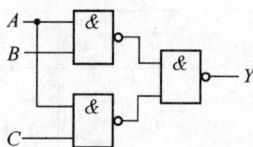

图 5.2.4　例 5.2.2 逻辑电路图

2. 组合逻辑电路的设计步骤

（1）进行逻辑抽象。首先根据给定的逻辑功能，确定输入变量和输出变量，并用相应的字母表示。然后进行逻辑赋值，即分别用 0、1 两种状态表示输入、输出变量的两种对立状态。最后列出逻辑真值表。

（2）写出逻辑函数式。根据逻辑抽象所得到的真值表写函数式。

（3）化简或变换。为了能够设计出实现给定逻辑功能的最简单的逻辑电路，在选用小规模集成电路设计时，需对函数式进行化简。如果选用中规模集成电路进行设计，则需对函数式进行变换。

（4）画逻辑图。根据化简或变换后的函数式，画出相应的逻辑图。

【例 5.2.3】某工业现场利用不同颜色信号灯指示 3 台设备工作状态，逻辑电路如图 5.2.5 所示，试分析其逻辑功能。

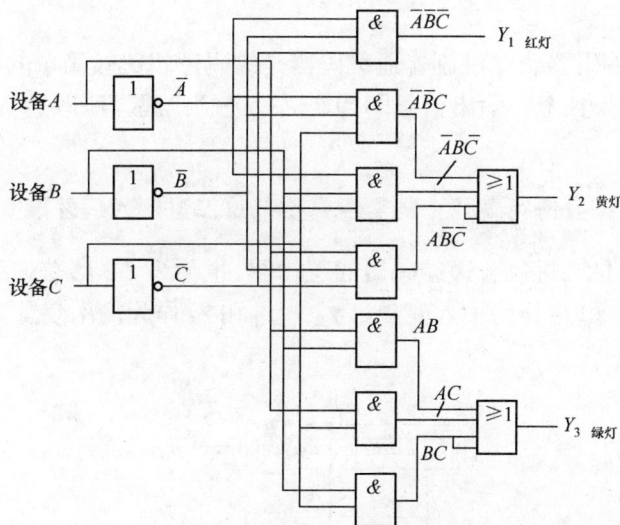

图 5.2.5　例 5.2.3 逻辑电路图

解： 根据逻辑电路图逐级分析各逻辑门的逻辑关系，列出逻辑表达式

$$Y_1 = \overline{A} \cdot \overline{B} \cdot \overline{C}$$

$$Y_2 = \overline{A} \cdot \overline{B} \cdot C + \overline{A} \cdot B \cdot \overline{C} + A \cdot \overline{B} \cdot \overline{C}$$

$$Y_3 = AB + AC + BC$$

211

可以看到，逻辑表达式已是最简表达式，因此根据逻辑表达式列出真值表如表 5.2.3 所示。

表 5.2.3　　　　　　　　　　例 5.2.3 真值表

A	B	C	Y_1 红灯	Y_2 黄灯	Y_3 绿灯
0	0	0	1	0	0
0	0	1	0	1	0
0	1	0	0	1	0
0	1	1	0	0	1
1	0	0	0	1	0
1	0	1	0	0	1
1	1	0	0	0	1
1	1	1	0	0	1

由表可以看出图 5.2.5 所示电路的逻辑功能为：当设备都不运行时，红灯亮；有一台设备运行时，黄灯亮；两台或两台以上设备运行时，绿灯亮。

5.2.2　集成组合逻辑电路分析

1. 编码器

编码器就是把设备编号信息用二进制代码或其他计算机可接受的代码表示出来的仪器。

编码是指把一系列对应输入端状态的高、低电平信号编成相应的二进制代码或二-十进制代码。

（1）二进制普通编码器。二进制普通编码器是编码逻辑比较简单的编码形式，n 位二进制编码器的输入信号为 2^n 个，输出信号即为 n 位二进制代码，所以通常也称为 2^n 线-n 线编码器。

如果有15条信息需要进行编码，则至少需要几位二进制代码才能实现？

图 5.2.6 所示为 3 位二进制普通编码器的逻辑图，也称为 8-3 线普通编码器。图中 I_0、I_1、I_2、I_3、I_4、I_5、I_6 和 I_7 作为输入变量；Y_2、Y_1 和 Y_0 作为输出变量。其真值表如表 5.2.4 所示。

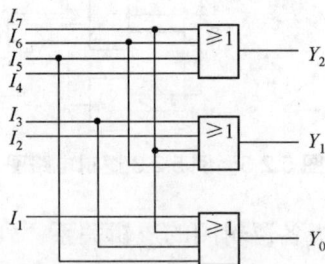

图 5.2.6　3 位二进制普通编码器的逻辑图

表 5.2.4   3 位二进制普通编码器的真值表

I_0	I_1	I_2	I_3	I_4	I_5	I_6	I_7	Y_2	Y_1	Y_0
1	0	0	0	0	0	0	0	0	0	0
0	1	0	0	0	0	0	0	0	0	1
0	0	1	0	0	0	0	0	0	1	0
0	0	0	1	0	0	0	0	0	1	1
0	0	0	0	1	0	0	0	1	0	0
0	0	0	0	0	1	0	0	1	0	1
0	0	0	0	0	0	1	0	1	1	0
0	0	0	0	0	0	0	1	1	1	1

在表 5.2.4 中，输入信号 I_0、I_1、I_2、I_3、I_4、I_5、I_6 和 I_7 都是以原变量表示的，说明输入信号高电平有效；若输入信号是以反变量表示的，说明输入信号低电平有效。

输入信号高电平有效的含义是，输入信号为 1 时，表示相应的输入端有输入信号，为 0 时，表示相应的输入端无输入信号。输入信号低电平有效的含义是，输入信号为 0 时，表示相应的输入端有输入信号，为 1 时，表示相应的输入端无输入信号。此种表示方法同样适用于输出信号和控制端。

由表 5.2.4 可以看出该 3 位二进制普通编码器的逻辑功能是，当 $I_0=1$，即 I_0 端有编码信号输入时，将 I_0 编成 000 代码，当 $I_1=1$ 即 I_1 端有编码信号输入时，将 I_1 编成 001 代码，依此类推，当 $I_7=1$，即 I_7 端有编码信号输入时，将 I_7 编成 111 代码。此编码器电路结构非常简单，但是对输入信号取值有所限制，任一时刻只允许一个输入端有编码信号输入，如果出现两个或两个以上输入端同时有编码信号输入，此编码器将不能正常工作，因此，优先编码器应运而生。

（2）二进制优先编码器允许多个输入端同时有编码信号输入，此时优先编码器只对优先级高的输入信号进行编码。常用的 8-3 线优先编码器有 74LS148、CD4532 等，这里只介绍 74LS148。优先编码器 74LS148 的管脚图和逻辑符号如图 5.2.7（a）、图 5.2.7（b）所示。

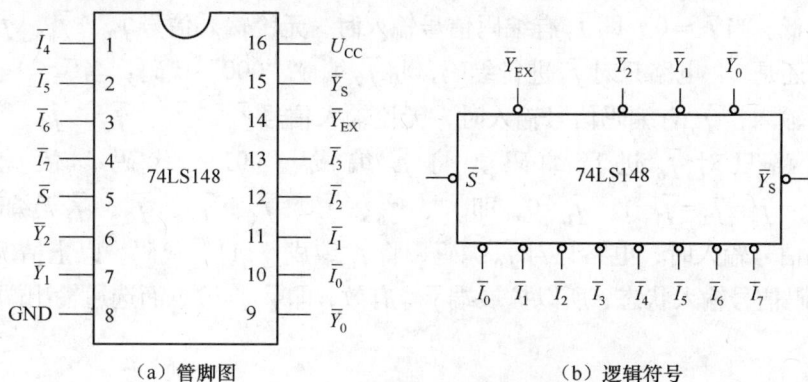

（a）管脚图   （b）逻辑符号

图 5.2.7 74LS148 管脚图和符号

由图 5.2.7 可以看出，该优先编码器除了有 8 个信号输入端 $\bar{I}_0$、$\bar{I}_1$、$\bar{I}_2$、$\bar{I}_3$、$\bar{I}_4$、$\bar{I}_5$、$\bar{I}_6$、$\bar{I}_7$，3 个信号输出端 $\bar{Y}_2$、$\bar{Y}_1$、$\bar{Y}_0$ 实现编码功能外，还附加了选通输入端 $\bar{S}$，选通输出端 $\bar{Y}_S$、扩展端 $\bar{Y}_{EX}$，这些附加的输入、输出端和门电路不仅可以增强编码器使用的灵活性，

还有利于实现电路的扩展。

3 位二进制优先编码器 74LS148 的真值表如表 5.2.5 所示。

表 5.2.5　　　　　　　3 位二进制优先编码器 74LS148 的真值表

$\bar{S}$	$\bar{I}_0$	$\bar{I}_1$	$\bar{I}_2$	$\bar{I}_3$	$\bar{I}_4$	$\bar{I}_5$	$\bar{I}_6$	$\bar{I}_7$	$\bar{Y}_2$	$\bar{Y}_1$	$\bar{Y}_0$	$\bar{Y}_S$	$\bar{Y}_{FX}$
1	×	×	×	×	×	×	×	×	1	1	1	1	1
0	1	1	1	1	1	1	1	1	1	1	1	0	1
0	×	×	×	×	×	×	×	0	0	0	0	1	0
0	×	×	×	×	×	×	0	1	0	0	1	1	0
0	×	×	×	×	×	0	1	1	0	1	0	1	0
0	×	×	×	×	0	1	1	1	0	1	1	1	0
0	×	×	×	0	1	1	1	1	1	0	0	1	0
0	×	×	0	1	1	1	1	1	1	0	1	1	0
0	×	0	1	1	1	1	1	1	1	1	0	1	0
0	0	1	1	1	1	1	1	1	1	1	1	1	0

注：真值表中的×表示任意电平。

由表 5.2.5 可以看出 74LS148 的逻辑功能如下。

① 当 $\bar{S}=1$，即选通输入端无效时，无论输入信号 $\bar{I}_0$、$\bar{I}_1$、$\bar{I}_2$、$\bar{I}_3$、$\bar{I}_4$、$\bar{I}_5$、$\bar{I}_6$ 和 $\bar{I}_7$ 是 0 还是 1，所有的输出端 $\bar{Y}_2$、$\bar{Y}_1$、$\bar{Y}_0$、$\bar{Y}_S$ 和 $\bar{Y}_{EX}$ 全被封锁为高电平。

② 当 $\bar{S}=0$，即选通输入端有效时，输入信号 $\bar{I}_0$、$\bar{I}_1$、$\bar{I}_2$、$\bar{I}_3$、$\bar{I}_4$、$\bar{I}_5$、$\bar{I}_6$ 和 $\bar{I}_7$ 全为 1，即所有输入端都没有编码信号输入时，信号输出端 $\bar{Y}_2$、$\bar{Y}_1$、$\bar{Y}_0$ 被封锁为高电平，此时因为电路处于无编码信号输入状态，所以选通输出端 $\bar{Y}_S$ 有效，即 $\bar{Y}_S=0$，而扩展端 $\bar{Y}_{EX}$ 无效，即 $\bar{Y}_{EX}=1$。

③ 当 $\bar{S}=0$，且输入信号 $\bar{I}_0$、$\bar{I}_1$、$\bar{I}_2$、$\bar{I}_3$、$\bar{I}_4$、$\bar{I}_5$、$\bar{I}_6$ 和 $\bar{I}_7$ 不全为 1，即输入端有编码信号输入时，电路处于编码状态。$\bar{I}_7$ 的优先级最高，$\bar{I}_6$ 的优先级其次，依次降低，直至 $\bar{I}_0$ 的优先级最低。当 $\bar{I}_7=0$，即 $\bar{I}_7$ 有编码信号输入时，无论输入信号 $\bar{I}_0$、$\bar{I}_1$、$\bar{I}_2$、$\bar{I}_3$、$\bar{I}_4$、$\bar{I}_5$、$\bar{I}_6$ 是 0、还是 1，电路只对 $\bar{I}_7$ 进行编码，将 $\bar{I}_7$ 编成 "000" 代码；当 $\bar{I}_7=1$、$\bar{I}_6=0$，即 $\bar{I}_7$ 无编码信号输入、$\bar{I}_6$ 有编码信号输入时，无论输入信号 $\bar{I}_0$、$\bar{I}_1$、$\bar{I}_2$、$\bar{I}_3$、$\bar{I}_4$、$\bar{I}_5$ 是 0 还 是 1，电路只对 $\bar{I}_6$ 进行编码，将 $\bar{I}_6$ 编成 "001" 代码；依此类推，当 $\bar{I}_7=\bar{I}_6=\bar{I}_5=\bar{I}_4=\bar{I}_3=\bar{I}_2=\bar{I}_1=1$、$\bar{I}_0=0$，即 $\bar{I}_7$、$\bar{I}_6$、$\bar{I}_5$、$\bar{I}_4$、$\bar{I}_3$、$\bar{I}_2$、$\bar{I}_1$ 无编码信号输入，只有 $\bar{I}_0$ 有编码信号输入时，电路只对 $\bar{I}_0$ 编码，将 $\bar{I}_0$ 编成 "111" 代码。以上情况，因为电路始终处于有编码信号输入状态，所以扩展端 $\bar{Y}_{EX}$ 有效，即 $\bar{Y}_{EX}=0$，而选通输出端 $\bar{Y}_S$ 无效，即 $\bar{Y}_S=1$。

2. 译码器

译码器是能够实现译码功能的电路。译码是编码的逆过程，在编码时，将一系列高、低电平信号编成二进制代码。译码则是指将每个二进制代码所对应的高、低电平信号翻译过来的过程。译码器的种类很多，常用的有二进制译码器、二-十进制译码器和显示译码器。

（1）二进制译码器。二进制译码器的输入、输出端的数量关系是，若有 n 个输入端，就有 2^n 个输出端。常见的中规模集成二进制译码器有 74LS138（3-8 线译码器）、74LS154

（4-16 线译码器）和74LS131（带锁存的 3 － 8 线译码器）等，这里以 74LS138 为例介绍其功能及应用。

74LS138 的管脚图和逻辑符号分别如图 5.2.8（a）、图 5.2.8（b）所示。由图可以看出，该译码器有 3 个控制端 S_1、$\overline{S}_2$、$\overline{S}_3$，3 个信号输入端 A_2、A_1、A_0 和 8 个信号输出端 $\overline{Y}_0$、$\overline{Y}_1$、$\overline{Y}_2$、$\overline{Y}_3$、$\overline{Y}_4$、$\overline{Y}_5$、$\overline{Y}_6$、$\overline{Y}_7$，输入信号为 3 位二进制代码，输出信号为 8 个高、低电平信号，又称为中规模集成 3-8 线译码器。

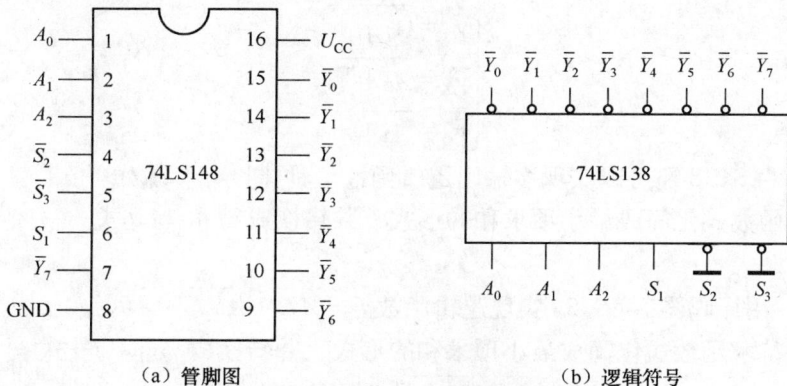

（a）管脚图 （b）逻辑符号

图 5.2.8 74LS138 管脚图和逻辑符号

表 5.2.6 所示为 74LS138 的真值表。

① 当 $S_1 = 0$、$\overline{S}_2$、$\overline{S}_3$ 为任意电平时，无论输入信号 A_2、A_1、A_0 是 0、还是 1，输出端都被封锁为高电平。

② 当 $S_1 = 1$，$\overline{S}_2$、$\overline{S}_3$ 至少一端输入为 1 时，无论输入信号 A_2、A_1、A_0 是 0 还是 1，输出端都被封锁为高电平。

③ 当 $S_1 = 1, \overline{S}_2 = \overline{S}_3 = 0$ 时，控制端有效，电路正常工作，实现译码功能。将输入的 3 位二进制代码 000 译成 $\overline{Y}_0$ 的低电平，其余为高电平；将输入的 3 位二进制代码 001 译成 $\overline{Y}_1$ 的低电平，其余为高电平；依此类推，将输入的 3 位二进制代码 111 译成 $\overline{Y}_7$ 的低电平，其余为高电平。

表 5.2.6　　　　　　　　中规模集成 3 线-8 线译码器 74LS138 的真值表

S_1	$\overline{S}_2 + \overline{S}_3$	A_2	A_1	A_0	$\overline{Y}_0$	$\overline{Y}_1$	$\overline{Y}_2$	$\overline{Y}_3$	$\overline{Y}_4$	$\overline{Y}_5$	$\overline{Y}_6$	$\overline{Y}_7$
1	×	×	×	×	1	1	1	1	1	1	1	1
1	1	×	×	×	1	1	1	1	1	1	1	1
1	0	0	0	0	0	1	1	1	1	1	1	1
1	0	0	0	1	1	0	1	1	1	1	1	1
1	0	0	1	0	1	1	0	1	1	1	1	1
1	0	0	1	1	1	1	1	0	1	1	1	1
1	0	1	0	0	1	1	1	1	0	1	1	1
1	0	1	0	1	1	1	1	1	1	0	1	1
1	0	1	1	0	1	1	1	1	1	1	0	1
1	0	1	1	1	1	1	1	1	1	1	1	0

译码器输出端与输入端的逻辑关系表达式为

$$\begin{cases} \overline{Y}_0 = \overline{\overline{A_2}\,\overline{A_1}\,\overline{A_0}} \\ \overline{Y}_1 = \overline{\overline{A_2}\,\overline{A_1}\,A_0} \\ \overline{Y}_2 = \overline{\overline{A_2}\,A_1\,\overline{A_0}} \\ \overline{Y}_3 = \overline{\overline{A_2}\,A_1\,A_0} \\ \overline{Y}_4 = \overline{A_2\,\overline{A_1}\,\overline{A_0}} \\ \overline{Y}_5 = \overline{A_2\,\overline{A_1}\,A_0} \\ \overline{Y}_6 = \overline{A_2\,A_1\,\overline{A_0}} \\ \overline{Y}_7 = \overline{A_2\,A_1\,A_0} \end{cases} \qquad (5.2.2)$$

用译码器 74LS138 还可以实现多输出逻辑函数,具体设计步骤如下。

① 将待求函数式化简成最小项求和的形式,并转换成与非-与非式。

② 画逻辑图。

【例 5.2.4】 用译码器 74LS138 实现逻辑函数 $F = \overline{A}\,\overline{C} + A\overline{B}\,\overline{C} + ABC$ 。

解: ① 将待求函数式化简成最小项求和的形式,并转换成与非-与非式

$$\begin{aligned} F &= \overline{A}\,\overline{C} + A\overline{B}\,\overline{C} + ABC \\ &= \overline{A}\,\overline{B}\,\overline{C} + \overline{A}BC + A\overline{B}\,\overline{C} + ABC \\ &= \overline{\overline{A}\,\overline{B}\,\overline{C} \cdot \overline{\overline{A}BC} \cdot \overline{A\overline{B}\,\overline{C}} \cdot \overline{ABC}} \end{aligned}$$

② 画逻辑图。令变量 A、B、C 分别接译码器 74LS138 的 A_2、A_1、A_0 端,上式变为 $F = \overline{\overline{Y}_0 \cdot \overline{Y}_2 \cdot \overline{Y}_4 \cdot \overline{Y}_7}$,则逻辑图如图 5.2.9 所示。

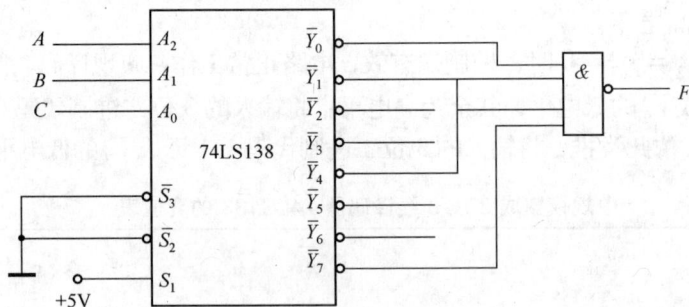

图 5.2.9　例 5.2.4 的逻辑图

(2) 译码显示器。在各种数字设备中,往往需要将数字直观地显示出来。最常用的七段字符显示器是半导体数码管和液晶显示器,用于驱动显示器的译码器称为显示译码器。

七段半导体数码管由七段独立的发光二极管(LED)组成,通过这七段独立的发光二极管的不同点亮组合,来显示 0 ~ 9 十个不同的数字。图 5.2.10(a)所示为八段半导体数码管的外形图,是在七段半导体数码管基础上,增加了用于显示小数点的 h 段,该数码管通过 a ~ g 段发光二极管的不同点亮组合,可以显示 0~9 共 10 个不同的数字,点亮 h 段发光二极管,可以用于显示小数点。

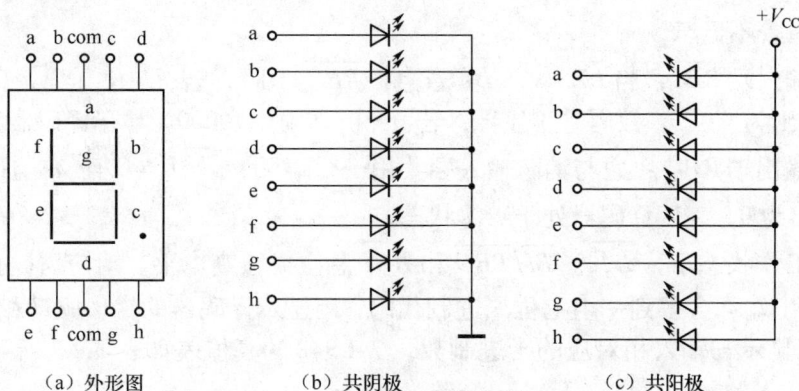

（a）外形图　　　　（b）共阴极　　　　（c）共阳极

图 5.2.10　半导体数码管

半导体数码管中的发光二极管之间有两种连接方式，即共阴极和共阳极，分别如图 5.2.10（b）、图 5.2.10（c）所示。对于共阴极接法的半导体数码管来说，数码管中的所有发光二极管的阴极都连接在一起，与地相连。所以要想使某段发光二极管点亮，就需使该段发光二极管的阳极接高电平。对于共阳极接法的半导体数码管来说，数码管中的所有发光二极管的阳极都连接在一起，与电源相连。所以要想使某段发光二极管点亮，就需使该段发光二极管的阴极接低电平。

半导体数码管的特点是，其响应速度快，亮度比较高，工作电压低（1.5～3 V），体积小，寿命长，工作可靠等。

七段显示译码器是用来驱动七段数码管的，常用的七段显示译码器型号有 74LS46、74LS47、74LS48 及 74LS49 等。下面介绍 74LS48 的引脚排列、符号及逻辑功能。

74LS48 是一个 16 引脚的集成器件，除电源、接地端外，有 4 个输入端 A_3、A_2、A_1、A_0，7 个信号输出端 a、b、c、d、e、f、g 和附加控制端 $\overline{LT}$、$\overline{RBI}$、$\overline{BI/RBO}$。74LS48 的管脚图和逻辑符号如图 5.2.11 所示。

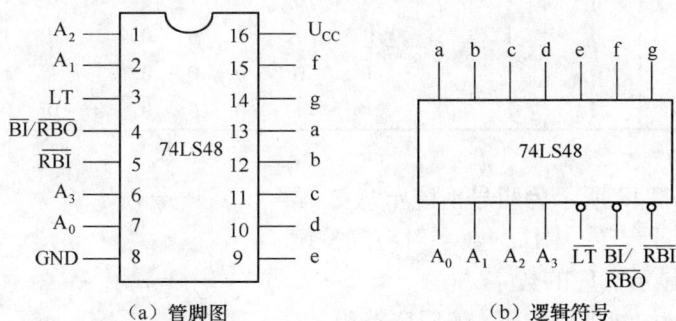

（a）管脚图　　　　　　　　（b）逻辑符号

图 5.2.11　74LS48 管脚图和逻辑符号

74LS48 的管脚逻辑功能主要有以下几点。

① 灯测试输入端 $\overline{LT}$：当 $\overline{LT}=0$，$\overline{BI}=1$ 时，无论其他输入端为何种电平，所有的输出端全部输出为"1"，驱动数码管显示数字 8。所以 $\overline{LT}$ 端可以用来测试数码管是否发生故障。正常使用时，$\overline{LT}$ 应处于高电平或悬空。

② 消隐输入端 $\overline{BI}$：当 $\overline{BI}=0$ 时，无论其他输入端为何种电平，所有的输出端全部输出

为"0"，数码管不显示。

③ 灭零输入端 $\overline{RBI}$：当 $\overline{LT}=1$、$\overline{BI}$ 悬空、$\overline{RBI}=0$ 时，若 $A_3\,A_2\,A_1\,A_0$ =0000，所有的输出端全部输出为"0"，数码管不显示；若 $A_3\,A_2\,A_1\,A_0\neq0000$，显示译码器正常输出。

④ 灭零输出端 $\overline{RBO}$：它与消隐输入端共用一个端子。$\overline{RBI}=0$ 且 $A_3\,A_2\,A_1\,A_0$ =0000 时，$\overline{RBO}$ 输出为 0，表明译码器处于灭零状态。

⑤ 正常工作状态下，$\overline{LT}$、$\overline{BI}/\overline{RBO}$ 和 $\overline{RBI}$ 悬空或接高电平，对应 $A_3\,A_2\,A_1\,A_0$ 的不同取值，在输出端都会得到一组七位二进制代码，用显示译码器的输出驱动相应的数码管，数码管就可以显示与输入相对应的十进制数。74LS48 的真值表如表 5.2.7 所示。

表 5.2.7　　　　　　　　　　　74LS48 的真值表

$\overline{LT}$	$\overline{RBI}$	$\overline{BI}/\overline{RBO}$	A_3	A_2	A_1	A_0	a	b	c	d	e	f	g	功能显示
0	×	输 1	×	×	×	×	1	1	1	1	1	1	1	试灯
×	×	入 0	×	×	×	×	0	0	0	0	0	0	0	熄灭
1	0	0	0	0	0	0	0	0	0	0	0	0	0	灭 0
1	1	1	0	0	0	0	1	1	1	1	1	1	0	显示 0
1	×	1	0	0	0	1	0	1	1	0	0	0	0	显示 1
1	×	1	0	0	1	0	1	1	0	1	1	0	1	显示 2
1	×	1	0	0	1	1	1	1	1	1	0	0	1	显示 3
1	×	输 1	0	1	0	0	0	1	1	0	0	1	1	显示 4
1	×	出 1	0	1	0	1	1	0	1	1	0	1	1	显示 5
1	×	1	0	1	1	0	0	0	1	1	1	1	1	显示 6
1	×	1	0	1	1	1	1	1	1	0	0	0	0	显示 7
1	×	1	1	0	0	0	1	1	1	1	1	1	1	显示 8
1	×	1	1	0	0	1	1	1	1	0	0	1	1	显示 9
1	×	1	1	0	1	0	0	0	0	1	1	0	1	显示 ⊏
1	×	1	1	0	1	1	0	0	1	1	0	0	1	显示 ⊐
1	×	1	1	1	0	0	0	1	0	0	0	1	1	显示 ⊔
1	×	1	1	1	0	1	1	0	0	1	0	1	1	显示 ⊑
1	×	1	1	1	1	0	0	0	0	1	1	1	1	显示 ⊨
1	×	1	1	1	1	1	0	0	0	0	0	0	0	无显示

【例 5.2.5】图 5.2.12 所示为叫号系统示意图，要求操作者按下"1"至"7"中任一数字对应的按键，数码显示器上就会显示对应的数字。

解：首先需要对按键进行编码，编码所获得二进制码需要通过译码显示芯片才能送到数码管进行显示，在选择芯片时需要关注编码输出信号电平和译码输入电平是否匹配。

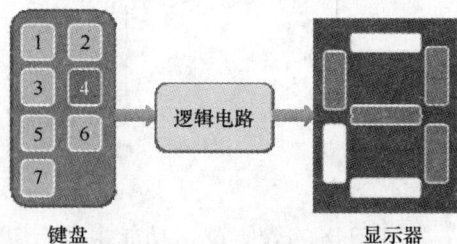

图 5.2.12　叫号显示器示意图

这里选择了优先编码器 74LS148，因该芯片输出端为低电平有效，而译码显示器 74HC48 输入信号为高电平有效，因此，在编码器输出和译码器输入之间加装了非门，达到信号匹配效果。叫号系统电路原理图如图 5.2.13 所示。

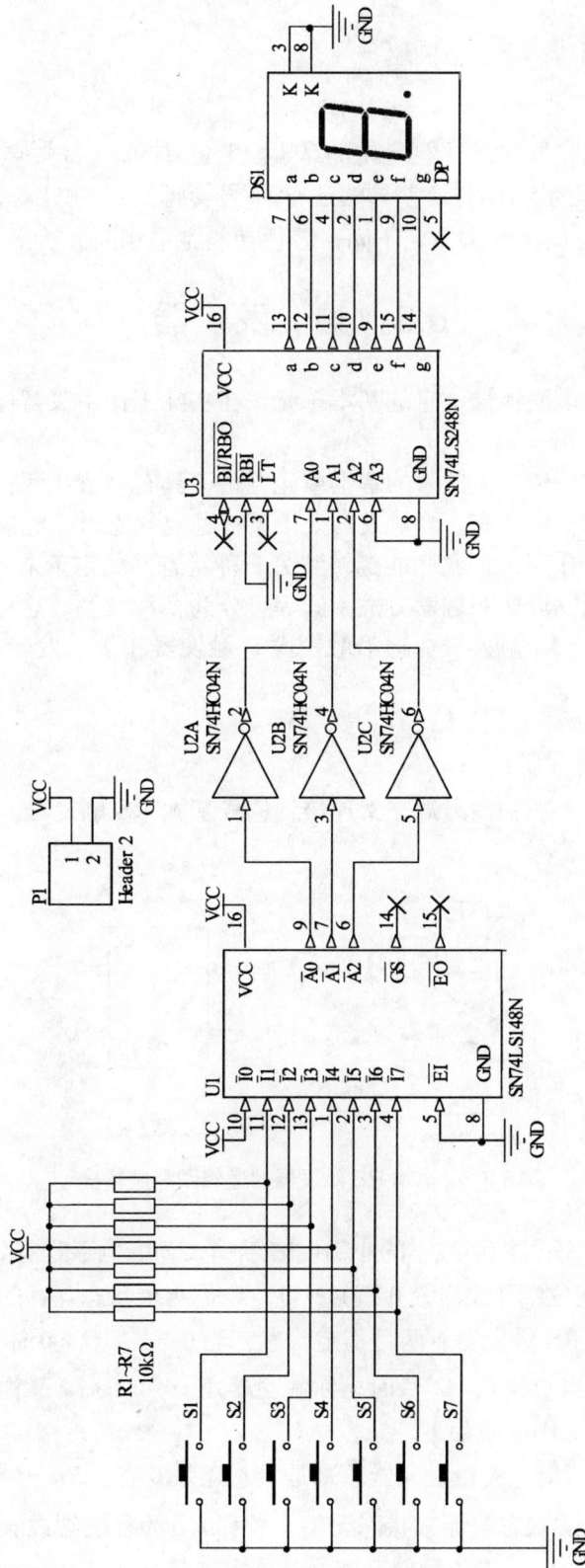

图 5.2.13 叫号系统电路原理图

芯片管脚符号。

如果观察仔细，就会发现图 5.2.13 中的 74LS148 芯片的 5 号管脚符号标识为 $\overline{EI}$ ，而在图 5.2.7 中 5 号管脚标识为 $\overline{S}$，同样有差异的还有 14 号管脚的 $\overline{GS}$ 和 $\overline{Y}_{EX}$，以及 15 号管脚的 $\overline{EO}$ 和 $\overline{Y}_S$。不同芯片公司对同类管脚命名不同，芯片功能完全相同。

5.3 触 发 器

触发器是时序逻辑电路存储信息的基本单元，在实际工作中又常作为独立元件用于控制电路。

触发器是用于存储一位二值信号的基本单元电路，具有 0 和 1 两种稳定状态。在任一时刻，触发器只处于一种稳定状态，当触发器处于某一稳定状态时，它能长期保持这一状态，只有在不同的输入信号作用下，它才能翻转到另一种状态并稳定下来。

如果仔细研究，触发器按照触发方式不同等可分为多种类型。这里仅从应用的角度介绍 RS 触发器、边沿触发式 JK 触发器、边沿触发式 D 触发器和 T 触发器。

5.3.1 RS 触发器

1. 基本 RS 触发器

将两个与非门的输入端和输出端交叉连接就构成基本 RS 触发器。图 5.3.1 就是基本 RS 触发器的逻辑图和逻辑符号。

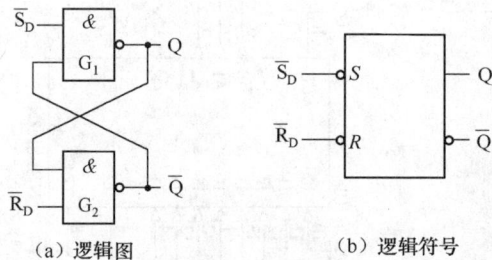

(a) 逻辑图   (b) 逻辑符号

图 5.3.1　基本 RS 触发器的逻辑图和逻辑符号

$\overline{R}_D$、$\overline{S}_D$ 是输入端，输入端引线上的小圆圈表示输入为低电平时有效，$\overline{S}_D$ 称为置位端（或称置 1 端），$\overline{R}_D$ 称为复位端（或称置 0 端）。Q、$\overline{Q}$ 是两个状态互补的输出端，即一端为 0，则另一端就为 1。基本 RS 触发器有两种稳定状态：当 $Q=1$，$\overline{Q}=0$ 时，称触发器处于 "1" 态，又称为置位状态；当 $Q=0$，$\overline{Q}=1$ 时，称触发器处于 "0" 态，又称为复位状态。图 5.3.1 所示基本 RS 触发器的工作原理如下。

（1）$\overline{R}_D=0$，$\overline{S}_D=1$ 时：无论触发器原来是 1 态还是 0 态，$\overline{R}_D=0$ 都将使 $Q=0$，$\overline{Q}=1$，触发器为 0 态，触发器的状态与原来状态无关，故称 $\overline{R}_D$ 为复位端或置 0 端。

（2）$\overline{R}_D=1$，$\overline{S}_D=0$ 时：无论触发器原来是 1 态还是 0 态，$\overline{S}_D=0$ 将使 $Q=1$，$\overline{Q}=0$，触发器为 1 态，触发器的状态同样与原来状态无关，故称 $\overline{S}_D$ 为置位端或置 1 端。

（3）$\overline{R}_\mathrm{D}=1$，$\overline{S}_\mathrm{D}=1$时：设电路原来是 0 态，即 $Q=0$，$\overline{Q}=1$，因为 G_2 的一个输入端 $Q=0$，其输出端 $\overline{Q}=1$，而 G_1 的两个输入端均为 1，其输出 $Q=0$，所以触发器保持原来状态不变。若电路原来是 1 态，则保持原状态不变，这就是触发器的记忆功能。

（4）$\overline{R}_\mathrm{D}=0$，$\overline{S}_\mathrm{D}=0$时：$Q=\overline{Q}=1$，此种情况既不是触发器的 1 状态，也不是触发器的 0 状态。当 S_D 和 R_D 的高电平信号消失后，无法确定触发器是回到 0 状态还是 1 状态，所以定义这种情况（即 Q 和 $\overline{Q}$ 相等的情况）为触发器的不定态，触发器在正常工作时，不允许出现不定态。故对于基本 RS 触发器来说存在约束项，约束条件为 $\overline{S}_\mathrm{D}+\overline{R}_\mathrm{D}=1$。

将上述逻辑关系列成真值表，如表 5.3.1 所示。其中 Q^n 为触发器的初态（信号作用前触发器的状态），Q^{n+1} 为触发器的次态（信号作用后触发器的状态），由于该真值表中包含了状态变量，故又称为触发器的特性表。

表 5.3.1　　　　　　　　　　　　基本 RS 触发器的特性表

$\overline{S}_\mathrm{D}$	$\overline{R}_\mathrm{D}$	Q^n	Q^{n+1}
0	0	0	1*（不定）
0	0	1	1*（不定）
0	1	0	1
0	1	1	1
1	0	0	0
1	0	1	0
1	1	0	0
1	1	1	1

或非门组成的 RS 触发器。

实际上，若把图 5.3.1 中的与非门换成或非门，逻辑电路同样具有状态稳定的效果，只不过无论是置位端还是复位端都变成高电平有效了。

2. 同步 RS 触发器

在数字系统中，常常要求某些触发器在同一时刻动作，为了实现此控制，往往在触发器中引入同步信号，使得某些触发器只有在同步信号到达时，触发器的次态才随输入信号改变状态。这个同步信号称为时钟脉冲，或时钟信号，简称时钟，用 CP（Clock Pulse 的缩写）表示。凡是受时钟信号控制的触发器统称为时钟触发器。图 5.3.2 所示为同步 RS 触发器的逻辑图和逻辑符号。

在基本 RS 触发器的基础上增加 G_3、G_4 两个控制门，就构成了同步 RS 触发器。$\overline{R}_\mathrm{D}$ 是直接复位端，$\overline{S}_\mathrm{D}$ 是直接置位端，均为低电平有效。所谓直接置位、复位端，是指它们不受 CP 的影响，可以直接使触发器置位、复位。由于它们不受同步时钟信号 CP 的影响，故又称为异步置位、复位端。也就是不论 CP 为何种状态，若 $\overline{R}_\mathrm{D}=0$、$\overline{S}_\mathrm{D}=1$，则触发器直接置 0；若 $\overline{R}_\mathrm{D}=1$、$\overline{S}_\mathrm{D}=0$，则触发器直接置 1；利用直接置位、复位端可以为触发器预置初态，在触发器正常工作时，应使它们均处于无效状态。

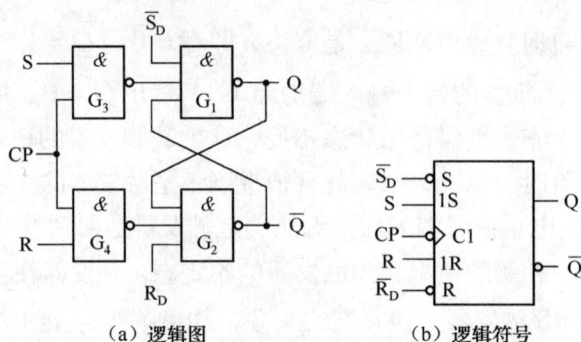

（a）逻辑图　　　　　　（b）逻辑符号

图 5.3.2　同步 RS 触发器的逻辑图和逻辑符号

在 $CP = 0$ 时，控制门 G_3、G_4 都输出 1，使基本 RS 触发器保持原来的状态不变。可见，在 $CP = 0$ 期间，无论输入信号如何变化，都不会改变触发器的输出状态。在 $CP = 1$ 时，触发器的输出取决于输入信号 R、S 的取值。

（1）当 $R = 0$，$S = 1$ 时，G_3 输出为 0，G_4 输出为 1，触发器输出端 $Q = 1$、$\overline{Q} = 0$，与初态无关。

（2）当 $R = 1$，$S = 0$ 时，G_3 输出为 1，G_4 输出为 0，触发器输出端 $Q = 0$、$\overline{Q} = 1$，与初态无关。

（3）当 $R = S = 0$，G_3、G_4 输出都为 1，触发器保持原来的状态，即 $Q^{n+1} = Q^n$。

（4）当 $R = S = 1$，G_3、G_4 输出都为 0，触发器输出端 $Q = \overline{Q} = 1$，处于不定态，正常工作时是不允许出现这种情况的。

综上所述，同步 RS 触发器的特性如表 5.3.2 所示。

表 5.3.2　　　　　　　　　同步 RS 触发器特性表

CP	S	R	Q^n	Q^{n+1}
0	×	×	0	0
0	×	×	1	1
1	0	0	0	0
1	0	0	1	1
1	0	1	0	0
1	0	1	1	0
1	1	0	0	1
1	1	0	1	1
1	1	1	0	1*（不定）
1	1	1	1	1*（不定）

由表可得 RS 触发器的特性方程为

$$\begin{cases} Q^{n+1} = S + \overline{R}Q^n \\ SR = 0 \text{（约束条件）} \end{cases} \tag{5.3.1}$$

RS 触发器的特性方程怎么来的？

从逻辑功能来理解，输出端次态不仅取决于当前的输入状态，还与输出端的现态有关，因此，以 Q^{n+1} 为结果，S、R、Q^n 为条件，进行卡诺图化简，如图 5.3.3 所示。

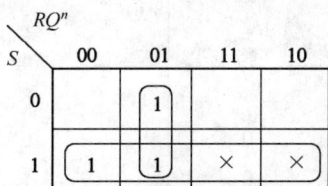

图 5.3.3 RS 触发器的卡诺图化简

由于存在不定项，图 5.3.3 中所画圆圈化简结果与式 5.3.1 相同。

5.3.2 边沿触发的 JK 触发器

JK 触发器是功能完善、使用灵活和通用性较强的一种触发器，它消除了 RS 触发器中的不定态。常用型号有 74LS112（下降沿触发）、CC4027（上升沿触发）等。

74LS112 为双下降沿 JK 触发器，其管脚图和逻辑符号如图 5.3.4 所示。

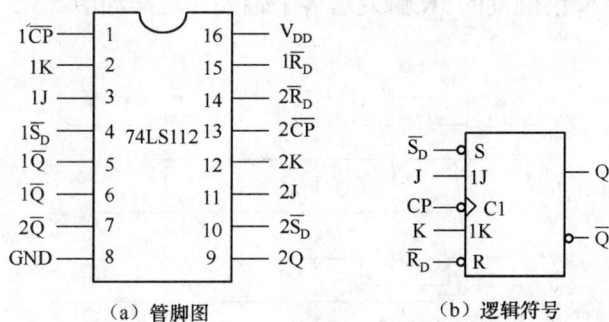

（a）管脚图　　　　　（b）逻辑符号

图 5.3.4 74LS112 的管脚图和逻辑符号

图中 J 和 K 是信号输入端，Q 和 $\overline{Q}$ 是输出端，CP 是时钟输入端，$\overline{R}_D$ 是直接复位端，$\overline{S}_D$ 是直接置位端，逻辑符号图中 CP 引线上端的"∧"符号表示边沿触发，引线端处的小圆圈表示低电平触发。两符号均有，表示下降沿触发；有"∧"符号无小圆圈，表示上升沿触发。

下降沿触发的 JK 触发器的逻辑功能为：当 $\overline{R}_D$、$\overline{S}_D$ 无效时，触发器的次态取决于 CP 下降沿到来时 J、K 的取值。若 $J=0$、$K=0$ 时，触发器的状态保持不变，即 $Q^{n+1}=Q^n$；若 $J=1$、$K=0$ 时，触发器为置 1，即 $Q^{n+1}=1$；若 $J=0$、$K=1$ 时，触发器置 0，即 $Q^{n+1}=0$；若 $J=1$、$K=1$ 时，触发器状态发生翻转，即 $Q^{n+1}=\overline{Q^n}$。

下降沿触发的 JK 触发器的特性如表 5.3.3 所示。

由表 5.3.3 可得 JK 触发器的特性方程为

$$Q^{n+1} = J\overline{Q^n} + \overline{K}Q^n \qquad (5.3.2)$$

223

表 5.3.3   下降沿 JK 触发器的特性表

CP	J	K	Q^n	Q^{n+1}
x	$\times$	$\times$	$\times$	Q^n
⊓	0	0	0	0
⊓	0	0	1	1
⊓	0	1	0	0
⊓	0	1	1	0
⊓	1	0	0	1
⊓	1	0	1	1
⊓	1	1	0	1
⊓	1	1	1	0

同样以 J、K、Q^n 为条件，根据特性表进行卡诺图化简，即能得到特性方程。

【例 5.3.1】已知下降沿触发的 JK 触发器各个输入端波形如图 5.3.5 所示，试画出 Q 和 $\overline{Q}$ 端对应的电压波形。

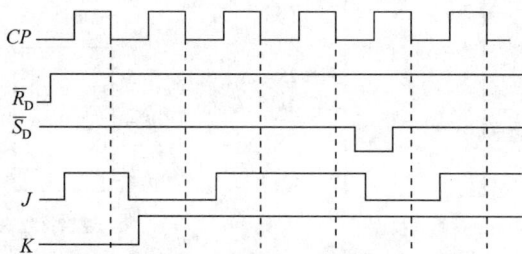

图 5.3.5   例 5.3.1 的波形图

解： 由于初始时刻 $\overline{R}_D = 0$，$\overline{S}_D = 1$，因此触发器初态为 0。之后 $\overline{R}_D = 1$、$\overline{S}_D = 1$，异步置位、复位端处于无效状态，所以每当 CP 的下降沿到来，触发器的状态会随着下降沿时刻 J、K 的取值而变化。但当图中出现 $\overline{R}_D = 1$、$\overline{S}_D = 0$ 时，触发器直接置 "1"，此时触发器的状态不受时钟信号的控制。之后 $\overline{R}_D = 1$、$\overline{S}_D = 1$，异步置位、复位端又处于无效状态，触发器的状态又取决于下降沿时刻 J、K 的取值，输出波形如图 5.3.6 所示。

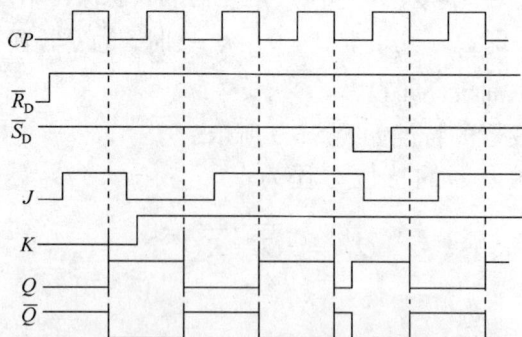

图 5.3.6   例 5.3.1 的波形图

5.3.3　D 触发器

D 触发器是只有一个信号输入端的触发器，通常为边沿触发器。D 触发器分为上升沿触发和下降沿触发两种情况，D 触发器的次态取决于时钟脉冲边沿到来时，输入信号 D 端的取值。D 触发器的应用很广，可用作数字信号的寄存、移位寄存、分频及波形发生等。常用的 D 触发器型号为 74LS74（双 D 触发器）、74LS175（四 D 触发器）、74LS174（六 D 触发器）、74LS273（八 D 触发器）及 CC4013（CMOS 双 D 触发器）等。74LS74 为双 D 触发器，其管脚图和逻辑符号如图 5.3.7 所示。

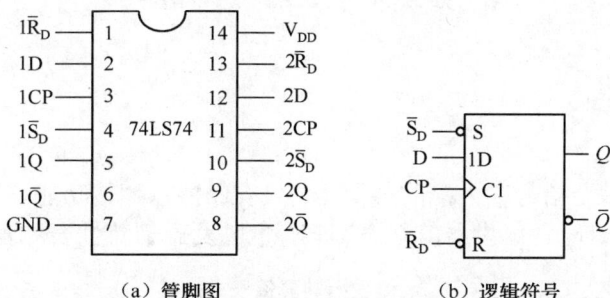

（a）管脚图　　　　　　（b）逻辑符号

图 5.3.7　74LS74 的管脚图和逻辑符号

图中 D 是信号输入端，Q 和 $\overline{Q}$ 是输出端，CP 是时钟输入端，且为上升沿触发，$\overline{R}_D$ 是直接复位端，$\overline{S}_D$ 是直接置位端。D 触发器的逻辑功能为：当 $\overline{R}_D$、$\overline{S}_D$ 无效时，触发器的次态取决于 CP 上升沿到来时 D 的取值，若 $D=0$ 时，触发器置 0，即 $Q^{n+1}=1$；若 $D=1$ 时，触发器置 1，即 $Q^{n+1}=1$。

上升沿触发的 D 触发器的特性表如表 5.3.4 所示：

表 5.3.4　　　　　　　　　　　　　D 触发器特性表

CP	D	Q^n	Q^{n+1}
$\times$	$\times$	$\times$	Q^n
⊓	0	0	0
⊓	0	1	0
⊓	1	0	1
⊓	1	1	1

由表 5.3.4 可得 D 触发器的特性方程为

$$Q^{n+1} = D \tag{5.3.3}$$

【例 5.3.2】已知上升沿 D 触发器的各个输入端波形如图 5.3.8 所示，试画出 Q 和 $\overline{Q}$ 端对应的电压波形。设初始状态为 0。

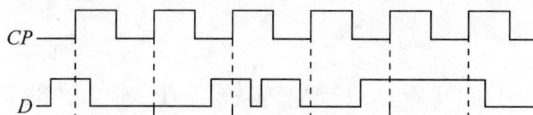

图 5.3.8　例 5.3.2 的波形图

解：上升沿 D 触发器的逻辑功能为：CP 的上升沿到来时，触发器的状态会随着上升沿时刻 D 的取值而变化。CP 上升沿时刻 D 值为 0，触发器置 0；D 值为 1，触发器置 1，输出波形如图 5.3.9 所示。

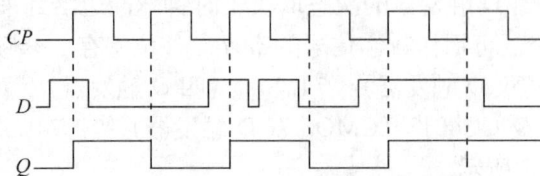

图 5.3.9　例 5.3.2 的波形图

5.3.4　T 触发器

1. T 触发器

T 触发器是只有一个信号输入端的触发器，只有保持和翻转功能。当 $T=0$ 时，触发器的状态保持不变；当 $T=1$ 时，触发器的状态翻转。T 触发器的特性表如表 5.3.5 所示。

表 5.3.5　　　　　　　　　　　　　T 触发器的真值表

T	Q^n	Q^{n+1}
0	0	0
0	1	1
1	0	1
1	1	0

由表 5.3.5 可得 T 触发器的特性方程为

$$Q^{n+1} = \overline{T}Q^n + T\overline{Q^n} \tag{5.3.4}$$

实际上并没有现成的 T 触发器和 T′ 触发器，图 5.3.10 所示分别为用 JK 触发器和 D 触发器组成的 T 触发器。

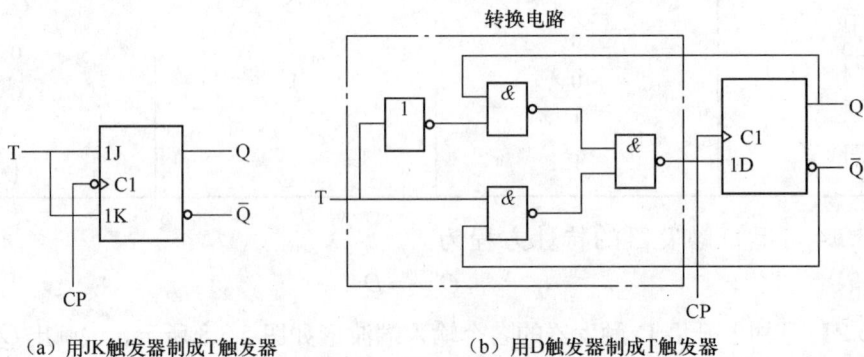

（a）用JK触发器制成T触发器　　　　（b）用D触发器制成T触发器

图 5.3.10　T 触发器电路

2. T′ 触发器

T′ 触发器是 T=1 时的 T 触发器，只有翻转功能。T′ 触发器的特性方程为

$$Q^{n+1} = \overline{Q^n} \tag{5.3.5}$$

图 5.3.11 所示分别为用 JK 触发器和 D 触发器组成的 T′ 触发器。

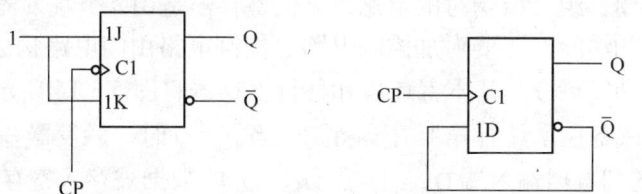

（a）用JK触发器制成的T′触发器　　（b）用D触发器制成的T′触发器

图 5.3.11　T′触发器电路

5.3.5　触发器的应用

触发器是时序电路的单元电路，常被用于无抖动开关电路和实现寄存、分频、计数等功能。

1. 无抖动开关

在如图 5.3.12（a）所示的开关电路中，按键开关在按下和释放时，通常伴随着一定时间的触点抖动，接着才能稳定下来，抖动的效果如图 5.3.12（b）所示，这样的抖动将直接造成逻辑电路的误动作。因此，电子电路中常把双稳态触发器加入开关电路来抑制其逻辑信号的抖动，去抖动电路如图 5.3.13 所示，图中所用的是一个单刀双掷开关，这种开关有一个常开触点和一个常闭触点，它总是处于两种状态之一。当开关从常闭向常开方向打时，常闭一端产生后沿抖动，而常开一端则产生前沿抖动，RS 触发器 Q 端原为"1"，开关从常闭打到常开，使得 Q 端从"1"变为"0"，这样无论常开端怎样抖动，总使 Q 端为低，达到了去抖动的目的。

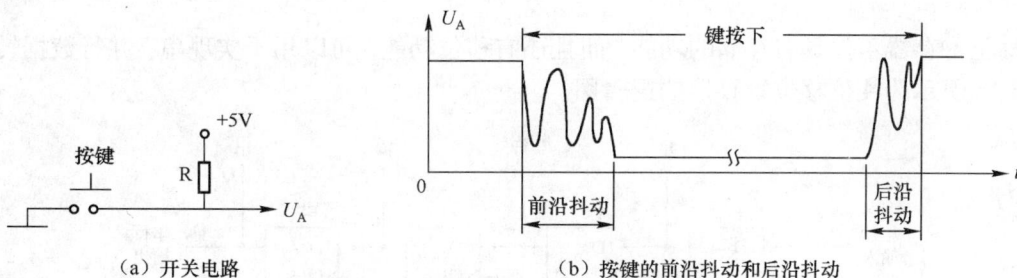

（a）开关电路　　　　（b）按键的前沿抖动和后沿抖动

图 5.3.12　按键开关电路及产生的机械抖动

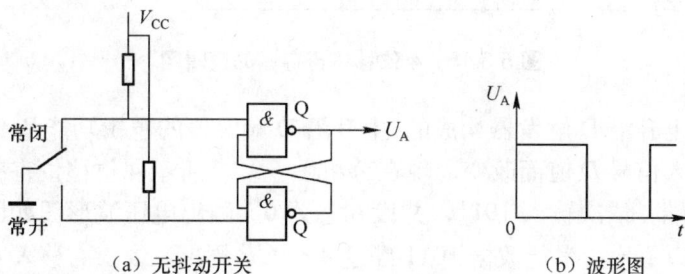

（a）无抖动开关　　　　（b）波形图

图 5.3.13　无抖动开关及其波形图

2. 寄存器

寄存器是用于存储一组二值信号的电路。n 位寄存器是由 n 个触发器构成，此外，为了便于控制信号的接收和清除，还要附加控制电路。控制电路由门电路构成。

寄存器按照逻辑功能可分为基本寄存器和移位寄存器。图 5.3.14 所示为 4 位基本寄存器 74LS175 的逻辑图。该寄存器具有异步清零功能，当 $\overline{R_D}=0$ 时，触发器全部清零；当 $\overline{R_D}=1$，CP 出现上升沿时，送到数据输入端 D_3、D_2、D_1、D_0 的数据被存入寄存器，实现送数功能。因为此寄存器是由边沿触发器构成，所以其抗干扰能力很强。

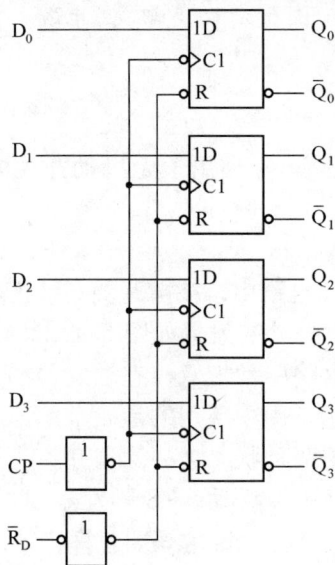

图 5.3.14 4 位寄存器 74LS175 的逻辑图

移位寄存器不仅具有存储的功能，而且还有移位功能，可以用于实现串、并行数据转换。图 5.3.15 所示为 4 位移位寄存器的逻辑图。

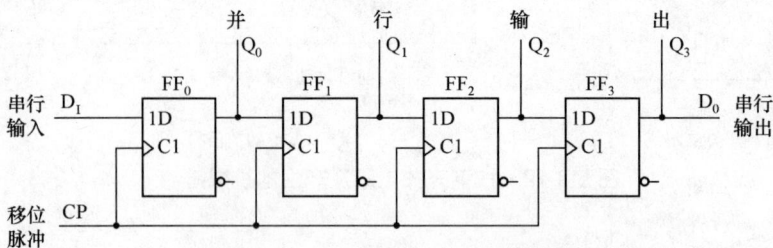

图 5.3.15 4 位移位寄存器的逻辑图

该寄存器是由上升沿 D 触发器构成的，上升沿 D 触发器的逻辑功能是 CP 出现上升沿时，触发器的次态随输入信号 D 值而改变。现在分析图 5.3.15 所示 4 位移位寄存器的逻辑功能：假设串行信号输入端，依次输入 1011，并设初态为 0，画出电压波形图如图 5.3.16 所示。

由图 5.3.16 可以看出：串行数据 1011 经过 4 个 CP 周期，依次右移入 4 个触发器，并能够从 Q_3、Q_2、Q_1、Q_0 端得到并行输出，实现串行数据转换成并行数据。再经过 3 个 CP 周期，又可以在 Q_3 端依次得到相应的串行输出，从而实现并行数据转换成串行数据。

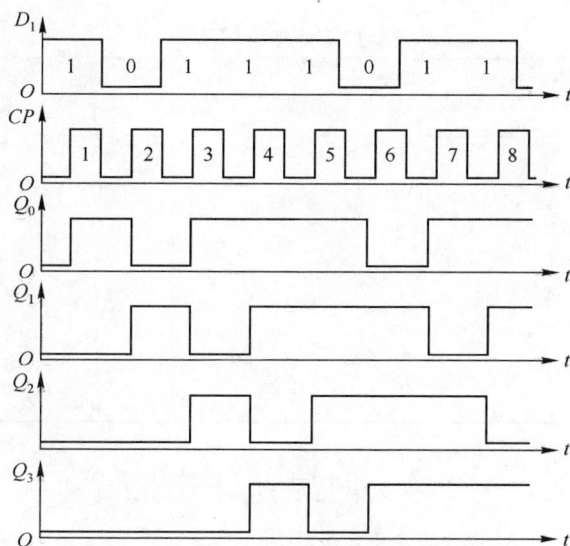

图 5.3.16 4 位移位寄存器的电压波形图

3. 分频电路

用 D 触发器可以组成分频电路，其电路及波形如图 5.3.17（a）所示。

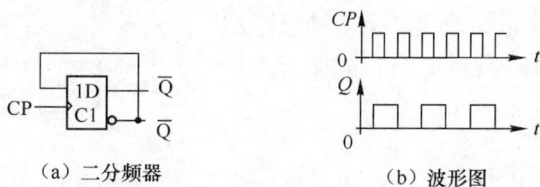

（a）二分频器   （b）波形图

图 5.3.17 触发器组成的二分频器及波形图

图中 CP 是由信号源或振荡电路发出的脉冲信号，将 $\overline{Q}$ 接到 D 端。电路将触发器的输出端 $\overline{Q}$ 送回 D 触发器的输入端，此电路逻辑功能是：每当时钟 CP 出现一次上升沿，D 触发器状态就翻转一次，其波形图如图 5.3.17（b）所示。由图可以看出：经过两个时钟周期，输出端 Q 才变化一个周期，即输出脉冲频率将减至输入时钟脉冲 CP 频率的 1/2，故称为二分频。若在其输出端再串接一个同样的分频电路就能实现四分频，同理若接 n 个分频电路就能构成 2^n 分频器。

4. 八进制加法计数器

八进制加法计数器如图 5.3.18 所示。在 CP 脉冲作用下，JK 触发器将按照特性方程 $Q^{n+1} = J\overline{Q^n} + \overline{K}Q^n$ 产生状态翻转。从图中可以观察到：各触发器的输入端 JK 均接高电平"1"，即在 CP 脉冲的作用下，$Q^{n+1} = \overline{Q^n}$，而 $CP_1 = Q_0$、$CP_2 = Q_1$，绘制状态波形图如图 5.3.19 所示。

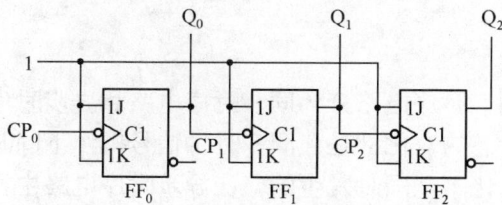

图 5.3.18 八进制加法计数器逻辑电路图

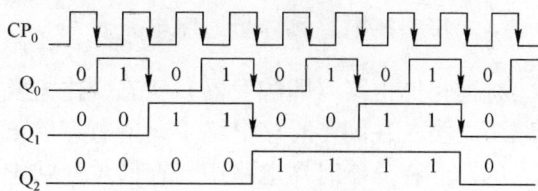

图 5.3.19 八进制加法计数器状态波形图

根据波形图列出状态表如表 5.3.6 所示。

表 5.3.6   八进制加法计数器状态表

CP 的顺序	现态			状态		
	Q_2	Q_1	Q_0	Q_2	Q_1	Q_0
1	0	0	0	0	0	1
2	0	0	1	0	1	0
3	0	1	0	0	1	1
4	0	1	1	1	0	0
5	1	0	0	1	0	1
6	1	0	1	1	1	0
7	1	1	0	1	1	1
8	1	1	1	0	0	0

5.4 时序逻辑电路

概念：时序逻辑电路

任意时刻电路的输出信号不仅取决于当时的输入信号，而且还取决于电路原来的状态，或者说还与以前的输入有关，这样的电路称为时序逻辑电路。图 5.3.18 所示的八进制加法计数器就是一个很好的例子，在这个电路中，电路必然需要及时保存按键按下之前的计数状态，也就是说，电路必须具有记忆功能。如果给计数器加上按键输入信号和译码显示电路，如图 5.4.1 所示，一个简易计数器就完成了。

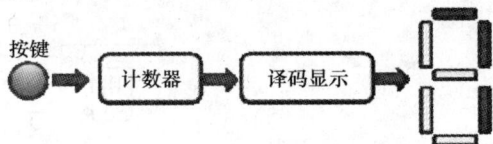

图 5.4.1 简易计数器的工作示意图

5.4.1 时序逻辑电路分析

1. 同步时序逻辑电路分析

图 5.4.2 所示为某同步时序逻辑电路，它由 JK 触发器和基本逻辑门组成。

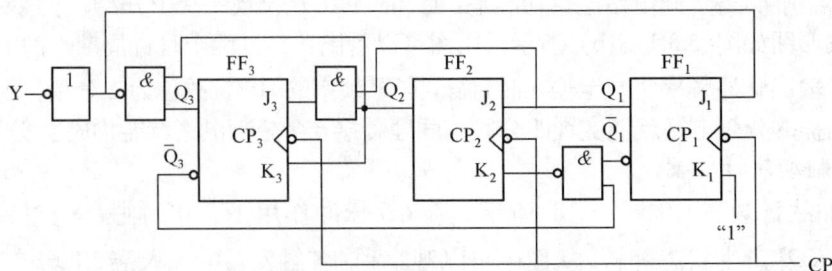

图 5.4.2 某同步时序逻辑电路

同步时序电路和异步时序电路。

根据存储电路（即触发器）状态变化方式不同，时序电路分为同步时序电路和异步时序电路两大类。在同步时序电路中，所有存储单元状态的变化都是在同一时钟信号操作下同时发生的。而在异步时序电路中，存储单元状态的变化不是同时发生的，在异步时序电路中，可能有一部分电路有公共的时钟信号，也可能完全没有公共的时钟信号。

从图 5.4.2 可看出，FF_1、FF_2 和 FF_3 为下降沿触发的 JK 触发器，根据逻辑电路列出驱动方程

$$\begin{cases} J_1 = \overline{Q_3^n Q_2^n}, K_1 = 1 \\ J_2 = Q_1, K_2 = \overline{\overline{Q_3} \cdot \overline{Q_1}} \\ J_3 = Q_2^n Q_1^n, K_3 = Q_2 \end{cases} \qquad (5.4.1)$$

将式（5.4.1）的驱动方程代入 JK 触发器的特性方程 $Q^{n+1} = J\overline{Q}^n + \overline{K}Q^n$ 中去，得到电路的状态方程

$$\begin{cases} Q_1^{n+1} = \overline{Q_3^n Q_2^n} \cdot \overline{Q_1^n} \\ Q_2^{n+1} = \overline{Q_2^n} Q_1^n + \overline{Q_3^n} Q_2^n \overline{Q_1^n} \\ Q_3^{n+1} = \overline{Q_3^n} Q_2^n Q_1^n + Q_3^n \overline{Q_2^n} \end{cases} \qquad (5.4.2)$$

由逻辑图直接写出输出方程

$$Y = Q_2 Q_3 \qquad (5.4.3)$$

从输出方程和状态方程大多无法直接看出电路的逻辑功能，可以列出对应的状态转换表或状态转换图。

根据式（5.4.2）和式（5.4.3），从初态 $Q_3^n Q_2^n Q_1^n = 000$ 开始计算次态，按状态转换的顺序列入表 5.4.1，当状态转换到"110"时，在 CP 脉冲作用下，次态直接回复到"000"，状态转换发生了循环。

在初态的序列中，唯独"111"状态没有出现，因此，需要在状态转换表中另行补充计算初态 $Q_3^n Q_2^n Q_1^n = 111$ 时状态的转换顺序，如表 5.4.1 所示，状态变化已有重复，不再往下计算。

表 5.4.1　　　　　　　　图 5.4.2 电路的状态转换表

CP 的顺序	初态			次态			输出
	Q_3^n	Q_2^n	Q_1^n	Q_3^{n+1}	Q_2^{n+1}	Q_1^{n+1}	Y
0	0	0	0	0	0	1	0
1	0	0	1	0	1	0	0
2	0	1	0	0	1	1	0
3	0	1	1	1	0	0	0
4	1	0	0	1	0	1	0
5	1	0	1	1	1	0	1
6	1	1	0	0	0	0	1
7	0	0	0	0	0	1	0
0	1	1	1	0	0	0	1
1	0	0	0	0	0	1	0

根据状态转换表可以画出更为直观的状态转换图，如图 5.4.3 所示，状态转换图表述了在 CP 脉冲作用下电路的状态变化和输出值变化，可以根据图例的描述清晰地把状态转换图与状态转换表对应起来，圆圈中填写的是 $Q_3^n Q_2^n Q_1^n$ 的状态，状态转变同时输出 Y 的变化同样表述在图中斜线下方（斜线上方标注输入信号状态，本电路无外输入信号，时钟信号只是触发控制信号，不是输入逻辑变量）。对 $Q_3^n Q_2^n Q_1^n$ 的八种状态而言，有七种都会在电路中出现，并且顺序变化产生循环，因此电路对时钟信号有计数功能，计数容量为 7，即 $N = 7$，这个电路

又称为七进制计数器。对 $Q_3^n Q_2^n Q_1^n = 111$ 这一状态，在 CP 脉冲的作用下，能自动进入有效状态的循环中，称为可自启动状态。

时序电路的功能不仅能通过公式进行计算获得，也可以利用示波器观察电路状态，记录波形图，图 5.4.2 电路的时序图如图 5.4.4 所示，状态的周期循环一目了然。

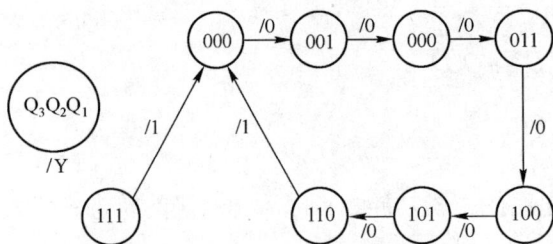

图 5.4.3 图 5.4.2 电路的状态转换图

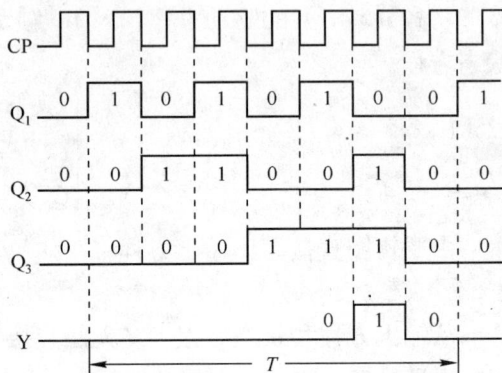

图 5.4.4 图 5.4.2 电路的时序图

2. 异步时序逻辑电路分析

图 5.4.5 所示为某异步时序逻辑电路。从图中可以看出，FF_0、FF_1、FF_2 和 FF_3 为下降沿触发的 JK 触发器，根据逻辑电路列出驱动方程

$$\begin{cases} J_0 = 1, K_0 = 1 \\ J_1 = \overline{Q_3}, K_1 = 1 \\ J_2 = 1, K_2 = 1 \\ J_3 = Q_2 Q_1, K_3 = 1 \end{cases} \tag{5.4.4}$$

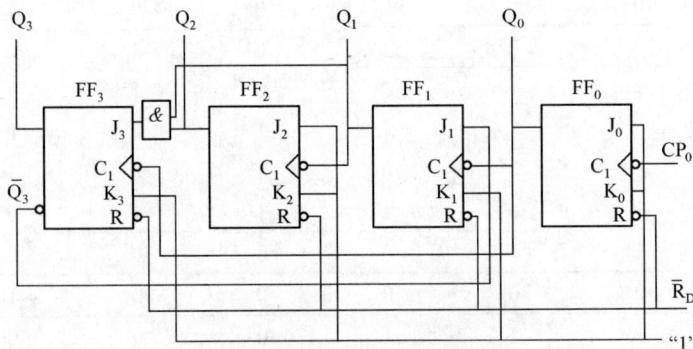

图 5.4.5 某异步时序逻辑电路

将式 (5.4.4) 的驱动方程代入触发器的特性方程 $Q^{n+1} = J\overline{Q^n} + \overline{K}Q^n$ 中去，得到电路的状态方程

$$\begin{cases} Q_0^{n+1} = \overline{Q_0^n} \\ Q_1^{n+1} = \overline{Q_3^n} \cdot \overline{Q_1^n} \\ Q_2^{n+1} = \overline{Q_2^n} \\ Q_3^{n+1} = \overline{Q_3^n} Q_2^n Q_1^n \end{cases} \tag{5.4.5}$$

电路为异步触发，还需要列出 CP 时钟方程，从图 5.4.5 看到，FF_1 和 FF_3 的时钟信号均从 FF_0 的输出 Q_0 端引入，FF_2 的时钟信号从 FF_1 的输出 Q_1 端引入，由此列出时钟方程如式 (5.4.6) 所示，信号下降沿有效。

$$\begin{cases} CP_1 = Q_0 \\ CP_2 = Q_1 \\ CP_3 = Q_0 \end{cases} \quad (5.4.6)$$

根据式 (5.4.5) 和式 (5.4.6)，从初态 $Q_3^n Q_2^n Q_1^n Q_0^n = 0000$ 开始计算次态，绘制时序图。

异步时序逻辑电路分析从与外部时钟直接连接的触发器开始，如图 5.4.6 所示，在 CP 脉冲作用下，FF_0 的输出端 Q_0 在脉冲下降沿发生状态翻转；Q_0 的波形下降沿信号将直接送到 FF_1 和 FF_3，由 FF_1 的状态方程 $Q_1^{n+1} = \overline{Q_3^n} \cdot \overline{Q_1^n}$ 分析，在 $Q_3^n = 0$ 时，$Q_1^{n+1} = \overline{Q_1^n}$，因此，在图中①、②、③、④点，$Q_1$ 发生状态翻转，而 FF_3 的状态方程中，$Q_3^{n+1} = \overline{Q_3^n} Q_2^n Q_1^n$，只有在 $Q_2^n = 1$ 且 $Q_1^n = 1$ 时，Q_3^{n+1} 才会翻转为高电平，因此，在图中①、②、③点，虽然 FF_3 有触发信号，但输出 $Q_3^{n+1} = 0$，只有在④点，条件满足，$Q_3^{n+1} = 1$；在下一个 Q_0 波形的下降沿来临时（即⑤点），$Q_3^n = 1$ 的信号作用在 FF_1 的输入端，令 $Q_1^{n+1} = 0$，此时 Q_3^{n+1} 也由于 $Q_2^n = 0$ 和 $Q_1^n = 0$ 状态翻转为 0；而 FF_2 实质就是在时钟脉冲作用下输出发生翻转，因此在图示⑥、⑦点 Q_2 状态翻转。从时序图可以看到，当 $Q_3^n Q_2^n Q_1^n Q_0^n = 1001$ 时，下一个 CP 脉冲将使所有输出为 0，电路状态发生循环。因此，图 5.4.5 所示电路为十进制异步计数器。

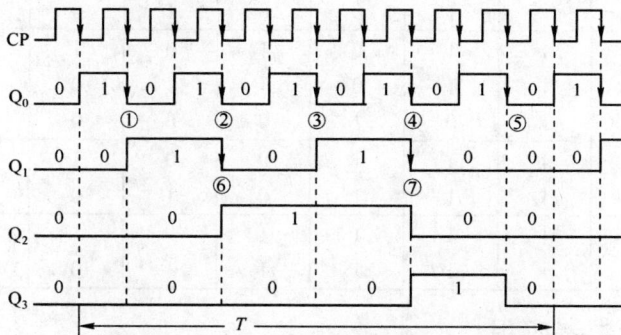

图 5.4.6 图 5.4.5 时序逻辑电路的时序图

根据时序图列出状态转换表如表 5.4.2 所示。对 $Q_3^n Q_2^n Q_1^n Q_0^n$ 的 "1010"、"1011"、"1100"、"1101"、"1110"、"1111" 6 个状态，并未在时序图中反映出来，因此，在状态转换表中以初态的形式进行计算，列入状态转换表，可以看到，在 CP 脉冲的作用下，6 个状态最终都能进入有效状态的循环。根据状态表作出状态转换图如图 5.4.7 所示。图 5.4.5 的电路中没有输入信号和输出信号，因此，状态转换图中不需标注输入输出状态变化。

通过上述案例的分析，可以总结出时序逻辑电路的分析步骤。

（1）根据给定逻辑电路图写出驱动方程，即触发器输入信号的逻辑函数式，对异步时序电路还需列出 CP 时钟方程。

（2）把驱动方程代入触发器的特性方程，求出各触发器及其他电路的输出方程。

（3）进行计算，列出状态转换表，或画出时序图和状态转换图，确定电路的逻辑功能。

233

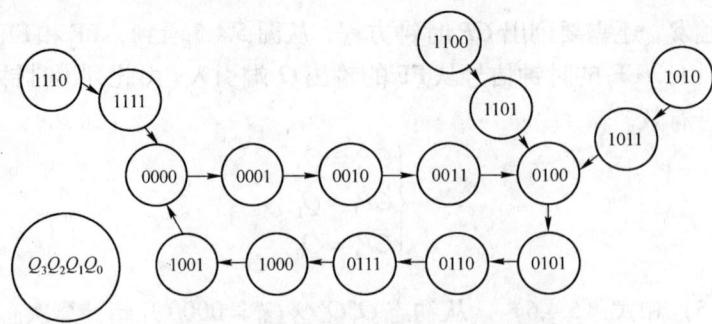

图 5.4.7　图 5.4.5 电路的状态转换图

表 5.4.2　　　　　　　图 5.4.5 逻辑电路的状态转换表

CP_3	CP_2	CP_1	CP_0	Q_3^n	Q_2^n	Q_1^n	Q_0^n	Q_3^{n+1}	Q_2^{n+1}	Q_1^{n+1}	Q_0^{n+1}
			↓	0	0	0	0	0	0	0	1
↓			↓	0	0	0	1	0	0	1	0
			↓	0	0	1	0	0	0	1	1
↓	↓	↓	↓	0	0	1	1	0	1	0	0
			↓	0	1	0	0	0	1	0	1
↓			↓	0	1	0	1	0	1	1	0
			↓	0	1	1	0	0	1	1	1
↓	↓	↓	↓	0	1	1	1	1	0	0	0
			↓	1	0	0	0	1	0	0	1
↓			↓	1	0	0	1	0	0	0	0
			↓	1	0	1	0	1	0	1	1
↓	↓	↓	↓	1	0	1	1	0	1	0	0
				0	1	0	0	0	1	0	1
			↓	1	1	0	0	1	1	0	1
↓			↓	1	1	0	1	0	1	0	0
			↓	1	1	1	0	1	1	1	1
↓	↓	↓	↓	1	1	1	1	0	0	0	0

5.4.2　集成计数器应用

1. 可预置同步二进制加法计数器 74LS163

可预置的同步二进制加法计数器 74LS163 的逻辑符号如图 5.4.8（a）所示,管脚图如图 5.4.8（b）所示。其管脚功能如下。

$D_0 \sim D_3$:四位并行预置数据输入端,D_0 为数据低位,D_3 为数据高位。

$Q_0 \sim Q_3$:四位二进制计数输出端,Q_0 为数据低位,Q_3 为数据高位。

CP:时钟输入端。

CT_P、CT_T:计数允许控制端。

$\overline{CR}$:清零端,低电平有效。

$\overline{LD}$:预置数据控制端,低电平有效。

CO:进位输出端。

74LS163 的功能表如表 5.4.3 所示。从功能表可知以下几点。

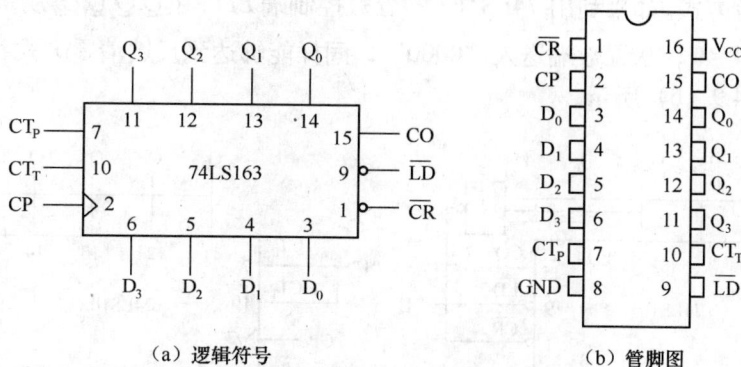

（a）逻辑符号　　　　　（b）管脚图

图 5.4.8　74LS163 的逻辑符号和管脚图

表 5.4.3　　　　　　　　　　　　　74LS163 功能表

序号	输入									输出			
	清零 $\overline{CR}$	使能		置数 $\overline{LD}$	时钟 CP	并行输入				Q_0	Q_1	Q_2	Q_3
		CT_P	CT_T			D_0	D_1	D_2	D_3				
1	0	×	×	×	↑	×	×	×	×	0	0	0	0
2	1	×	×	0	↑	d_0	d_1	d_2	d_3	d_0	d_1	d_2	d_3
3	1	1	1	1	↑	×	×	×	×	加法计算			
4	1	0	×	1	×	×	×	×	×	保　　持			
5	1	×	0	1	×	×	×	×	×	保　　持			

① 清零的优先级最高，且为同步清零，即 $\overline{CR}=0$ 且在 CP 上升沿时计数器清零。

② 当 $\overline{CR}=1$ 时，$\overline{LD}$ 具有次优先权，当 $\overline{LD}=0$ 且 CP 上升沿时，计数器置数，即 $Q_3Q_2Q_1Q_0=D_3D_2D_1D_0$。

③ 当 $\overline{CR}=\overline{LD}=1$，且优先级别最低的使能端 $CT_P=CT_T=1$ 时，在 CP 上升沿触发下，计数器进行计数。

④ 当 $\overline{CR}=\overline{LD}=1$，且 CT_P 和 CT_T 中至少有一个为 0 时，CP 将不起作用，计数器保持原状态不变。

四位二进制数可表示十六种状态，用 74LS163 设计十二进制计数器时只用到其中的十二种状态，因此可以采用以下两种设计方式。

（1）反馈清零方式。

图 5.4.9（a）所示为用反馈清零方式设计的十二进制计数器，在 CP 的作用下，当 $Q_3Q_2Q_1Q_0$ 为"1011"时，下一个脉冲作用下状态将翻转为"0000"，对 74LS163 芯片来说就是"同步清零"的效果，因此从输出端 $Q_3Q_1Q_0$ 引信号通过与非门到 $\overline{CR}$ 端实现清零功能，从而使计数从 0000 开始。

这种利用计数器清零端的清零作用，截取计数过程中的某一个中间状态控制清零端，使计数器由此状态返回到零重新开始计数的计数器设计方式称为反馈清零方式。

(2) 反馈置数方式。如果利用 74LS163 的置数控制端 $\overline{LD}$，在 $Q_3Q_2Q_1Q_0$ 从 "1011" 转 "0000" 的过程中，令 $\overline{LD}=0$，从置数端送入 "0000"，同样能够达到反馈清零方式相同的效果，逻辑原理图如图 5.4.9（b）所示。

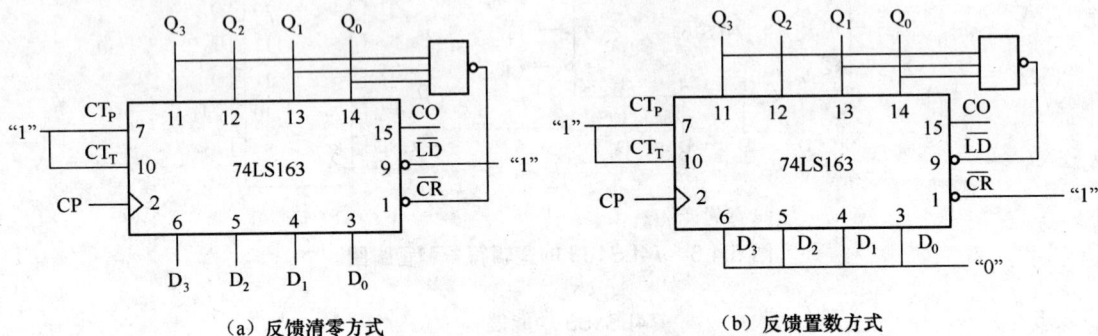

(a) 反馈清零方式　　　　　　　　　(b) 反馈置数方式

图 5.4.9　十二进制加法计数器逻辑电路图

2. 集成异步计数器 74LS196

图 5.4.10 所示为 74LS196 的逻辑符号和管脚图。

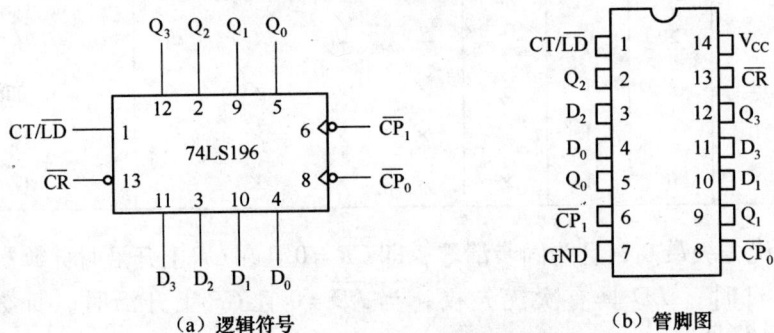

（a）逻辑符号　　　　　　　　　（b）管脚图

图 5.4.10　74LS196 的逻辑符号和管脚图

其管脚功能如下。

$\overline{CR}$：异步清除端，低电平有效。

$CT/\overline{LD}$：计数/置数控制端，$CT/\overline{LD}$ 为低电平时，不管时钟端 $\overline{CP_0}$、$\overline{CP_1}$ 状态如何，输出 $Q_3 \sim Q_0$ 即可预置成与数据输入端 $D_3 \sim D_0$ 相一致的状态；当 $CT/\overline{LD}$ 为高电平时，在 $\overline{CP_0}$、$\overline{CP_1}$ 脉冲下降沿进行计数操作。

$D_3 \sim D_0$：数据输入端。

$Q_3 \sim Q_0$：数据输出端。

$\overline{CP_0}$、$\overline{CP_1}$：时钟脉冲端，低电平有效。

74LS196 二-五-十进制计数器功能表如表 5.4.4 所示。

表 5.4.4   74LS196 二—五—十进制计数器功能表

输入								输出			
$\overline{CR}$	$CT/\overline{LD}$	$\overline{CP_0}$	$\overline{CP_1}$	D_0	D_1	D_2	D_3	Q_0	Q_1	Q_2	Q_3
0	×	×	×	×	×	×	×	0	0	0	0
1	0	×	×	d_0	d_1	d_2	d_3	d_0	d_1	d_2	d_3
1	1	↓	×	×	×	×	×	二分频	×	×	×
1	1	×	↓	×	×	×	×	×	五分频		

从表中可以看到：

① $\overline{CR}$ 优先级最高。

② 在 $\overline{CR}=1$，$\overline{LD}$ 低电平有效时，芯片起到预置数的效果，直接把 $D_3 \sim D_0$ 的数据送到 $Q_3 \sim Q_0$ 端。

③ 当计数脉冲由 $\overline{CP_0}$ 输入，则 Q_0 得到二分频输出；当另一个计数脉冲由 $\overline{CP_1}$ 输入，则 $Q_1 \sim Q_3$ 得到五分频输出。

④ 当计数脉冲由 $\overline{CP_0}$ 输入，Q_0 的输出接到 $\overline{CP_1}$ 端时，其电路图如图 5.4.11 (a) 所示，相应的计数时序图如图 5.4.11 (b) 所示，此时 74LS196 构成了 $Q_3Q_2Q_1Q_0$ 为 8421 码的十进制计数方式。

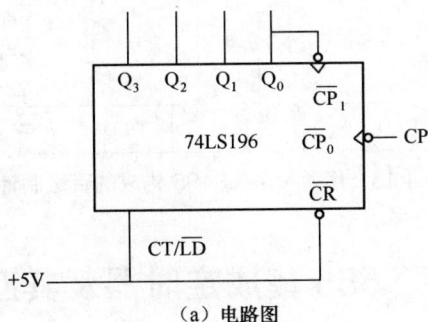

(a) 电路图

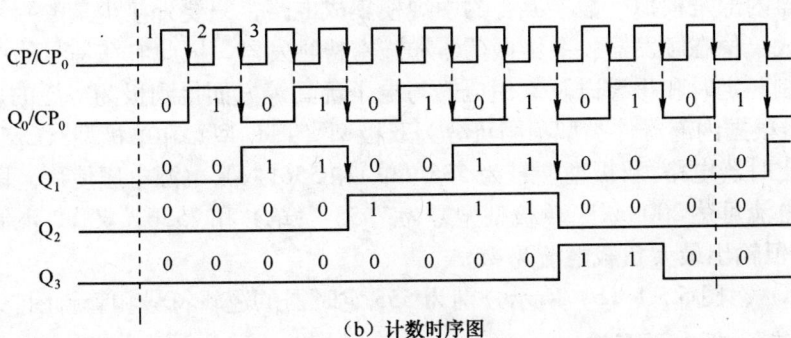

(b) 计数时序图

图 5.4.11   74LS196 构成的 8421 码十进制计数器

⑤ 当计数脉冲由 $\overline{CP_1}$ 输入，Q_3 的输出接到 $\overline{CP_0}$ 端时，其电路图如图 5.4.12 (a) 所示，

相应的计数时序图如图 5.4.12（b）所示，此时 74LS196 构成了 $Q_0Q_3Q_2Q_1$ 为 5421 码的十进制计数方式。

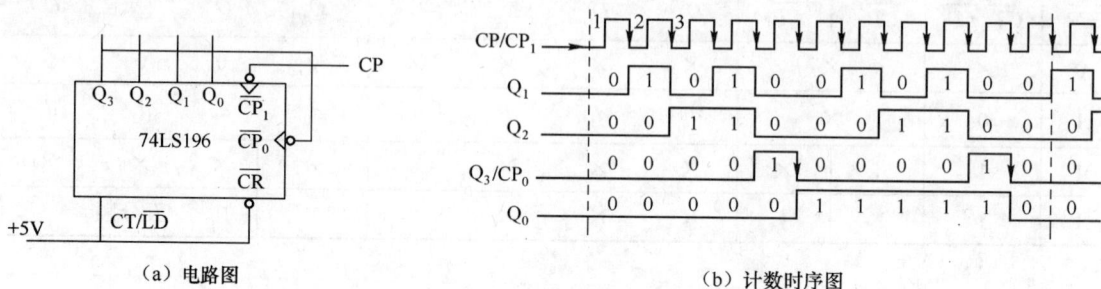

（a）电路图　　　　　　　　　　　　　（b）计数时序图

图 5.4.12　74LS196 构成的 5421 码十进制计数器

图 5.4.13 所示为利用 8421 码方式构成的百进制计数器，采用了两片 74LS196 芯片级联，将低位芯片的 Q_3 与高位芯片的 $\overline{CP_0}$ 相连。

集成计数器的种类很多，在实际应用中，计数只是数字系统的中间过程，经计数器获得的仅是行外人无法识别的"1"、"0"的字符串，需要在进一步处理后转换为数码管等显示信号或电动机等执行机构的工作状态，才算达到了系统的目标。

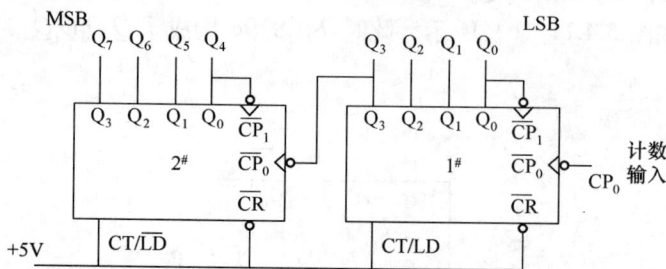

图 5.4.13　用两片 74LS196 构成的百进制计数器

5.5　555 集成定时器及其应用

555 定时器内部是模拟—数字混合的中规模集成电路，只要外接少量的阻容元件，就可以很方便地构成单稳态触发器、多谐振荡器和施密特触发器，因此它在信号的产生与变换、自动检测及控制、定时和报警以及家用电器与电子玩具等方面得到极为广泛的应用。

555 定时器根据内部器件类型不同可分为双极型（TTL 型）和单极型（CMOS 型），它们均有单或双定时器电路。双极型型号为 555（单）和 556(双)，电源电压使用范围为 5~16V，输出最大负载电流可达 200mA。单极型型号为 7555（单）和 7556（双），电源电压使用范围为 3~18V，但输出最大负载电流为 4mA。

图 5.5.1（a）、图 5.5.1（b）所示分别为 555 定时器的逻辑符号和管脚图。

$\overline{R_D}$：清零端，低电平有效。

U_{I1}：阈值输入端。

U_{I2}：触发输入端。

DIS：放电端。

V_C：控制电压端。

OUT：输出端。

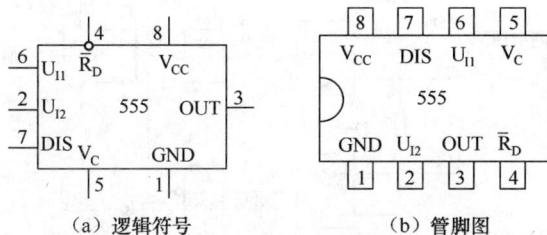

（a）逻辑符号　　　　　　（b）管脚图

图 5.5.1　555 定时器的逻辑符号和管脚图

表 5.5.1 所示为 V_C 端无外加固定电压时 555 定时器的功能表。

表 5.5.1　　　　　　　　　　　　555 定时器功能表

$\overline{R}_D$	U_{I1}	U_{I2}	OUT	放电管
1	$>\frac{2}{3}V_{CC}$	$>\frac{1}{3}V_{CC}$	0	导通
1	$<\frac{2}{3}V_{CC}$	$>\frac{1}{3}V_{CC}$	原态	原态
1	×	$<\frac{1}{3}V_{CC}$	1	截止
0	×	×	0	导通

从功能表中可知，555 定时器有如下功能。

（1）当复位输入端 $\overline{R}_D = 0$ 时，不管其他输入端状态如何，系统直接复位，输出 OUT 为"0"态。

（2）置"0"功能：当阈值输入 $U_{I1} > \frac{2}{3}V_{CC}$，触发输入 $U_{I2} > \frac{1}{3}V_{CC}$ 时，输出 OUT 也为"0"态。

（3）置"1"功能：当 $U_{I1} < \frac{2}{3}V_{CC}$、$U_{I2} < \frac{1}{3}V_{CC}$ 时，输出 OUT 为"1"态。

（4）维持功能：当 $U_{I1} < \frac{2}{3}V_{CC}$、$U_{I2} > \frac{1}{3}V_{CC}$ 时，输出 OUT 状态维持不变。

（5）放电功能：当放电管导通时，DIS 端的信号将通过放电管产生电流，当放电管截止时，电阻极大，DIS 端相当于开路。

555定时器的内部结构。

图 5.5.2 所示是 555 定时器的内部结构，5 号脚接入了 3 个完全相等的电阻串联电路，由于运放无论在线性或非线性状态都有"虚断"的特性，因此在 5 号脚未接入控制电压时，无论是 C_1 的同相输入端还是 C_2 的反相输入端，其电压都是在电阻与电源作用下的分压，即 C_1 的同相输入端电压为 $\frac{2}{3}V_{CC}$，而 C_2 的反相输入端电压为 $\frac{1}{3}V_{CC}$，但如果 5 号脚引入了控制电压，两个运放输入端的电压就完全受控制电压 V_C 影响了，即 C_1 的同相输入端电压等于控制电压，C_2 的反相输入端电压等于控制电压的一半。

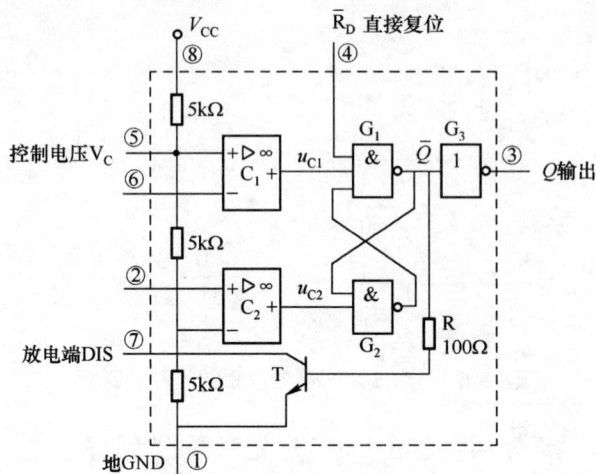

图 5.5.2 555 定时器内部结构

两个运放的输出端接的是由与非门组成的 RS 触发器，该触发器输入信号低电平有效，因此，如果 u_{C1} 输出低电平，则触发器的 $\bar{Q}$ 端就被 "置 1"，如果 u_{C2} 输出低电平，则触发器的 $\bar{Q}$ 端就被 "清 0"，$\bar{Q}$ 端接在三极管的基极，三极管导通的基本条件是发射结正向偏置，在 $\bar{Q}$ 端高电平情况下，三极管可以导通，而 $\bar{Q}$ 端低电平时，三极管就不能导通了。对 555 定时器的输出端 3 号脚来说，其状态正好和 RS 触发器的 $\bar{Q}$ 端相反。

对 RS 触发器来说，其输入端，即 u_{C1} 和 u_{C2} 不能同时为低电平，而同时为高电平时触发器状态将保持，如果有效控制了 2、6 号脚的电压，就可以得到输出状态翻转的效果了。图 5.5.2 中的两个运放均不带任何反馈回路，因此是非线性放大，此时只要同相输入端电压大于反相输入端电压，输出即为正饱和电压，同相输入端电压小于反相输入端电压，输出即为负饱和电压（这里未接负电源，负饱和电压约等于 0V）。

从功能表可以看到，要想在输出端获得状态的周期性翻转，关键是在直流电源供电的前提下产生一个变化的波形，这时可利用电容的充放电特性。如果输入端输入大于 $\frac{2}{3}V_{CC}$ 的电压，则输出电压持续 "0" 态，输入小于 $\frac{1}{3}V_{CC}$ 的电压，输出电压持续 "1" 态。电路如图 5.5.3（a）所示，在电源送电瞬间，电容 C 的电压为零，阈值输入端 U_{I1} 和触发输入端 U_{I2} 的电压均为零，OUT 端输出 "1"；随着电容充电过程的延续，电容电压逐渐升高，U_{I1}、U_{I2} 电压大于 $\frac{1}{3}V_{CC}$ 时，OUT 端保持 "1"，同时放电管保持截止状态，直到电容充电电压超过 $\frac{2}{3}V_{CC}$，OUT 端输出置 "0"，同时放电管导通，由于电路的特殊性，电容将通过 DIS 端放电；当电容端电压下降到低于 $\frac{1}{3}V_{CC}$ 时，OUT 端重新置为 "1"，放电管重新截止，电容恢复充电过程。V_C 端通过耦合电容接地，不产生控制作用。可以看到，电容充电的速度由电容 C、电阻 R_1、R_P 和 R_2 的参数决定，而电容放电的过程则由电容 C、电阻 R_2 和可调电位器 R_P 的一部分决定。电容端电压即 2、6 号脚电压和输出电压波形图如图 5.5.3（b）所示。

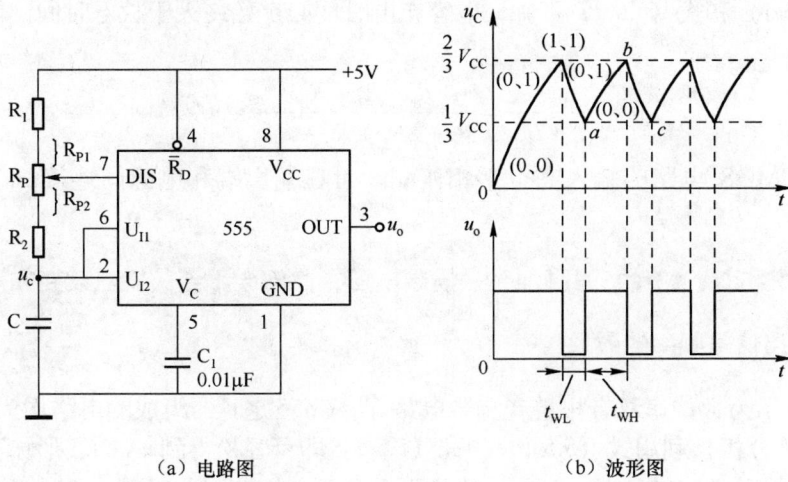

（a）电路图　　　　　　（b）波形图

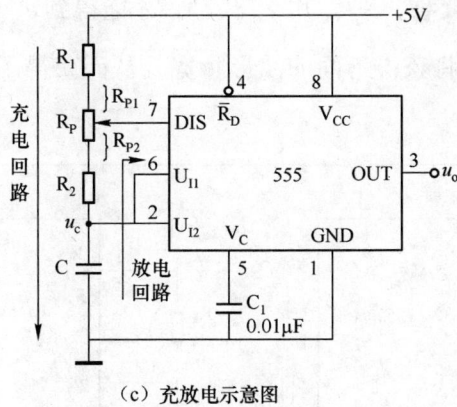

（c）充放电示意图

图 5.5.3　555 定时器电路

从图 5.5.3（c）所示的电容充放电回路可以确定输出波形的脉宽，其中充电时间，即 t_{WH} 为

$$t_{WH}=(R_1+R_2+R_P)C\ln\frac{V_{CC}-\frac{1}{3}V_{CC}}{V_{CC}-\frac{2}{3}V_{CC}}=0.7(R_1+R_2+R_P)C \tag{5.5.1}$$

放电时间，即 t_{WL} 为

$$t_{WL}=(R_2+R_{P2})C\ln\frac{0-\frac{2}{3}V_{CC}}{0-\frac{1}{3}V_{CC}}=0.7(R_2+R_{P2})C \tag{5.5.2}$$

故振荡频率为

$$f=\frac{1}{t_{WH}+t_{WL}}=\frac{1}{0.7(R_1+2R_2+R_P+R_{P2})C} \tag{5.5.3}$$

241

由式（5.5.1）和式（5.5.2）可知，电容充电时间必定始终大于放电时间，因此矩形波的占空比为

$$q=\frac{t_{WH}}{t_{WH}+t_{WL}}=\frac{R_1+R_2+R_P}{R_1+2R_2+R_P+R_{P2}}>50\%\tag{5.5.4}$$

若要与 CMOS 电路的输入高电平相匹配，可在输出端和电源间连接一个 $1k\Omega$ 的上拉电阻。

如果在图5.5.3（a）的5号脚加入一控制电压，试问会不会获得与改变充放电回路电阻相同的改变输出信号频率的效果？

图 5.5.4 所示为救护车双音报警音响器电路。两级 555 定时器组成的电路均为多谐振荡器，根据图 5.5.3 的分析，利用式（5.5.1）和式（5.5.2）即可轻松得到 u_{o1} 的波形脉宽；第二级多谐振荡器电路与图 5.5.3 区别在于，u_{o1} 的信号引入了它的控制电压端，此时式（5.5.1）和式（5.5.2）中的 $\frac{1}{3}V_{CC}$ 用 $\frac{u_{o1}}{2}$ 代替，$\frac{2}{3}V_{CC}$ 用 u_{o1} 代替，才能得到 u_{o2} 的波形脉宽。因 u_{o1} 的波形高低电平电压不同，u_{o2} 也将获得不同的波形脉宽，从而获得了双音输出。其输出波形效果如图 5.5.5 所示。

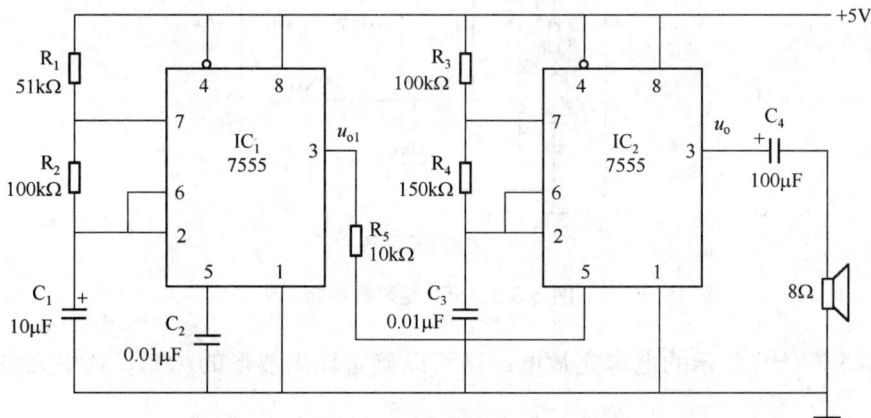

图 5.5.4　救护车双音报警音响器电路

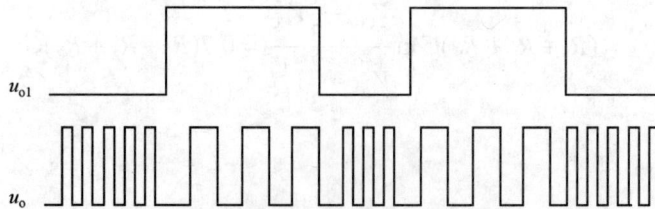

图 5.5.5　救护车双音报警音响器电路两级输出电压波形示意图

图 5.5.6（a）所示为住宅楼道常用的触摸定时开关原理图，触摸定时开关的基本原理又称为单稳态触发。

平时由于触摸片 P 端无感应电压，电容 C_1 通过 555 第 7 脚放电完毕，第 3 脚输出低电平，这时继电器 KA 释放，电灯回路不通，灯不亮。

当需要开灯时，用手触碰一下金属片 P，人体感应的杂波信号电压由 C_2 加至 555 的触发端，使 555 的输出由低电平变成高电平，继电器 KA 吸合，电灯点亮。同时，555 第 7 脚内部的放电管截止，电源通过 R_1 给 C_1 充电，这就是定时的开始。当电容 C_1 上电压上升至电源电压的 2/3 时，u_{c1} 端电压大于 $\frac{2}{3}V_{CC}$，555 的第 7 脚导通使 C_1 放电，第 3 脚输出由高电平变回到低电平，继电器释放，电灯熄灭，定时结束，工作效果如图 5.5.6 (b) 波形图所示。

定时长短由 R_1、C_1 决定，即 $T_1=1.1R_1 \cdot C_1$。按图 5.5.6 (a) 中所标参数可知，定时时间约为 4min。VD_1 为续流二极管，可选用 1N4148 或 1N4001。

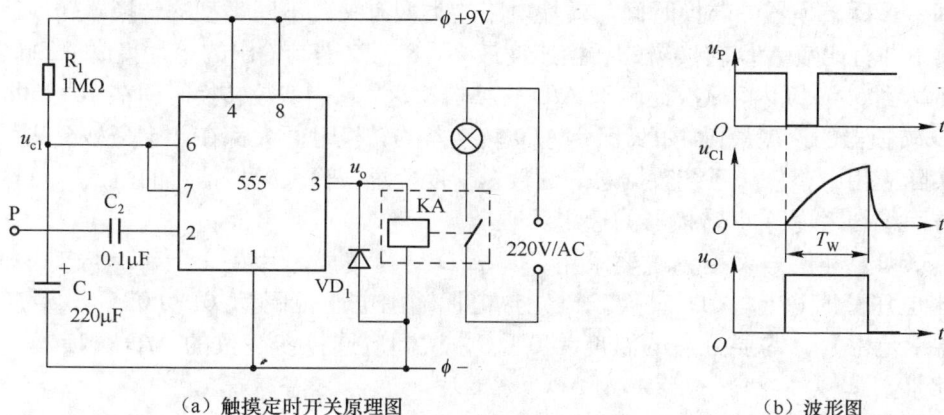

(a) 触摸定时开关原理图　　　　(b) 波形图

图 5.5.6　触摸定时开关

555定时器怎么用?

在数字电路中，555 定时器与其他数字芯片相比功能烦琐了很多，从内部结构来看，它也是一个模拟信号处理和数字信号处理相结合的芯片，因此，它可以非常灵活地与外电路配合，实现多谐振荡器、单稳态触发器等功能。计数器加上由 555 组成的多谐振荡器，就变成了计时器。

5.6　A/D 转换器与 D/A 转换器

通常把能将模拟信号转换成相应数字信号的电路称为模/数转换器（即 A/D 转换器），把能将数字信号转换成相应模拟信号的电路称为数/模转换器（即 D/A 转换器）。在实际应用中根据不同的信号处理要求，有非常多的集成电路器件可供选用，例如，数字万用表和污水处理系统。

概念：模/数（A/D）转换器的技术指标

A/D 转换器的主要技术指标有转换精度、转换速度等。选择 A/D 转换器时，除考虑这两项技术指标外，还应注意满足其输入电压的范围、输出数字的编码、工作温度范围和电压稳定度等方面的要求。

单片集成 A/D 转换器的转换精度是用分辨率和转换误差来描述的。A/D 转换器的分辨率以输出二进制（或十进制）数的位数来表示。它说明 A/D 转换器对输入信号的分辨能力。从理论上讲，n 位输出的 A/D 转换器能区分 2^n 个不同等级的输入模拟电压，能区分输入电压的最小值为满量程输入的 $1/2^n$。在最大输入电压一定时，输出位数愈多，分辨率愈高。例如 A/D 转换器输出为 8 位二进制数，输入信号最大值为 5V，那么这个转换器应能区分出输入信号的最小电压为 9.53mV。转换误差通常是以输出误差的最大值形式给出。它表示 A/D 转换器实际输出的数字量和理论上的输出数字量之间的差别。常用最低有效位的倍数表示。例如给出相对误差 $\leqslant \pm LSB/2$，这就表明实际输出的数字量和理论上应得到的输出数字量之间的误差小于最低位的半个字符。

转换时间是指 A/D 转换器从转换控制信号到来开始，到输出端得到稳定的数字信号所经过的时间。A/D 转换器的转换时间与转换电路的类型有关。不同类型的转换器转换速度相差甚远。其中并行比较 A/D 转换器的转换速度最高，8 位二进制输出的单片集成 A/D 转换器转换时间可达到 50ns 以内，逐次比较型 A/D 转换器次之，它们多数转换时间在 $10\sim50\mu s$ 以内，间接 A/D 转换器的速度最慢，如双积分 A/D 转换器的转换时间大都在几十毫秒至几百毫秒之间。在实际应用中，应从系统数据总的位数、精度要求、输入模拟信号的范围以及输入信号极性等方面综合考虑 A/D 转换器的选用。

【例 5.6.1】某信号采集系统要求用一片 A/D 转换集成芯片在 1s（秒）内对 16 个热电偶的输出电压分时进行 A/D 转换。已知热电偶输出电压范围为 $0\sim0.025V$（对应于 $0\sim450^\circ C$ 温度范围），需要分辨的温度为 $0.1^\circ C$，试问应选择多少位的 A/D 转换器，其转换时间是多少？

解：对于 $0\sim450^\circ C$ 温度范围，信号电压为 $0\sim0.025V$，分辨温度为 $0.1^\circ C$，这相当于 $\dfrac{0.1}{450}=\dfrac{1}{4500}$ 的分辨率。12 位 A/D 转换器的分辨率为 $\dfrac{1}{2^{12}}=\dfrac{1}{4096}$，所以必须选用 13 位的 A/D 转换器。

系统的取样速率为每秒 16 次，取样时间为 62.5ms。对于这样慢速的取样，任何一个 A/D 转换器都可达到。可选用带有取样/保持（S/H）的逐次比较 A/D 转换器或不带 S/H 的双积分式 A/D 转换器。

概念：数/模（D/A）转换器的技术指标

D/A 转换器的主要技术指标包括转换精度、转换速度和温度特性等。

D/A 转换器的转换精度通常用分辨率和转换误差来描述。分辨率用于表示 D/A 转换器对输入微小量变化的敏感程度。输入数字量位数越多，输出电压可分离的等级越多，即分辨率越高。在实际应用中，往往用输入数字量的位数表示 D/A 转换器的分辨率。而为获得高精度的 D/A 转换精度，不仅应选择位数较多的高分辨率的 D/A 转换器，还要关注转换器的转换误差。

当 D/A 转换器输入的数字量发生变化时，输出的模拟量并不能立即达到所对应的量值，它需要一段时间。通常用建立时间和转换速率两个参数来描述 D/A 转换器的转换速度。实际应用中，要实现快速 D/A 转换不仅要求 D/A 转换器有较高的转换速率，而且还应选用转换速率较高的集成运算放大器。

如图 5.6.1（a）所示的 AD7520 即为 10 位的 D/A 转换集成芯片，因输出端为电流输出，具体应用时需外接集成运算放大器和基准电压源，如图 5.6.1（b）所示。数模转换的效果是：输入 10 位数码全为 0 时对应输出电压最小值，输入 10 位数码全为 1 时对应输出满量程电压。

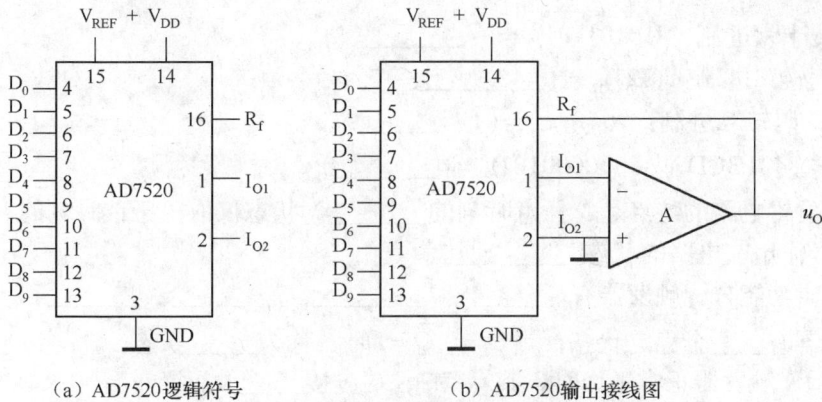

（a）AD7520逻辑符号 （b）AD7520输出接线图

图 5.6.1 AD7520 D/A 转换器

实际应用时，需要考虑工程所需要的数据处理精度和模拟量量程是否与转换器符合。

本 章 小 结

1. 不同的逻辑门具有各自独特的逻辑关系，对基本逻辑门和常见的复合逻辑门，根据输入信号的不同逻辑电平应能运算得到输出逻辑电平状态；对与、或、非三种基本逻辑关系，应能根据真值表推断逻辑关系。

2. 组合逻辑电路的输出状态只决定于现时刻的输入情况，而与电路原来状态无关。若已知逻辑图，应根据逻辑门的逻辑关系列出逻辑表达式，并进行逻辑化简，或列出对应的真值表，分析逻辑关系；若已知逻辑关系，应能列出对应的真值表，并写出逻辑表达式，再进行化简，最后绘制逻辑图。

3. 编码器、译码器、译码显示器均为集成的组合逻辑电路，应具有对芯片逻辑功能的识别能力，并能进行组合逻辑电路的识图。

4. 触发器是时序电路的基本单元，基本功能是存储一位二进制信息。常见的触发器有 RS 触发器、JK 触发器、D 触发器、T 触发器、T′ 触发器等，应理解常见触发器的逻辑功能。

5. 时序逻辑电路的特点是任意时刻的输出信号不仅和当时的输入信号有关，而且与信号作用前电路原来的状态有关。理解时序电路驱动方程、状态方程、输出方程的由来，并能进行集成计数器电路的识图。

6. 555 定时器是由模拟电路和数字电路组合而成的集成芯片，需要关注的是，它的输入有两个阈值电压，输出则表现为数字逻辑信号，555 定时器在实际应用中有很多种不同的电路，应理解书中列出的几种电路的工作原理。

7. 理解 A/D 转换器和 D/A 转换器的概念，理解转换器技术指标与实际应用的关系。

本 章 习 题

一、填空题

1. 十进制转二进制：$(54)_{10}$ = (_____)$_2$。

二进制转十进制：$(11010)_2$ = (_____)$_{10}$。

二进制转十六进制：$(10101101)_2 = ($ _____ $)_{16}$。

十六进制转二进制：$(321)_{16} = ($ _____ $)_2$。

8421BCD 码转二进制：$(64)_{8421码} = ($ _____ $)_2$。

二进制转 8421BCD 码：$(10000101)_2 = ($ _____ $)_{8421码}$。

2．组合逻辑电路的特点是：任意时刻的_____状态仅取决于该时刻的_____状态，而与信号作用前电路的状态_____。

3．按逻辑功能分，触发器有_____、_____、_____、_____和_____ 5 种。

4．触发器有____个稳定状态，当 $Q=0,\overline{Q}=1$ 时，称为____状态。

5．集成 JK 触发器正常工作时，其 $\overline{R}_d$ 和 $\overline{S}_d$ 端应接____电平。

6．JK 触发器的特征方程是_____，它具有____、____、____和____功能。

7．寄存器要存放 n 位二进制数码时，需要_____个触发器。

8．时序逻辑电路由_____和_____两大部分组成，通过_____法和_____法可以将 N 进制计数器计数器构成任意进制。

9．一个五进制计数器也可以称为_____分频器。

10．将模拟信号转换为数字信号应采用____转换器。将数字转换成为模拟信号应采用____转换器

11．A/D 转换器的分辨率为____，与转换的____有关，____越多，精度越____。

12．设满量程输入为 1V，转换位数为 10 位，则 A/D 转换器最小可分辨的电压为____，分辨率为____。

二、选择题

1．组合逻辑电路通常由（　　）组合而成。

A．门电路　　　　　B．触发器　　　　　C．计数器

2．在下列逻辑电路中，不是组合逻辑电路的有（　　）。

A．译码器　　　　　B．寄存器　　　　　C．全加器

3．满足特征方程 $Q^{n+1}=\overline{Q^n}$ 的触发器称为（　　）。

A．D 触发器　　　B．T 触发器　　　C．T′ 触发器

4．当触发器的异步输入端 $\overline{R}_d=0$，$\overline{S}_d=1$ 时，触发器（　　）。

A．直接置 1　　　B．直接置 0　　　C．状态不变

5．有一位二进制数码需要暂时存放起来，应选用（　　）。

A．触发器　　　B．2 选 1 数据选择器　　　C．全加器

6．JK 触发器在 CP 作用下，若状态必须发生翻转，则应使（　　）。

A．$J=K=0$　　　B．$J=K=1$　　　C．$J=0,K=1$

7．3 位二进制计数器，最多能构成模值为（　　）的计数器。

A．2^3　　　B．2^3-1　　　C．2^3+1

8．十进制计数器最高位输出的周期是输入 CP 脉冲周期的（　　）。

A．10 倍　　　B．0.1 倍　　　C．2^{10} 倍

三、试完成下列数制转换

1．将下列十进制数转换为二进制数：75、28、12。

2．将下列各数转换为十进制数：$(10110)_2$、$(11110)_2$、$(16)_{16}$、$(30)_{16}$。

3．将下列各数转换为十六进制数：$(10110)_2$、$(11110)_2$、$(10011010)_2$。

4．将下列各数转换为二进制数：$(160)_{16}$、$(23)_{16}$、$(30)_{16}$。

5．将下列各数写成 8421BCD 码：75、28、12。

6．将下列 8421BCD 码写成十进制数：$(01000110)_{BCD}$、$(10010101)_{BCD}$。

四、分析题

1．分别用代数法和卡诺图法将 $Z = A\overline{B}\overline{C} + ABC + \overline{A}\overline{B}C + \overline{A}B\overline{C}$ 化为最简与式式。

2．试画出题图 5.1 所示各门电路的输出波形。

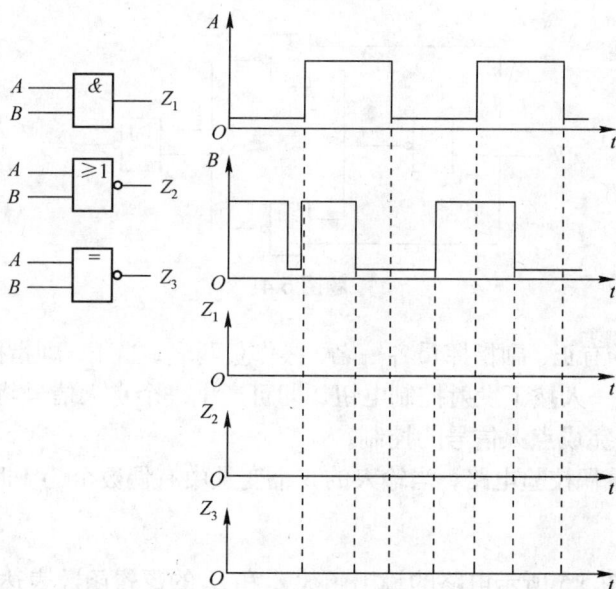

题图 5.1

3．题图 5.2 中给出了逻辑电路图和它的输入状态波形，试求输出端 Y 的状态波形。（提示：应先写出逻辑函数表达式，并列出真值表，图中已对状态变化用虚线进行了标识，根据真值表即可得到输出波形）

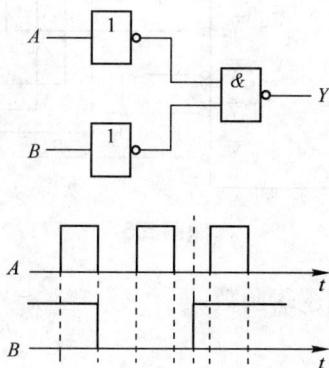

题图 5.2

4．分析如题图 5.3 所示逻辑电路的逻辑功能。

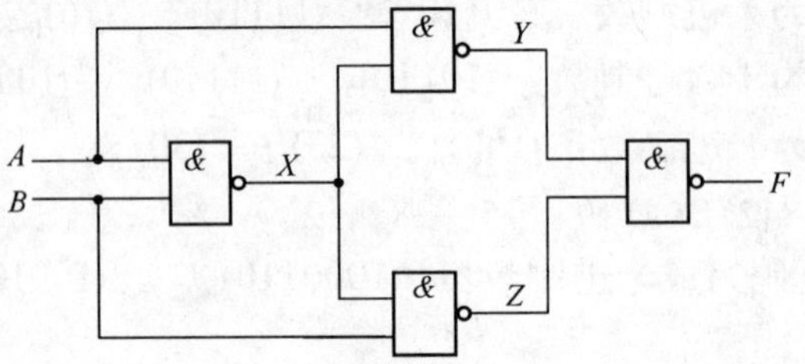

题图 5.3

5．试分析题图 5.4 所示逻辑电路的逻辑功能。

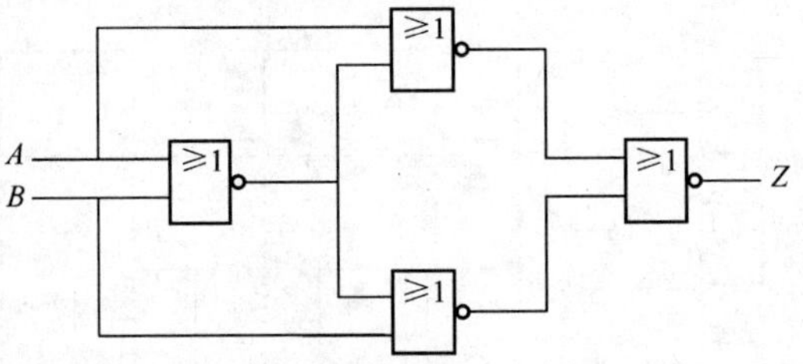

题图 5.4

6．某导弹发射场有正、副指挥员各一名，操作员两名。当正、副指挥员同时发出命令时，只要两名操作员中有一人按下发射控制电钮，即可产生一个点火信号将导弹发射出去。试设计一个组合逻辑电路完成点火信号的控制。

7．设计一三变量偶校验电路，当输入的 3 个变量中有偶数个为 1 时（含 0），输出为 1，否则为 0。

8．试写出如题图 5.5 所示电路的输出函数 Z_1 和 Z_2 的逻辑函数表达式。

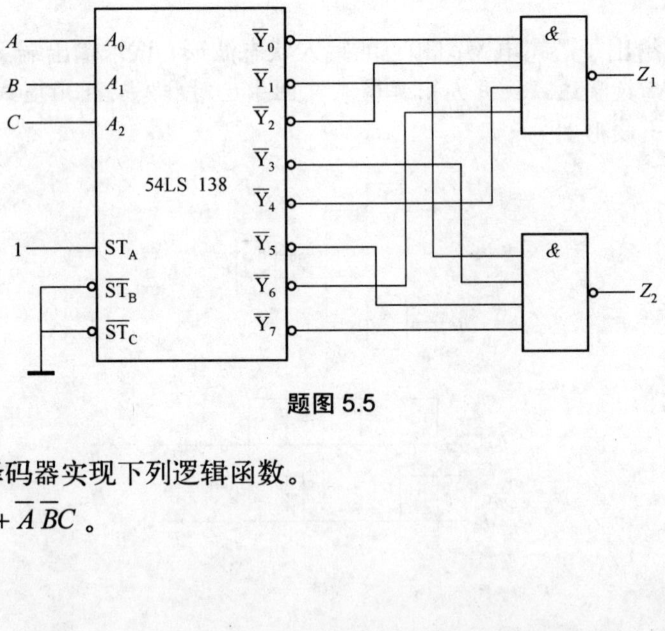

题图 5.5

9．用 3-8 线译码器实现下列逻辑函数。

（1）$Z = \overline{A}BC + \overline{A}\,\overline{B}C$。

(2)　$Z = ABC + \overline{A}(B + C)$。

(3)　$Z = AB + BC$。

10．在图 5.3.1（a）所示的基本 RS 触发器电路中。已知触发器输入信号如题图 5.6 所示，试画出 Q 端的输出波形。

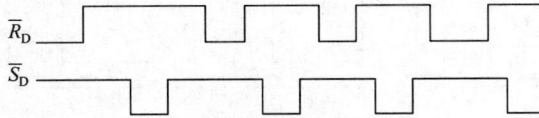

题图 5.6

11．在同步 RS 触发器中，若初始状态为 1，试根据题图 5.7 所示的 CP、R、S 信号波形，试画出 Q 和 $\overline{Q}$ 端波形。

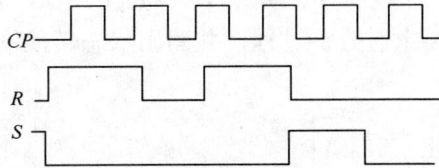

题图 5.7

12．在上升沿 D 触发器中，已知 CP 和 D 的输入波形如题图 5.8 所示，试画出 Q 和 $\overline{Q}$ 端的波形，设触发器的初态为 0。

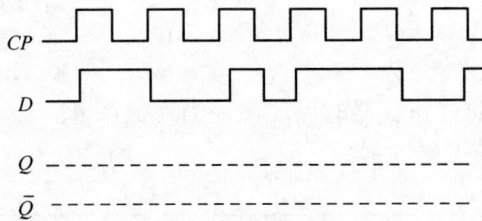

题图 5.8

13．已知下降沿 JK 触发器 CP、JK 和 $\overline{R}_D$、$\overline{S}_D$ 的波形，如题图 5.9 所示，画出输出端 Q 的波形，设触发器初始状态为 1。

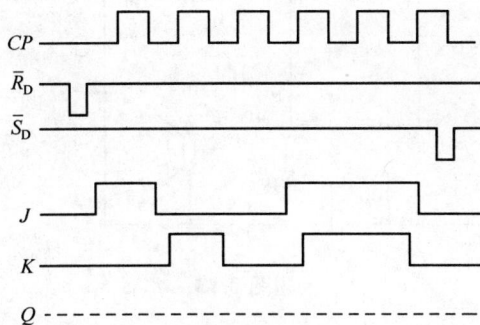

题图 5.9

14. 试分析题图 5.10 所示电路的逻辑功能,写出电路的驱动方程、状态方程、输出方程,画出状态转换图和时序图,并判断电路能否自启动。

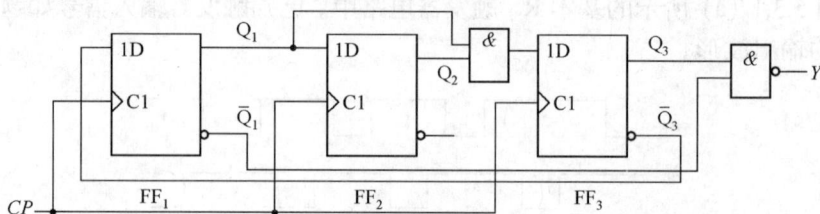

题图 5.10

15. 已知同步 4 位二进制加法计数器 74LS163 构成的电路如题图 5.11 所示,分析图示电路构成了几进制的计数器,要求有分析过程,并画出状态转换图。

16. 已知同步 4 位二进制加法计数器 74LS163 构成的电路如题图 5.12 所示,分析图示电路构成了几进制的计数器,要求有分析过程,并画出状态转换图。

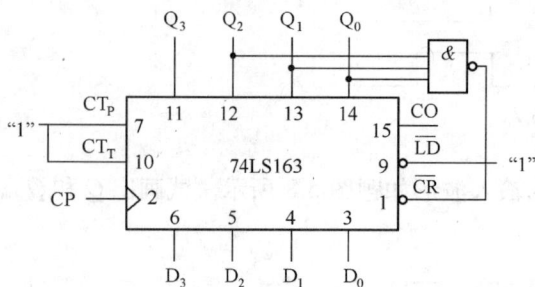

题图 5.11

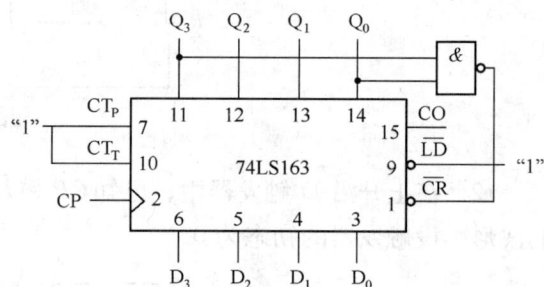

题图 5.12

17. 题图 5.13 所示为防盗报警器的原理图,当连接在 4、1 脚的铜线被碰断时,电路就发出报警信号,分析电路的工作过程。

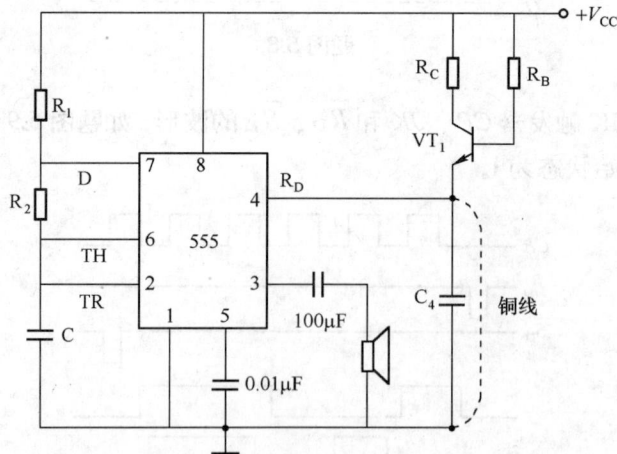

题图 5.13

18. 试问 A/D 转换器的作用是什么? D/A 转换器的作用是什么?

附录　温度测量和热电偶

一、温度测量的基本概念

温度是表示物体冷热程度的物理量。温度只能通过物体随温度变化的某些特性来间接测量，而用来量度物体温度数值的标尺叫温标。它规定了温度的读数起点（零点）和测量温度的基本单位。目前国际上用得较多的温标有华氏温标、摄氏温标、热力学温标和国际实用温标，中国采用的是摄氏温标。

二、温度测量仪表的分类

温度测量仪表按测温方式可分为接触式和非接触式两大类。

通常来说，接触式测温仪表比较简单、可靠、测量精度较高。但其测温元件与被测介质需要进行充分的热交换，需要一定的时间才能达到热平衡，所以存在测温的延迟现象，同时受耐高温材料的限制，它不能应用于很高的温度测量。附图 1.1 所示的数字温度计即为接触式测温仪表，一般利用热电偶与仪表配合进行测温。

非接触式测温仪表是通过热辐射原理来测量温度的，测量元件不需要与被测介质接触，其测温范围广，不受测温上限的限制，也不会破坏被测物体的温度场，反应速度一般也比较快但其受到物体的发射率、测量距离、烟尘和水气等外界因素的影响，其测量误差较大。附图 1.2 所示为非接触式红外测温仪。

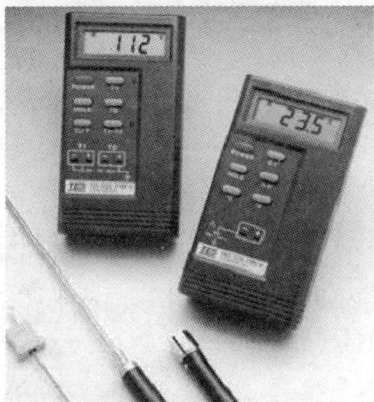

附图 1.1　数字温度计

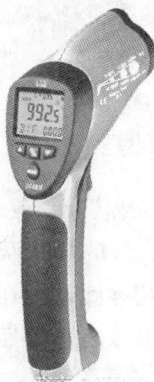

附图 1.2　非接触式测温仪

三、测温器

1. 热电阻（如附图 1.3 所示）

热电阻是中低温区最常用的一种温度检测器。它的主要特点是测量精度高，性能稳定。其中铂热电阻的测量精度是最高的，它不仅广泛应用于工业测温，而且被制成标准的基准仪。

① 热电阻测温原理及材料：热电阻测温是基于金属导体的电阻值随温度的增加而增加这一特性来进行温度测量的。热电阻大都由金属材料制成，目前应用最多的是铂和铜，此外，现在已开始采用铑、镍、锰等材料制造热电阻。

② 热电阻测温系统的组成：热电阻测温系统一般由热电阻、连接导线和数码温度控制显示表等组成。需要注意的是，热电阻和数码温度控制显示表的分度号必须一致，为了消除连接导线电阻变化的影响，必须采取三线制接法。

2. 热敏电阻（见附图 1.4）

NTC 热敏电阻器具有体积小、测试精度高、反应速度快、稳定可靠、抗老化、可互换、一致性好等特点。它广泛应用于空调、暖气设备、电子体温计、液位传感器、汽车电子、电子台历等领域。

3. 热电偶（见附图 1.5）

热电偶是工业上最常用的温度检测元件之一。其优点如下所示。

① 测量精度高。因热电偶直接与被测对象接触，不受中间介质影响。

② 测量范围广。常用的热电偶从 -50 ~ +1600℃ 均可连续测量，某些特殊热电偶最低可达 -269℃（如金铁镍铬），最高可达 +2800℃（如钨-铼）。

③ 构造简单，使用方便。热电偶通常是由两种不同的金属丝组成，而且不受大小和开头的限制，外有保护套管，用起来非常方便。

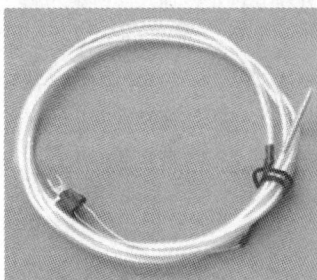

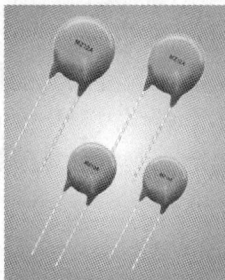

附图 1.3　热电阻　　　附图 1.4　热敏电阻　　　附图 1.5　热电偶

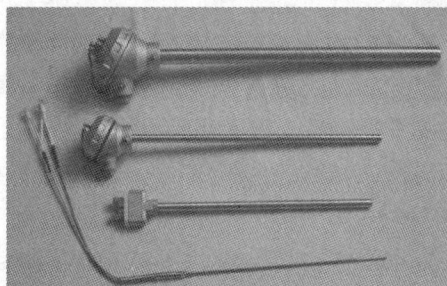

四、热电偶

1. 热电偶测温基本原理

两种不同成分的导体两端经焊接、形成回路，直接测温端叫测量端，接线端子端叫参比端。当测量端和参比端存在温差时，两者之间便产生电动势，因此在回路中产生热电流，这种现象称为热电效应。接显示仪表，仪表上就指示等同热电偶所产生的热电动势的温度值。

因此，热电偶温度计由 3 部分组成的，即热电偶（感温元件）、测量仪表、连接热电偶和测量仪表的导线（补偿导线及铜线），如附图 1.6 所示。

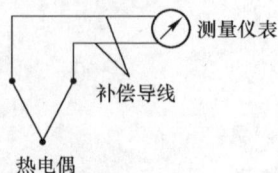

附图 1.6　热电偶温度计

2. 热电偶的种类及结构

（1）热电偶的种类。常用热电偶可分为标准热电偶和非标准热电偶两大类。所谓标准热电偶是指国家标准规定了其热电势与温度的关系、允许误差、并有统一的标准分度表的热电偶，它有与其配套的显示仪表可供选用。非标准化热电偶在使用范围或数量级上均不及标准化热电偶，一般也没有统一的分度表，主要用于某些特殊场合的测量。

我国从 1988 年 1 月 1 日起，热电偶和热电阻全部按 IEC 国际标准生产，并指定 S、B、E、K、R、J、T（即分度号）7 种标准化热电偶为我国统一设计型热电偶。

（2）热电偶的结构形式可以保证热电偶可靠、稳定地工作，对它的结构要求如下。

① 组成热电偶的两个热电极的焊接必须牢固。

② 两个热电极彼此之间应很好地绝缘，以防短路。

③ 补偿导线与热电偶自由端的连接要方便可靠。

④ 保护套管应能保证热电极与有害介质充分隔离。

3. 热电偶冷端的温度补偿

由于热电偶的材料一般都比较贵重（特别是采用贵金属时），而测温点到仪表的距离都很远，为了节省热电偶材料，降低成本，通常采用补偿导线把热电偶的冷端（参比端）延伸到温度比较稳定的控制室内，连接到仪表端子上。附图 1.7 所示为常见的补偿导线。必须指出，热电偶补偿导线只起延伸热电极，使热电偶的冷端移动到控制室的仪表端子上的作用，它本身并不能消除冷端温度变化对测温的影响，不起补偿作用。因此，还需采用其他修正方法来补偿冷端温度 $t_0 \neq 0°C$ 时对测温的影响。

附图 1.7　补偿导线

在使用热电偶补偿导线时必须注意型号相配，极性不能接错，补偿导线与热电偶连接端的温度不能超过100°C。

4. 热电偶选型

选择热电偶要根据使用温度范围、所需精度、使用气氛、测定对象的性能、响应时间和经济效益等综合考虑。

（1）测量精度和温度测量范围的选择。使用温度在1300~1800°C，要求精度又比较高时，一般选用 B 型热电偶；要求精度不高，在环境允许和温度高于1800°C 时一般选用钨铼热电偶；使用温度在1000~1300°C，要求精度又比较高时可用 S 型热电偶和 N 型热电偶；温度在1000°C以下一般用 K 型热电偶和 N 型热电偶，温度低于400°C 一般用 E 型热电偶；温度250°C 下以及负温测量一般用 T 型电偶，在低温时 T 型热电偶稳定而且精度高。

（2）使用气氛的选择。S 型、B 型、K 型热电偶适合于强的氧化和弱的还原环境中使用，J 型和 T 型热电偶适合于弱氧化和还原气氛，若使用气密性比较好的保护管，对环境的要求就不太严格。

（3）耐久性及热响应性的选择。线径大的热电偶耐久性好，但响应较慢一些，对于热容量大的热电偶，响应就慢，测量梯度大的温度时，在温度控制的情况下，控温就差。要求响应时间快又要求有一定的耐久性，选择铠装热电偶比较合适。

（4）测量对象的性质和状态对热电偶的选择。运动物体、振动物体、高压容器的测温要求机械强度高，有化学污染的环境要求有保护管，有电气干扰的情况下要求绝缘比较高。

选型流程：型号→分度号→防爆等级→精度等级→安装固定形式→保护管材质→长度或插入深度。

参 考 文 献

[1] 李开慧. 电工电子技术基础. 北京：人民邮电出版社，2008

[2] 王兆奇. 电工基础. 北京：机械工业出版社，2005

[3] 沈任元，吴勇. 常用电子元器件简明手册. 北京：机械工业出版社，2005

[4] Darren Ashby 尹华杰. 电子电气工程师必知必会（第2版）. 北京：人民邮电出版社，2010

[5] 周良权，方向乔. 数字电子技术基础（第3版）. 北京：高等教育出版社，2008

[6] 陈梓城. 模拟电子技术基础（第2版）. 北京：高等教育出版社，2007

高等职业教育课改系列规划教材目录

书　名	书　号	定　价
高等职业教育课改系列规划教材（公共课类）		
大学生心理健康案例教程	978-7-115-20721-0	25.00 元
应用写作创意教程	978-7-115-23445-2	31.00 元
演讲与口才实训教材	978-7-115-24873-2	30.00 元
高等职业教育课改系列规划教材（经管类）		
电子商务基础与应用	978-7-115-20898-9	35.00 元
电子商务基础（第 3 版）	978-7-115-23224-3	36.00 元
网页设计与制作	978-7-115-21122-4	26.00 元
物流管理案例引导教程	978-7-115-20039-6	32.00 元
基础会计	978-7-115-20035-8	23.00 元
基础会计技能实训	978-7-115-20036-5	20.00 元
会计实务	978-7-115-21721-9	33.00 元
人力资源管理案例引导教程	978-7-115-20040-2	28.00 元
市场营销实践教程	978-7-115-20033-4	29.00 元
市场营销与策划	978-7-115-22174-9	31.00 元
商务谈判技巧	978-7-115-22333-3	23.00 元
现代推销实务	978-7-115-22406-4	23.00 元
公共关系实务	978-7-115-22312-8	20.00 元
市场调研	978-7-115-23471-1	20.00 元
推销实务	978-7-115-23898-6	20.00 元
物流设备使用与管理	978-7-115-23842-9	25.00 元
电子商务实践教程	978-7-115-23917-4	24.00 元
国际贸易实务	978-7-115-24801-5	24.00 元
网络营销实务	978-7-115-24917-3	29.00 元
经济法	978-7-115-24145-0	36.00 元
银行柜员基本技能实训	978-7-115-24267-9	34.00 元
商品学知识与实践教程	978-7-115-24838-1	31.00 元
电子商务网站设计与建设	978-7-115-25186-2	33.00 元

书　名	书　号	定　价
高等职业教育课改系列规划教材（计算机类）		
网络应用工程师实训教程	978-7-115-20034-1	32.00 元
计算机应用基础	978-7-115-20037-2	26.00 元
计算机应用基础上机指导与习题集	978-7-115-20038-9	16.00 元
C 语言程序设计项目教程	978-7-115-22386-9	29.00 元
C 语言程序设计上机指导与习题集	978-7-115-22385-2	19.00 元
计算机网络项目教程	978-7-115-25274-6	
高等职业教育课改系列规划教材（电子信息类）		
电路分析基础	978-7-115-22994-6	27.00 元
电子电路分析与调试	978-7-115-22412-5	32.00 元
电子电路分析与调试实践指导	978-7-115-22524-5	19.00 元
电子技术基本技能	978-7-115-20031-0	28.00 元
电子线路板设计与制作	978-7-115-21763-9	22.00 元
单片机应用系统设计与制作	978-7-115-21614-4	19.00 元
PLC 控制系统设计与调试	978-7-115-21730-1	29.00 元
微控制器及其应用	978-7-115-22505-4	31.00 元
电子电路分析与实践	978-7-115-22570-2	22.00 元
电子电路分析与实践指导	978-7-115-22662-4	16.00 元
电工电子专业英语（第 2 版）	978-7-115-22357-9	27.00 元
实用科技英语教程（第 2 版）	978-7-115-23754-5	25.00 元
电子元器件的识别和检测	978-7-115-23827-6	27.00 元
电子产品生产工艺与生产管理	978-7-115-23826-9	31.00 元
电子 CAD 综合实训	978-7-115-23910-5	21.00 元
电工技术实训	978-7-115-24081-1	27.00 元
手机通信系统与维修	978-7-115-24869-5	17.00 元
高等职业教育课改系列规划教材（动漫数字艺术类）		
游戏动画设计与制作	978-7-115-20778-4	38.00 元
游戏角色设计与制作	978-7-115-21982-4	46.00 元
游戏场景设计与制作	978-7-115-21887-2	39.00 元
影视动画后期特效制作	978-7-115-22198-8	37.00 元

书　名	书　号	定　价
高等职业教育课改系列规划教材（通信类）		
交换机（华为）安装、调试与维护	978-7-115-22223-7	38.00 元
交换机（华为）安装、调试与维护实践指导	978-7-115-22161-2	14.00 元
交换机（中兴）安装、调试与维护	978-7-115-22131-5	44.00 元
交换机（中兴）安装、调试与维护实践指导	978-7-115-22172-8	14.00 元
综合布线实训教程	978-7-115-22440-8	33.00 元
TD-SCDMA 系统组建、维护及管理	978-7-115-23760-8	33.00 元
光传输系统（中兴）组建、维护与管理	978-7-115-24043-9	44.00 元
光传输系统（中兴）组建、维护与管理实践指导	978-7-115-23976-1	18.00 元
光传输系统（华为）组建、维护与管理	978-7-115-24080-4	39.00 元
光传输系统（华为）组建、维护与管理实践指导	978-7-115-24653-0	14.00 元
网络系统集成实训	978-7-115-23926-6	29.00 元
高等职业教育课改系列规划教材（汽车类）		
汽车空调原理与检修	978-7-115-24457-4	18.00 元
汽车传动系统原理与检修	978-7-115-24607-3	28.00 元
汽车电气设备原理与检修	978-7-115-24606-6	27.00 元
汽车动力系统原理与检修（上册）	978-7-115-24613-4	21.00 元
汽车动力系统原理与检修（下册）	978-7-115-24620-2	20.00 元
高等职业教育课改系列规划教材（机电类）		
钳工技能实训（第 2 版）	978-7-115-22700-3	18.00 元
电工电子应用技术	978-7-115-25846-5	33.00 元

如果您对"世纪英才"系列教材有什么好的意见和建议，可以在"世纪英才图书网"（http://www.ycbook.com.cn）上"资源下载"栏目中下载"读者信息反馈表"，发邮件至 wuhan@ptpress.com.cn。谢谢您对"世纪英才"品牌职业教育教材的关注与支持！